Time Travel and Warp Drives

A Scientific Guide to Shortcuts through Time and Space

时间旅行与曲速引擎

快速穿越时空的科学指南

（美）艾伦·埃弗莱特　　托马斯·罗曼　著　　李润　译
Allen Everett　　Thomas Roman

化学工业出版社

·北京·

时间旅行或星际间穿越真的会成为可能吗？《时间旅行与曲速引擎：快速穿越时空的科学指南》笔触轻松简洁，既充满了对科幻情节的痴迷，又植根于最前沿的科技成果，无疑会令所有科学迷和空想宇航家感到惊喜。作者利用专业的物理学知识和简单的数学原理带领我们踏上一条时空穿越的科学之旅，爱因斯坦的狭义相对论，前往未来和回到过去的时间旅行，各种可能的时间机器和曲速引擎，其中也包括虫洞和曲速气泡等，回到过去的时间旅行与超光速旅行之间的联系。本书作者艾伦和托马斯十多年来一直潜心研究负能量、扭曲时空、时间悖论以及在多个宇宙之间穿越等课题。

图书在版编目（CIP）数据

时间旅行与曲速引擎：快速穿越时空的科学指南/（美）艾伦·埃弗莱特（Allen Everett），（美）托马斯·罗曼（Thomas Roman）著；李润译.—北京：化学工业出版社，2017.5（2023.8重印）
书名原文：Time Travel and Warp Drives：A Scientific Guide to Shortcuts through Time and Space
ISBN 978-7-122-29218-6

Ⅰ.①时…　Ⅱ.①艾…②托…③李…　Ⅲ.①相对论　Ⅳ.①O412.1

中国版本图书馆CIP数据核字（2017）第043719号

Time Travel and Warp Drives：A Scientific Guide to Shortcuts through Time and Space
ISBN 978-0-226-04548-1
Licensed by The University of Chicago Press，Chicago，Illinois，U.S.A.
© 2012 by The University of Chicago. All rights reserved.
Simplified Chinese Character rights arranged with The University of Chicago through Beijing GW Culture Communications Co.，Ltd.
本书中文简体字版由The University of Chicago Press授权化学工业出版社独家出版发行。
未经许可，不得以任何方式复制或抄袭本书的任何部分。
北京市版权局著作权合同登记号：01-2013-5859

责任编辑：李晓红　梁玉兰　　　　　　　加工编辑：吴开亮
责任校对：边　涛　　　　　　　　　　　装帧设计：尹琳琳

出版发行：化学工业出版社（北京市东城区青年湖南街13号　邮政编码100011）
印　　装：北京盛通数码印刷有限公司
710mm×1000mm　1/16　印张16¾　字数301千字　2023年8月北京第1版第4次印刷

购书咨询：010-64518888　　　　　　　售后服务：010-64518899
网　　址：http://www.cip.com.cn
凡购买本书，如有缺损质量问题，本社销售中心负责调换。

定　　价：58.00元　　　　　　　　　　　　　　版权所有　违者必究

献给我的妻子塞西莉亚以及我的父母。

——托马斯·罗曼

怀念我故去的妻子和益友，玛瑞丽·丝迪克琳·埃弗莱特。谢谢你长达42年的挚爱、相濡以沫，以及给我留下的美好记忆。

——艾伦·埃弗莱特

Time Travel and Warp Drives

A Scientific Guide
to Shortcuts
through Time and Space

前言

我们撰写本书的动机是因为我们分别在各自的大学讲授有关这个专业的课程：艾伦曾在塔夫斯大学任教，托马斯则在中康涅狄格州立大学任教。我们的学生中有很多的科幻迷。他们包括在读或即将专修物理学的专业生和美术专业生，而在后者里面，还真有几位成绩斐然，属于那些让老师教起来得心应手的学生。这些课程给我们提供了一个机会，可以使我们用基本上没有超越高中代数的数学原理，来让本科生了解我们所从事的学术研究，这对于理论物理学家来说实在难得。这些年来，选修这些课程的学生们对我们表达了他们的喜爱，并给予我们精神上的鼓励，我们对此深表感激。

我们的目的是为具有不同程度的数学和物理学背景、技能及兴趣的人群撰写一本书。我们发现手头上现有的读物，或是极为粗浅，或是过于煽情，所以，我们决定亲自动手。本书的难度适合于诸如热爱《星际迷航》（Star Trek）或者偶尔读一读《科学美国人》杂志而又感到这类媒体没能详尽地让他们领会问题实质的人群。我们认为本书的读者应该知晓高中代数，但又不具备高等数学的知识。而初级物理学尽管有些用处，但对于加深理解也并非必不可少。不过，读者们还是要开动脑筋，准备面对即将出现的一些概念。我们知道，不是所有读者都对同一深度的问题感兴趣。所以我们把很多（并不是全部）数学问题都放到了附录里面，以方便那些对此感兴趣的读者深度阅读。我们觉得，即使那些总想"逃避数学"的读者，也会在本书中发现很多能让他们兴趣大增的内容。所以，我们不期待所有读者都能够完全理解本书的每一字每一句，而只希望能为各位读者提供一种刺激的体验。大家可以在下面这个网站上看到本书中一些概念的QuickTime格式的交互式演示：http://press.uchicago.edu/sites/timewarp/.

Time Travel and Warp Drives

A Scientific Guide
to Shortcuts
through Time and Space

致谢

我们谨感谢 Chris Fewster、LarryFord、David Garfinkle、Jim Hartle、Bernard Kay、Ken Olum、Amos Ori、David Toomey、Doug Urban 以及 Alex Vilenkin 与我们进行的有益讨论，感谢 Dave LaPierre 和 Tim Ouellette 阅读书稿并提出了重要建议。还要特别感谢 Tim Ouellette 在编稿中发挥了他高超的排版技艺，以及他在一些数字上提供的帮助。在芝加哥大学出版社最初的编辑 Jennifer Howard，在本书前期编写阶段也一直给予我们热情的支持。最后，还要感谢本书现在的各位编辑 Christie Henry、Abby Collier，特别是 Mary Gehl，感谢他们所给予的帮助，让一本草稿成为现在的书籍。

艾伦还要感谢他从前的学生、后来的同事 Adel Antippa，是他在1970年拖着艾伦参与到一个激动人心的合作研究项目——研究快子（tachyons）的物理学。Adel 的学生 Louis Marchldon 教授也为本书做出了重要贡献。这为艾伦在四分之一世纪之后在超光速旅行和时间机器方面的新兴趣奠定了基础。艾伦还要特别感谢塔夫斯大学物理学与天文学系的秘书 Gayle Grant 夫人，多年以来，她的高效和富有成效的工作，为艾伦的职业研究提供了无数帮助，包括与撰写本书有关的各类事务。或许更为重要的，是她那孜孜不倦的乐于助人的品格，对于全系职员与学生来说，她是让物理系成为大家工作的开心乐园的重要因素。

托马斯在此也感谢美国国家科学基金会 PHY-0968805 基金项目所提供的部分资助。

Time Travel and Warp Drives

A Scientific Guide
to Shortcuts
through Time and Space

Time Travel and Warp Drives

A Scientific Guide
to Shortcuts
through Time and Space

目录

1 绪论 /1

2 时间、时钟和参照系 /11

  2.1 威尔斯式的时间旅行 /12

  2.2 对时间和空间的测量 /17

3 洛伦兹变换与狭义相对论 /23

  3.1 麦克斯韦的伟大观点 /25

  3.2 迈克尔逊-莫雷实验 /26

  3.3 相对论的两个原理 /30

  3.4 洛伦兹变换 /31

  3.5 不变间距 /33

  3.6 时钟同步与同时性 /35

  3.7 光障 /38

  3.8 "零质量"粒子与 $E=mc^2$ /39

4 光锥 /41

  4.1 绝对与相对 /42

  4.2 光锥与因果关系：总结 /46

5　向前的时间旅行与双生子"悖论"　/49

5.1　时间膨胀和4只时钟的故事　/50
5.2　双生子"悖论"　/53
5.3　不变间距与固有时间　/54
5.4　现实想法与实验　/58
5.5　通过《夏季之门》最后再看一下前往未来的
　　　时间旅行　/60

6　"出发，回到过去"　/63

6.1　超光速粒子　/64
6.2　快子与悖论　/65
6.3　再诠释原理　/67
6.4　超光速参照系的一个问题　/69
6.5　实验证据　/71

7　时间箭头　/77

7.1　熵、热力学第二定律以及热力学时间箭头　/80
7.2　前因、后果及因果时间箭头　/84
7.3　宇宙学时间箭头　/86

8　广义相对论：弯曲的空间和翘曲的时间　/89

8.1　引力与电磁学　/90
8.2　质量与等效原理　/91
8.3　重力与光　/94
8.4　引潮力　/95
8.5　重力与时间　/98
8.6　广义相对论　/100
8.7　广义相对论的三个经典验证　/102

9 虫洞与曲速气泡 /111

9.1 虫洞 /112

9.2 曲速气泡 /116

9.3 柯拉斯尼科夫管：超光速地铁 /120

9.4 虫洞、曲速引擎及时间机器 /122

9.5 "越发奇怪的"悖论 /126

10 香蕉皮与平行世界 /133

10.1 悖论的类型 /134

10.2 信息悖论 /134

10.3 "精灵球"与聪明的太空船 /135

10.4 对虫洞时间机器和一致性悖论的重新考虑 /137

10.5 香蕉皮 /141

10.6 平行世界 /142

10.7 "切碎捣烂" /151

11 "别总是负面"：奇异物质 /155

11.1 负能量 /156

11.2 平均能量条件 /163

11.3 量子不等式 /165

11.4 所有完美的物理学都用过镜子 /168

11.5 量子利息与卡西米尔效应 /170

11.6 负能量与经典场 /173

12 勇敢地航向…… /177

12.1 弯曲与平直 /178

12.2 虫洞与量子不等式 /179

12.3　曲速引擎与量子不等式　/181

12.4　凡·登·布洛克的"瓶子里的飞船"　/182

12.5　更多关于曲速引擎的问题　/183

12.6　出路在哪?　/184

12.7　时间机器的毁灭与时序保护　/185

13　圆柱体与弦　/191

13.1　卷曲的宇宙　/192

13.2　一个"旋转"的宇宙　/193

13.3　圆柱状时间机器　/194

13.4　马雷特的时间机器　/196

13.5　戈特的宇宙弦时间机器　/203

14　尾声　/213

附录　/221

附录1　对伽利略速度变换的推导　/222

附录2　对洛伦兹变换的推导　/223

附录3　对时空间隔不变性的证明　/228

附录4　对x'、t'轴相对于x、t轴的方向说明　/229

附录5　光钟造成的时间膨胀　/231

附录6　霍金定理　/235

附录7　马雷特时间机器中的光管　/242

参考文献　/245

索引　/253

1
绪 论

我们人类一直在响应着遥远的未来与宇宙深处的召唤。自从开始了解星星以来，我们一直就在思考，是否能够去那里旅行。长久以来，这些想法为科幻作家挖掘离奇的情节提供了沃土。而天体之间的遥远距离，迫使这些作者虚构了千奇百怪的机器，以便书中的人物能进行超光速旅行（物理学家一般用符号 c 来表示光在真空中的传播速度，其数值为186000英里/秒，即299792458米/秒）。现在，让我们先讲几个实例，好让你对星球之间的遥远距离有一个概念。最近的一颗恒星比邻星（Proxima Centauri，位于半人马座阿尔法星系），距离我们大约4光年。1光年就是光线在1年里走过的路程，约为 6×10^{12} 英里（ 9.46×10^{12} 千米）。所以这颗最近的恒星，距离我们也有 24×10^{12} 英里。即使每秒传播186000英里（约 3×10^8 米）的一束光，或者能够以相同速度传播的无线电信息，到达那里也需要4年的时间。

而在更大的尺度上，如我们所在的银河系的跨度，则差不多是10万光年。与我们相邻的星系仙女座星系（Andromeda），距离我们大约为200万英里（ 3.21×10^6 千米）。按照目前的技术，若只以远低于光速 c 的速度，即使是向最近的恒星发射过去一个探测器，也要花费数万年才能到达。所以我们对科幻作家早已想象出的各种能够在星际进行高于光速旅行的"捷径"毫不惊讶。否则的话，我们就很难看到科幻作品里面花样翻新的"联盟"或者"银河帝国"了。如果没有这些"捷径"，那宇宙可真是渺无边际了。

而宇宙之中最为神秘的时间又是什么呢？为什么过去与未来不同？为什么我们只记得过去，而对未来一无所知？过去和未来是否可以像现实中的任何地点，可以让人前去造访？我们又怎样才能做到？

本书基于近二十年来的物理学研究成果，探讨了以超越光速的速度在时间和空间中旅行的可能性。超光速旅行和时间旅行的观念，早就出现于大众的臆想之中。但你也许不知道，很多物理学家真的在严肃地研究这些臆想——当然不仅把它当做一个"或许能解决"的问题，而且也把它当做一个"我们可以从这些基础物理的研究中了解到什么"的课题。

像《星际迷航》那样的电视或电影系列片，就包含了许多超光速旅行的科幻事例。寇克舰长或皮卡德舰长会给企业号星舰（Enterprise）的舵手发出这样的命令："曲速2（warp factor 2）全速前进"。没人告诉我们这是什么意思，不过我们都明白这肯定是比光速（c）还要快的速度。有些粉丝甚至认为这是 2^2c，即四倍光速。人们认为，企业号星舰因为使用了"曲速引擎"（warp drive）才达到这个速度。从没有人解释过这个术语，它看上去也不是一个能让科幻作品显得更符合"科学"的专业术语的好例子。但是碰巧，或者说是有先见之明，《星际迷航》中的曲速引擎却成为一种令人信服的对超光速旅行方法的最好描述，我们在后面会详细谈到这些。为此，从现在开始，我们将使用"曲速引擎"这个术语来表述超光速旅行的能力。

那么按照超声速是指超过声音在空气中传播的速度的说法类推，大于光速的速度，在物理学上通常被称为超光速。但是，超光速旅行似乎又违背了已知的物理学法则，也就是爱因斯坦的狭义相对论理论。在狭义相对论中，存在着一个光障。这个术语可以让人联想起声障，就是飞机的飞行速度接近声速时的遭遇，曾经有人认为，它可能会阻碍超声速飞行。不过后来的事实证明完全可以突破声障，而且也未违背任何物理学法则。而狭义相对论却似乎暗示超光速旅行，也就是由曲速引擎驱动的旅行，是被绝对禁止的，而不管未来的星际飞船有多么强大。

时间旅行也充斥在科幻作品之中。例如，某个故事中的人物会发现自己从未来返回到我们的时代，并参与了 NASA（美国宇航局）在地球上的太空发射。他也许是穿越了某个时间之门。在科幻小说中，常见的一些回到过去的旅行，似乎与星际飞船的那种曲速引擎毫无关系，即超光速旅行和时间旅行看起来是两种毫不相干的现象。实际上，我们将会看到，两者之间还是存在着直接关系的。

科幻小说家常常只能对那些"会有什么"之类的问题提供一些富有想象力的答案，比如"未来会出现什么科技成就"。不过从总体上来讲，科幻小说却不会回答你"怎样"的问题。科幻作品通常难以提供一些切合实际的指导，以说明将来能实现的特殊技术进步。与之相反，科学家和工程师却在致力于回答"怎样"的问题，并试图扩展我们对于大自然规律的认识，从而在新形势下创造性地去运用这些知识。

实际上，科学通常都及时地解决这类问题，诸如某一虚构出的技术进步竟然实现了，这会导致人们认为这种进步总是会出现的，但是事实并非如此。业已建立的物理学法则通常是以否定某一种物理学现象的形式出现。例如，据我们所知，无论如何，宇宙中的各种能量总和不变。也就是说，用高中和大学理科课程里的物理学术语来讲，能量是"守恒"的。

尽管科幻作品通常不能解答"怎样……"这类问题，但却能够通过探索"会有什么……"之类的问题来为科学服务。科幻作品在对我们日常所见之外可预想到的现象进行想象时，可以为科学提供一些可能的实验途径。本书的部分章节就包括一些我们向您建议的科幻读物和影片，这些内容都与那一章的主题相关，可以帮助你看到一些可能实现的事件的场景，例如有可能实现的时间旅行。

一位科幻作家可以任意想象出一个世界，人们在那里可以使用某种假想的设备，来制造无尽的能量。然而，物理学家却要说，无论未来的科学家或工程师多么聪明，根据已有的物理学原理，那都是不可能实现的。换句话说，对于"怎样才能做到某事"这样的问题，答案是"毫无办法，做不到。"所以对于即将遇到的此类事例，我们必须要有所准备。

除非特别说明，"时间旅行"一词，指的都是回到过去的旅行，这将会产生最为怪异的问题。为方便起见，我们把能够实现这种任务的工具称为"时间机器"，把研究能够回到过去旅行的过程称为"制造时间机器"。这意味着这样一种可能性，即你可以回到过去，见到年轻时代的自己。在物理学中，这一环形时空线路可以被称为"封闭类时曲线"。说它是"封闭"的，是因为你在时间和空间里都可以返回到始点。而说它是"类时"的，是因为时间在这个曲线的每个点上都发生变化。如果说存在着这种封闭的类时曲线，那不过是一种有趣的方式，用来说明你已经拥有了一台时间机器。

假如不是在科幻小说里面，而只是基于普通常理的话，由于回到过去的时间旅行会导致出现一些悖论，所以这种旅行应该是不可能的。这一类悖论通常被称为"外祖父悖论"。在这个悖论中，一位时间旅行者可能会回到过去，并在他的母亲出生之前杀死外祖父。如此一来，他也就从未出生，也从未回到过去并杀死他的外祖父，抑或他出生了，又回到过去杀死他的外祖父，如此这般，无穷无尽。总之，这个外孙进入时间机器的事件又会阻止他进入时间机器。这种造成逻辑矛盾的情况被称为非一致性因果循环（inconsistent causal loops）。在某一特定环境下，物理学法则可以预测某一事件发生或者不发生，所以按照物理学法则，非一致性因果循环是不被允许的。

一段时间以来，由于存在着狭义相对论的光障和回到过去的时间旅行所导致的悖论，人们通常认为曲速引擎和时间机器只局限于科幻故事之中。然而在过去的数十年里，超光速旅行和回到过去的时间旅行貌似变得可能，至少在原则上已经成为物理学家们探讨的一个严肃话题。这种转变大多是因为由加州理工学院的三位科学家莫里斯（M. S. Morris）、索恩（K. S. Thorne）和尤瑟弗（U. Yurtsever）所写的题为《虫洞、时间机器和弱能量条件》的文章（随后你们会对"弱能量条件"这个奇怪词语的含义有更多了解）。他们的这篇文章于1988年发表在著名的《物理评论快报》（Physical Review Letters）上。索恩这位资深作者（加州理工学院费曼理论物理学教授），是世界上研究广义相对论（也就是爱因斯坦的引力理论）的著名学者之一。广义相对论是在发现狭义相对论十几年之后才被发现的。广义相对论提供的潜在可能性或许可以允许足够先进的文明找到绕过光障的办法。

作为前往未来的时间旅行，在物理学上是很容易理解的。近一个世纪以来，人们认为这种旅行不仅是可能的，而且也是相当普通的事情。在这里，"前往未来的时间旅行"是指那种比正常的日常生活节奏更快的速度。向前的时间旅行，其实与可观测物理学相关，因为这种现象已经在高能加速器里的亚原子粒子上看到过了。如在费米国家实验室，或在日内瓦的欧洲核研究组织（CERN）的新型大型强子对撞机（LHC）里，这种粒子已经获得非常接近光速的速度。

注：如果要向未来发送大质量物体，如人或者太空飞船，就需要相当大的能量，而目前还难以获得如此高的能量。

我们先对物理学中时间的含义做一个简单的探讨，然后再开始探索朝向未来的时间旅行。首先，我们必须思考一下，"时间旅行"意味着什么。例如，假如进行时间旅行的话，我们能看到什么？我们身边那些非时间旅行者又会看到什么？正如本书中涉及的大量疑问一样，要想回答这类问题，就需要展开想象力，去设想一些你前所未见或者从未认真想过的奇特现象。

在此之后，你还要学习一下爱因斯坦的狭义相对论的基本知识。狭义相对论的发现，是物理学史上最伟大的知识成就之一，而这个理论所涉及的概念相当简单，并未超越高中代数水平。不过，还要再重复一遍，若想理解随后所讲到的内容，你必须去大胆设想，要让思维超越日常生活中的所见所闻。狭义相对论所论述的是某些物体在速度接近光速时的行为。正如我们即将看到的那样，狭义相对论对前往未来的时间旅行的可能性毫无疑义。我们也将探讨一下狭义相对论中最为著名的预言：相对于一个静止的观察者，处于移动中的时钟看起来似乎走得慢了。这就是"时间膨胀"（time dilation）效应。当时钟的移动速度接近光速 c 时，这种效应就变得可观了。时间膨胀与所谓的双生子悖论（twin paradox）密切相关。

在费米实验室和大型强子对撞机中，人们也发现了发生在基本粒子上的这种因"去往未来的时间旅行"而出现的基本相同的现象。

乍一看去，超光速旅行似乎是普通的亚光速旅行的自然延伸，只不过要求开发出更强大的引擎罢了。在很多20世纪30年代及40年代的科幻小说里，空间旅行还没有与物理学的基本原理发生冲突。在四分之一世纪之后，科幻作品中的部分臆想随着阿姆斯特朗在月球表面踏出的"一小步"而开始成为现实。但无论怎样，超光速旅行似乎违反了已知的物理学法则，也就是狭义相对论中的光速极限。

6

在没有时间机器的情况下，我们的日常所见告诉我们，根据物理学原理，时间上的结果总是在起因之后。所以，这个结果不能反转并阻止起因的发生，不会出现任何因果循环现象。而如果有了时间机器，情况就不再是这样了，因为时间旅行者能够看到结果，他可以回到过去并阻止起因的发生。所以，如果从常理来看，时间机器，也就是回到过去的旅行，似乎应该是不允许的。此外，我们也会看到，在狭义相对论中，回到过去的时间旅行是与超光速旅行密不可分的，所以对于可能的曲速引擎以及光障问题，从"常理"来看，都会出现相同的异议。

爱因斯坦在引力理论，即广义相对论中，引入了一种新的混合内容。他把时间和空间合并成了共同的结构——时空（spacetime）。在这种理论中，时间和空间都是动态的，时空是一种可以弯曲的结构。爱因斯坦指出，因质量与能量所造成的时间与空间的几何翘曲，导致了我们感受到的引力现象。接下来我们会介绍广义相对论的一些观点以及其含义。我们将要探讨的推理之一是黑洞，它被认为是大质量恒星的最终命运。大质量的恒星死去时，会发生自我坍缩，直至它所发出的光也被吸引回去，于是这颗恒星变得不可见了。如果处于黑洞边缘（或者环轨），同样能获得一种可以前往未来的时间旅行方式，但这与前面提到的移动的时钟所发生的时间膨胀不同。这个后面也会讲到。

我们还会发现，广义相对论法则认为空间是可以弯曲的，这样一来就能制造一个穿越空间甚至时间的捷径，也就是广义相对论者所谓的"虫洞"。虫洞是一些科幻剧的主要情节之一。《星际迷航之深空九号》（Star Trek Deep Space Nine）、《遥远星际》（Farscape）、《星际之门SG1》（Stargate SG1），以及《时间旅人》（Sliders）都对虫洞有所提及。在莫里斯（M. S. Morris）、索恩（K. S. Thorne）及尤瑟弗（U. Yurtsever）的文章发表的数年之后，米盖尔·阿库别瑞（Miguel Alcubierre）于1994年发表的文章，就介绍了建造曲速引擎的可能性。他当时在英国的卡蒂夫大学，这篇文章发表在《经典和量子引力》（Classical and Quantum Gravity）学报上。阿库别瑞运用广义相对论，证明了在某种方式下，真空时空可以发生弯曲或翘曲，并形成一个类似于"气泡"的结构，从外面看去，它可以以任意高的速度移动。这种结构被称为"曲速气泡"。如果有办法让太空船进入这样的气泡中，那么从气泡之外的行星上看去，飞船就能够以超光速飞行了，这也算是实现了曲速引擎。另一种曲速引擎，是俄罗斯圣彼得堡中心天文台的谢尔盖·柯拉斯尼科夫（Serguei Krasnikov）在1997年提出的，被称为"柯拉斯尼科夫管"。这个"柯拉斯尼科夫管"实际上是时空扭曲而成的一种管，它能够把地球与某个遥远的星球相连。从前文中关于超光速旅行与回到过去的时间旅行的关系可知，虫洞和曲速气泡可以用来制造时间机器。确实如此，我们随后会说明。

但是对于如何才能造出虫洞或者曲速气泡，人们都知道些什么呢？我们将会看到，其前景尽管不是令人绝望的，但也并非没有可能。它们的共同缺陷在于，需要有一种极不寻常的物质与能量形式，即"奇异物质"（exotic matter）或者"负能量"（negative energy）——根据爱因斯坦著名的质量与能量关系式$E=mc^2$，我们将经常交替使用"质量"与"能量"这两个术语。斯蒂芬·霍金（剑桥大学卢卡斯数学教授，牛顿也曾担任此教席）提出的一个定律指出，简单来说，如果要在某个有限的时间和空间里制造一台时间机器，就必须要有奇异物质。现在看来，物理学法则还是允许奇异物质和负能量存在的。不过同样是这些法则，对使用这一类东西的地点做出了严格的限制。在过去的十五年里，研究人员已经进行了大量的研究，而这些研究大部分都是由塔夫斯大学的莱瑞·福特（Larry Ford）和本书的作者之一罗曼所做出的，研究的主要内容是物理学法则是否对负能量进行了限制，如果限制的话都有哪些。我们将会介绍已取得的一些进展，以及对制造虫洞和曲速引擎的可能性产生的影响。

人们也许会认为，那些潜在的悖论，例如外祖父悖论，会使能够回到过去的旅行变得毫无意义。但是，正如我们即将看到的那样，即使是进行回到过去旅行，也依然会有两大方式可以让物理学法则保持一致性。这些方式都已在大量科幻作品中出现过，但是，假如物理学法则允许以某种方式制造时间机器，那么其中任何一种方式都必须被证明是符合现有物理学法则的。

第一种方式是在你朝着外祖父扣动扳机准备杀他时，物理学法则会让意外事件发生，从而阻止你的行为——例如，你会踩到一块香蕉皮（我们称之为香蕉皮机制）。这一理论在逻辑上是完全一致的。不过这多少有些无趣，因为有一件事很让人费解，即物理学法是怎样保证总会出现一块恰到好处的香蕉皮的。

另外一种方式则是利用平行世界的观点。这种观点认为实际上存在着两个世界：你出生在一个世界，并在这个世界进入了时间机器；而在另一个世界里，你走出时间机器并杀死外祖父。这样你同时杀死和不杀死外祖父在逻辑上并不矛盾，因为这两个相互排斥的事件，发生在不同的世界。令人惊讶的是，还真有一个在学术上备受尊崇的类似观点，即"量子力学中的多重世界解释"。这种观点首次出现于休·埃弗莱特（Hugh Everett，据我们所知，他与本书作者艾伦·埃弗莱特无关）在1957年发表在《现代物理评论》上的一篇文章中。根据这位同名的埃弗莱特所说，平行的世界不仅有两个，而且有着无数个，这些世界就像一群兔子，还在不断地繁衍。

在1991年的《物理评论》（Physical Review）的一篇文章里，牛津大学的戴维·多伊奇（David Deutsch，量子计算机理论的创始人之一）指出，如果对多重世界的解释是正确的（多伊奇教授认为的确是这样的），那么一位潜在的杀手在返回过去的时间旅行中，就可能会发觉自己是在另一个不同的"世界"里，所以即使他做出那种卑劣行为，也不会产生悖论。本书作者艾伦于2004年在同一本杂志上发表的论文更进一步地分析了这种观点。他发现，对于多重世界的解释如果是正确的，它确实能够消除存在悖论的问题，但其代价是又引出了新的实质性难题，我们随后将讲到这一点。

很多物理学家认为，任何一种能够消除悖论的手段都令人发指，他们相信、至少也希望物理学法则应该禁止制造时间机器。这就是被霍金称为"时序保护猜想"（chronology protection conjecture）的假设。虽然这种猜测很可能被证明是正确的，但它目前还只是猜测，从实质上说，它是一种未经证实的学术性猜想。我们随后将探讨一些支持它或反对它的证据。

另外一些能够允许返回到过去的时间旅行的形式，涉及各种无限长的、呈弦状或者旋转的圆筒形的系统。在这些情形的任何一种中，如果沿着正确方向、在包含着某一物体的环形路径上前进，就会返回到你在空间里出发之前的始点。

近来，康涅狄格大学的罗纳德·马雷特教授（Ronald Mallett）设计的一种旋转圆筒模型，这包括他的一篇物理学文献和著作《时光旅人》（Time Traveler，2006年出版），在很多地方获得了相当的重视。他设计的是一种配有可能由一些发光管组成的螺旋装置的激光筒，可以作为一个基本的时间机器。分别由塔夫斯大学的肯·奥卢姆（Ken Olum）与艾伦合著以及由奥卢姆独自发表的两篇文章，明确指出该模型存在着致命缺陷，随后我们会谈到这一点。

最后，我们还要总结一下现状，以及未来的发展前景。按照目前的知识状况，我们的结论可信度如何？依据21世纪的物理学法则，我们能够预测23世纪的科技水平吗？未来理论能否像科学史上经常发生的那样，推翻这些想法？对于这些问题，我们只能给出部分答案。

Time Travel and Warp Drives

A Scientific Guide
to Shortcuts
through Time and Space

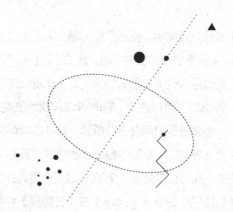

2
时间、时钟和参照系

就像有时遇到的那样，

这一刻持续、徘徊得那么久，

远远超过了一刻。

声音和运动都停止了下来，

那么久，远远超过了一刻。

然后，时间缓缓地苏醒过来，

又慢吞吞地向前走去。

——约翰·斯坦贝克《人鼠之间》

斯坦贝克小说中的这几行文字，概括了我们每个人对时间流逝的不同感受。我们对时间的主观经验可以受到许多方面的影响，比如：接住高飞球，赢得比赛；在赛跑中获胜；生病；吸食毒品；或者一段痛心的经历。众所周知，如大麻和LSD之类的毒品，特别是后一种情况下可以改变、有时可以深刻地改变人类对时间的知觉。曾经经历过车祸的人，会体验到时间变慢的感觉，几秒的瞬间好像长达几分钟。事故所造成的刺激，会让人感到挡风玻璃像慢动作那样四分五裂。如果我们对于时间的主观经验是如此多变，我们也许会问："那么，时间究竟是什么？"大多数人的回答，都比不上圣·奥古斯丁（Saint Augustine）在《忏悔录》中所述："那么时间究竟是什么？没有人问我，我倒清楚；有人问我，我想说明，便茫然不解了。"奥古斯丁的解答，还真是预知了美国最高法院大法官波特·斯图尔特（Potter Stewart）在法庭上对于淫秽所定义的名言："吾见之吾知之"（I know it when I see it）。

在本书中，我们所关注的是与变幻无常的人类时间直觉毫不相关的时间尺度。物理学家也完全不会因此对人类对于时间认知问题的重要性大打折扣，不过就目前而言，这对我们来说是一个太难以解决的问题。我们只能退而求其次，把重点放在现代物理学在时间的主题上所取得的成果。依照我们的观点（可谓是偏见），我们所拥有的关于时间本质的最有价值的见解，都是基于物理学的进步。书中所论述的，至少一部分是我们在20世纪和21世纪初所获得的研究成果，它们构成了本书的大部分核心内容。我们希望你也会和我们一样，被这些发现所吸引。不过，在开始这次旅程之前，让我们先来到19世纪的一间舒适客厅，做一个简短的拜访，在那儿温暖的壁炉前，刚好开始了一场讨论……

2.1　威尔斯式的时间旅行

"时间旅行者（为了方便起见我们这样称呼他）正在给我们讲解一个深奥难懂的问题。他那灰色的眼睛闪动着，炯炯有神，往常苍白的面孔，此刻也容光焕发。"这就是文学史上有关时间旅行故事中鼎鼎大名的H.G.威尔斯所著的《时间机器》的开场白。

时间旅行者向他的晚餐客人宣称："思想严谨的人十分清楚，时间只是空间的一种。"客人们自然会反驳说，虽然我们可以随意地在三维空间里活动，但却不能够随意地在时间里自由活动。这时，时间旅行者向他们展示了一台机器模型，并宣布说，它可以随心所欲地在空间和时间中运动。他发动了那台机器，机器开始旋转，变得模糊不清，突然消失了。客人们都在谈论这台机器会变成什么，它是否已经在做时间旅行，是回到了过去还是前往了未来。

一位客人认为，它一定是回到过去了，因为如果它已经进入未来，那它现在还应该在桌子上能看得到，因为它必定要穿过从启动到现在的这段时间。而另一位客人则反驳说，如果这机器已经回到过去，那么他们今天刚进这个房间时，还有前几次聚餐时，就应该看到这台机器了。时间旅行者便解释说，他们看不到那机器，是因为它在时间中的行进速度要比他们快得多。于是，当他们"到了"某一时刻时，那机器早就超过那一时刻了。时间旅行者又用难以看到高速飞行的子弹穿过空气做了类比。

然而这些讨论究竟有什么意义呢？至于时间旅行者所说的"时间只是空间的一种"，确实如此，因为我们对时间的知觉，确实与我们对空间的知觉十分不同。在空间中运动、甚至以不同速度在空间中运动的概念，意味着让我们产生一种直觉的感受。我们的"空间运动速度"，也就是我们的速度，就是行进的距离除以这段距离所需要的时间（例如简单的匀速直线运动）。我们用来测算"空间运动速度"的单位，也就是距离单位除以时间单位。每小时60英里（1600米）的空间运动速度，比每小时30英里（800米）更快。

我们又如何通过时间来表述"速度"或者"运动速度"呢？假设我们说某一数值为每秒一小时，也就是每秒3600秒。这样一来，这个量的分子和分母都是同一单位，在相互消去之后，只剩下一个简单的数值"3600"，那这是什么意思呢？3600什么呢？

其实，我们前面的讨论确实涉及了两个不同的时间。其中第一个时间，我们可以称之为外部时间，用t来表示。这个时间就是除了时间旅行者之外，我们大部分人生活中的时间。我们可以认为它是基于科罗拉多柯林斯堡的美国国家标准局的原子钟所测出的时间。很多其他的时钟都是通过无线电信号与这个原子钟同步的。在前面讨论中的第二个时间，则是时间旅行者的个人生物钟时间或者他的怀表时间，这都与他从某一约定的起点开始计起的心跳数或者怀表的滴答数成比例，我们把它称为T。在通常情况下，t和T是大致相同的（尽管人的心跳速度是变化的）。我们可以说，正常情况下，$t/T=1$秒（外部时间）/1秒（个人时间）。

当时间旅行者进入机器，并朝着未来前进时，t会大于T。也就是说，外部世界度过的时间较长，而时间旅行者的年龄却只增加了很少。举例来说，时间旅行者根据他的个人时间，在时间机器里度过了一分钟（即$T=1$分钟），当他走出时间机器，看到当天的报纸，他会发现上面显示的是自他出发时一年以后的日期。他已经朝着未来旅行了一年（更准确地说是1年–1分钟），我们可以说，他的"旅行速度"t/T，就等于外部时间1年/个人时间1分钟。如果我们不认为这两个时间是不同的时间，那么"时间旅行速度"的概念就会变得相当含糊。就像前面谈到的那样，那是因为一旦使用相同的单位作分子和分母，比如以秒为单位，那么t/T只能是一个难以解释含义的纯数字。

时间机器在旅行时会变得不可见，并没有什么意义。假如它进入前往未来的旅行，那它就应该一直在那，也会一直让时间旅行者的客人们看得到。若想让时间机器只度过几分钟，而机器之外却过去了好几年，那么时间机器里面的所有过程，包括每一位时间旅行者的生理过程，就应该进行得非常缓慢。对于外部观察者来说，时间旅行者和他的机器应该是在原位置保持不动。

而时间旅行者所看到的外部世界，则以极快的加速度在发生变化，因为他在一分钟里看到的是一年所发生的事情。威尔斯的小说对此描写得很准确。下面这段就是时间旅行者所描述的在他前往未来的旅行中，从时间机器里看到的情景。

> "霍然升起的太阳变成空中的一道火线，一座光辉灿烂的拱门，月亮也变成了一条暗淡的飘带……我注意到太阳的轨迹形成的光带，在夏至点和冬至点之间来回晃动，在一分钟或者更短的时间内，一年就过去了。时间一分钟一分钟的流逝，白雪掠过大地又消失了，接踵而来的是明媚而短暂的春天。"

我们前面认为，时间机器必须一直让外界的观察者看到，只是假设这机器是在时间里持续不断地前进。这也就意味着，若要从A时间到达B时间，时间机器必须穿过这段时间的全部时间。现在让我们考虑一下时间机器在时间中间断地进行跳跃式旅行的可能性。若把这个设想应用于威尔斯的时间机器，则会受到能量守恒律的排斥。按照爱因斯坦著名的质能关系式$E=mc^2$，时间机器的质量和它的总能量不会凭空消失，因为宇宙中的全部能量是守恒的，也就是说它们在时间中是恒定的（因为有爱因斯坦的关系式，我们会经常使用术语"质量"和"能量"）。假设一位外部的观察者，看到时间旅行者进入时间机器，开动机器，然后消失得无影无踪。以这位外部观察者的角度，时间旅行者和机器的能量都在宇宙中消失了，而宇宙中的其他地方却没有增加能量，来补偿能量的差异。当外部观察者看到时间机器和它的主人不知从哪儿冒出来的，也同样会感到宇宙的能量又增加了，而其他地方的能量却没有相应减少。

这不过是一种观点的另一种形式，随后将会详细探讨。它涉及时间旅行者选择的另外一种通道，通过"虫洞"回到过去或前往未来。在虫洞里面，时间旅行者不会被外界看到，当他从虫洞里出来之后将重现于不同的时间之中。这估计不是威尔斯所能想到的，因为那时虫洞还没有被设想出来。当时间旅行者进入到虫洞中的时间机器里之后，他就会从外部宇宙消失，但是虫洞的质量会增加，这个增加值等于时间机器的质量。所以对于外部观察者来说，质量（能量）仍是守恒的。与之相同，当时间旅行者从虫洞的另一端出来，外部观察者则会发现虫洞的质量会减少，这个减少值等于时间旅行者的质量。所以，对于任何一组外部观察者来说，（时间旅行者+虫洞的）质量（能量）始终保持恒定。在第3章里，我们会进一步探讨与这种时间旅行方式相关的能量守恒的细微之处。

顺便说一下，守恒定律的存在，阐明了一个系统中的不同特性在时间中都保持恒定的事实，表明了时间和空间之间有着极大的差异。这与前面威尔斯的"缺乏这种差异"的说法恰恰相反。而对于空间中数量保持恒定，则没有相应的法则。正如我们所看到的那样，与过去的观点相比，相对论确实展示了时间和空间之间更加紧密的相互联系，但物理学法则仍能够将时间与空间区分开来。

时间旅行者认为，时间机器存在于同一空间，只是在时间里旅行。那么，说一个物体"停留在空间里的同一个地点"是什么意思呢？你当然会说，时间机器显然没有在桌子上四处移动。但是桌子和时间旅行者的房屋都坐落在地球上。地球又在绕着地轴自转和围着太阳公转，所以时间机器也在跟着转动。既然地球都没有"停留在空间里的同一个地点"，那样去说时间机器又有什么意义呢？如果我们像牛顿那样，假设存在着一个绝对空间，而不是包含着各种可测运动的空间，那么从我们前面的观点来看，地球似乎不可能相对于这个"绝对空间"一直保持静止（在后面的探讨中，还要经常用到"相对"这个词）。

我们说某一物体"位于同一位置"或者保持"静止"，是隐含着一个附加的修饰，即"对于或者相对于某物或其他物体"。例如，如果一位观察者处在一辆以每小时96千米的速度前进的汽车里时，观察者和汽车的前进速度是相对于地面而言的。然而，观察者本人相对于汽车的速度则是0。所以他既可以说处于运动之中，也可以说位于同一位置。这完全取决于这位观察者所采用的参照点。如果我们说，时间机器在这个绝对空间里处于同一位置，那么时间旅行者就会大吃一惊。他将会看到地表在时间机器下面运动，而时间机器则悬在真空之中。如果真是这样，那他在准备停车时可要多加小心了。

再让我们假设时间机器可以从一个时间点跳跃到另一个时间点。于是时间旅行悖论的幽灵就会显现出来，就像哲学家迈克尔·达米特（Michael Dummett）在他的一篇文章里所描述的那样。假设在星期日的中午12点钟，时间旅行者把小型时间机器放在桌子上，并把它送往前一天的中午12点钟。那么，只要是在星期六中午12点以后进来的人，应该都可以看见桌子上的机器。但是如果那样的话，当时间旅行者在星期日进来取这台机器时，他应该是看到了桌子上的时间机器"副本"。这个桌子上的机器副本，就是已经返回到过去（即回到星期六）的机器（也就是他将要启动并回到过去的那台机器），他早就已经把它放在那里了。可是当他要把机器再放到这个位置上时，这里已经让这台"副本"机器占据了。

要想解决这两台机器相互占据各自位置的问题，就需要再假设一下，当时间旅行者在星期日来到桌子前时，发现桌上空无一物。这样他才能把机器模型放到桌上并启动机器。那么，当他进来时发现机器不在桌子上的话，此时机器应该（在空间和时间上）处于什么地方呢？从星期六机器出现在桌子上，到时间旅行者在星期日把机器模型放在桌子上的这个时间段里，似乎什么人或者什么东西移动了时间机器。也许是房子的管家怕机器受损，在星期六下午1点之后又把它放回到时间旅行者的实验室。到了星期日，时间旅行者来到实验室，拿起机器模型，又把它放到客厅的桌子上。

后面的那一幕，确实有些古怪。假如管家决定不去动那机器，而让它留在桌子上，那么就会出现一个一致性的问题（达米特对此探讨过一个方法）。我们假定管家一定要移动时间机器，那么管家在星期六的行为（即无论移不移动时间机器），都取决于时间旅行者在星期日是否启动这台机器。因此，过去的事件，将受制于时间机器是否会在未来启动。我们可以走得再极端一点，比如说我今天所做的实验，也许会受到千年以后某人要制造一台时间机器这样的事件的影响。这似乎匪夷所思，因为我们都习惯了这样的科学观，即在做实验的时候，我们可以自由地按照喜好进行安排（比如选择初始条件）。而实际上，我们的整个科学过程在某些方面都是以这种观念为基础的。

上述情况的第二个问题是这样的，假设时间旅行者把一小瓶喜庆香槟放在那台时间机器模型的座位上，并在即将开动时间机器之前打开瓶塞。时间旅行者是在星期日把时间机器发送出去的，这机器会立刻出现在星期六。这时管家把时间机器送到时间旅行者的实验室，让机器留在那里，直到时间旅行者在星期日再把它送到客厅的桌子上，他会发现，在时间机器的座位上有一瓶无气泡香槟酒。这样一来，他放到桌子上的这台机器，就根本不是他前面拿过来的那台。他前面拿过来的那台机器，座位上放着一瓶新鲜香槟酒，而他在实验室拿过来又随即放到桌子上的这台机器的座位上的，却是一瓶跑了气的香槟酒。如果你认为："时间旅行者可以把那瓶陈酒拿掉，在启动机器之前再换上一瓶新酒。"那么就会没办法解释最初的跑气的香槟酒是从哪儿来的。我们在本书随后的部分，还要对这类相互矛盾的假设，以及它与"热力学第二定律"原理之间的关系，做更多的探讨。

2.2　对时间和空间的测量

在我们快速接触了时间旅行之后（这是为了刺激一下你们的兴趣），再来看一个比较普通的问题，即我们怎样测量物体在时间和空间中的位置。为方便起见，我们要采用一种非常实用的设定，即"用钟表测量的"就是时间。钟表是一种不停地进行重复循环的仪器，这些重复的循环可以是钟摆的摆动或者钟表发条末端摆锤的振动。这样就可以根据循环的次数来确定间隔时间的长短。

好的时钟走时很准，它们的振荡速率不会受到外界因素的影响。除非两只钟摆的长度相等，否则它们的摆动周期是不一样的。即使长度一样，它们的摆动周期也会有一些微小的变化，比如温度变化时就会导致钟摆长度发生些许变化，不过这些变化都可以测量出来。人类的心脏显然是很差的时钟，因为心跳速度因人而异，而且人也很难一直保持相同的心跳速度。即使是同一个人，他的心跳速度也随情况的不同而有快有慢，这取决于他处于睡眠状态还是在跑马拉松。现在最精确的时钟是原子钟，它基于原子所发射的光波振荡，通常用的都是铯元素的原子。这样的时钟很准，因为使用的两颗铯原子都完全相同，只有极为极端的外界条件才会影响到它们的振荡速率。这种时钟可以精确到10^{-9}秒，甚至更好。

与之类似，我们可以使用一些固定长度的工具，如米尺，来确定物体在空间的位置。假设闪电在下午1点击中了车站屋顶，我们可以把闪电称为"事件"，若要在时间和空间确定这个事件，我们要使用4个数据，或者说4个"坐标"，也就是空间坐标x，y和空间轴z，以及事件发生的时间t。但首先要确定固定的坐标轴以便测出空间坐标，可供选择的坐标轴有地面或者飞驰的火车、汽车，甚至火箭。选定坐标轴之后，就可以设想出沿着三个坐标轴，用米尺做的网格，或者像"攀玩架"那样相互静止不动的网格。就像用米尺测量那样，可以沿着坐标轴用x，y和z来表达一个事件的空间位置。要想测量事件所发生的时间，可以设想空间里有一个由点组成的网格，在每个节点上有一只时钟，我们所认为事件所发生的时间，就是最接近事件的那只时钟指示的时刻。要想让这种方法有意义，我们必须要让所有时钟的时间同步。不过这种过程还有一些细节，我们将在下一章仔细分析。这种米尺和同步钟表组成的网格结构就叫做"参照系"，一个事件在空间和时间上的位置，可以使用不同的方式来测量，这是空间与时间的物理学差异的又一个标志。这种对量的测量过程非常重要，因为物理学归根到底是一门实验科学。

还有其他一些可以单独挑选出来进行探讨的参照系。我们都经历过在火车上睡着后，当火车驶出车站时突然被惊醒，并看到窗外道轨上的另一列火车。如果火车的运行很平稳，既不颠簸，也不转向（也就是匀速直线运动），那我们真分不清究竟是我们的列车在走，还是另一辆列车在走。如果我们在车厢的地板上扔或滚一只球，其表现方式也是一样的，同样难以分辨是我们的车在运动还是另一列车在运动。这个与这列火车相关，让我们难以区分静止和匀速运动的参照系，称为惯性系。

惯性参照系的名称源自牛顿第一运动定律。这条定律认为，任何物体都要保持匀速直线运动或静止状态，直到外力迫使它改变运动状态为止。如果用简单但不甚准确的语言表述，牛顿第一运动定律的意思就是，如果让一个物体独自在那，它将一直保持原状。有这种表现的物体所在的参照系，就叫作惯性系，物体的表现与之不同的参照系就叫作非惯性系。

气浮平台（air table）是基础物理实验室的一种设备。它由一个表面钻有许多小孔的平台构成，在它的下面，气流从小孔持续喷出。放在它上面的轻盈的曲棍球可以毫无摩擦力地进行运动。若它静止下来，则会停留在相同的位置上。如果推动它，它就会匀速直线前进，直到撞到工作台的边缘为止。现在，假如有两架相同的气浮平台，把其中一架放到汽车里，这辆车以相对于安装着原来那架工作台的实验室做匀速直线运动。再把另外一架工作台放到一辆加速前进的汽车里（也就是说它的速度相对于实验室这个参照系，是在加速的）。让我们假设车窗都被涂黑，车里面的乘客看不到车外（千万别在家里这样干）。于是，乘客们只能根据他们在车内部进行的观察来判断他们所发生的运动。与第一辆车相对应的参照系是惯性系，这是因为在这个参照系里面，放在工作台上的曲棍球会一直保持原来的运动状态。如果它起初是静止的，它就会一直保持静止；如果它是运动的，那它就会一直进行匀速直线运动。换句话说，它的行为要遵循牛顿第一定律，就像实验室里气浮平台上的曲棍球一样。但再来看一下，在加速的汽车里的气浮平台上的曲棍球的位置。如果把起初静止的球放在那里，它不会保持静止，而是会向后退（如果汽车是在向前加速直线前进）。车里的人看到这个现象会有点奇怪，因为并没有明显的外力作用在球上面，气浮平台上也没有摩擦力。然而这个球并没有遵循牛顿第一定律。这辆车上的乘客也会注意到，他们在座位上时会被一股看不见的力量向前推。与之相类似，放置了曲棍球的气浮平台要是放到旋转木马上，同样会感到是在进行曲线运动，而不是直线运动，它的运动轨迹是从中心开始，沿着半径向外延伸的。这样我们就可以分辨惯性运动和非惯性运动的不同了。更简单一点讲，从另外一个惯性系看来，惯性系没有加速运动或者转动（实际上转动也是一种加速运动）。

　　我们如何把在某个参照系中对一个事件的测量，与对它在另一个参照系的测量联系起来呢？如果在两个惯性系里面，一个事件在某一个参照系中的坐标和它在另外一个参照系中的坐标之间存在着简单而直观的联系，这种关系被称为"伽利略变换"（Galileo transformation），这是以著名的17世纪意大利物理学家伽利略的名字命名的，是他奠定了研究运动的框架。假设我们有两个参照系，它们相对做匀速直线运动。比如，如果一个参照系相对于路轨保持静止，而另外一个参照系相对于（或者附在）一列匀速直线运动的列车保持静止。为了简明扼要，我们假设只沿着x轴进行相对运动。在路轨的参照系里面测量到一个爆竹爆炸，其位置为x、y、z发生的时间为t。列车沿着x轴正向以速度v匀速前进。那么这同一个事件在列车的参照系中的坐标是怎样的呢？

　　由于相对运动只发生在x轴，所以坐标y和z在两个参照系里面是相同的。我

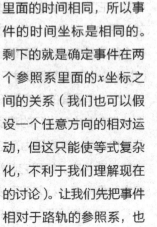

图2-1 观察者位于两个惯性系中。

S（路轨）参照系基于路轨，*S′*（列车）参照系则
关联于一列匀速运动的列车

们也可以假设两个参照系里面的时间相同，所以事件的时间坐标是相同的。剩下的就是确定事件在两个参照系里面的*x*坐标之间的关系（我们也可以假设一个任意方向的相对运动，但这只能使等式复杂化，不利于我们理解现在的讨论）。让我们先把事件相对于路轨的参照系，也就是被我们随后称为"*S*（路轨）参照系"的*x*坐标，简称为*x*。同一事件在列车的参照系，即被我们称为"*S′*（列车）参照系"里相对应的坐标，用*x′*表示。图2-1中显示了*S*（路轨）和*S′*（列车）两个参照系，这两个参照系的起点，分别用*O*和*O′*来表示，两点恰好重合，也就是说，当*t*=0时，这两点是相互重合的。*S*（路轨）参照系的坐标轴用*z*和*y*表示，*S′*（列车）参照系则用*z′*和*y′*来表示（为了简便起见，我们在图2-1中先隐去了*y*和*y′*）。*S′*（列车）参照系相对于*S*（路轨）参照系，以速度*v*匀速向右沿着*x*和*x′*运动（注意速度*v*包含速度的大小和方向）。当时间为*t*时，在*S*（路轨）参照系中的爆竹爆炸[在现在的讨论中，我们假设爆竹爆炸时间与在*S′*（列车）参照系里的时间相同，即*t′*=*t*]的位置是*x′*、*y′*、*z′*。由于相对运动只是沿着*x*和*x′*轴，所以在这两个参照系里面，*y*和*z*是一样的，也就是说*y′*=*y*，*z′*=*z*。可以从图2-1中看到，爆竹爆炸相应的坐标*x*=*x′*+*vt*，即它在*S′*（列车）参照系的位置加上*S′*（列车）参照系从起点开始在时间*t*内水平运动的距离。

于是，*S*（路轨）和*S′*（列车）两个参照系中的坐标关系式（经过细微整理）便可以写成如下的等式：

$$x' = x - vt$$
$$y' = y$$
$$z' = z$$
$$t' = t$$

这称为伽利略变换。让我们再强调一下重点，*x*和*x′*可以表达在两个不同坐标系中看到的同一个事件（本例为爆竹爆炸）的坐标。这些坐标不会涉及两个不同的事件。在之后的讨论中，把这些牢记在心非常重要。当然，速度v也可以朝向左方，也就是相反方向。那样的话，在变化的方程式里面，v可以换成$-v$，图2-1中v的方向箭头可以指向左方。

在前面的例子里，S'（列车）参照系中的爆竹在没有爆响之前，处于静止状态。现在设想一下另一个例子，比如相对于这两个参照系进行移动的物体。根据图2-1所示，假设这个物体在S'（列车）参照系中以速度u'向右移动。相同的物体在S（路轨）参照系中以速度u向右移动。那么这两个速度之间存在什么关系呢？如果你猜到这还是一个伽利略速度变换，你就猜对了［要注意，v仍然是前面所说的表示S'（列车）相对于S（路轨）参照系的速度。我们现在又引入了另一个速度u，用来表示未确定物体相对于S（路轨）的速度，以及u'用来表示它相对于S'（列车）的速度］。

要想把事情具体化，我们可以假设，那是一个以相对于列车地板的速度为$u'=1$英里/小时的朝着右方前进的人，即相应数据在S'（列车）参照系中测量的（为了简便起见，我们再次假设所有的运动都是沿着x和x'轴）。假设列车相对于路轨的速度，即S'（列车）参照系相对于S（路轨）的速度为$v=60$英里/小时。那么此人相对于路轨的前进速度是多少呢？显而易见，此人相对于路轨的速度u等于此人相对于列车的速度u'加上列车相对于路轨的速度v，即$u=1$英里/小时$+60$英里/小时$=61$英里/小时。更简单地说，我们会得出：$u=u'+v$。

还有一个简单的例子，现在大家都能体会到，那就是在自动人行道上行走。如果自动人行道在前进，比如它相对于地面的前进速度为2英尺/秒，而人相对于自动人行道的前进速度为3英尺/秒，那么人相对于地面的速度就是5英尺/秒。

如果按照我们的表达式，$u=u'+v$，我们也可以把带撇的数值用不带撇的数值来表达，和以前一样，我们可得到伽利略速度变换式：

$$u'=u-v$$

速度的变换可以很容易地从伽利略坐标变换中得来。对此细节感兴趣的读者可以在本书后的附录1中找到这些内容。

伽利略变换非常简单，而且直观明了。不过我们在下一章里却可以看到，这些变换是错误的。

Time Travel and Warp Drives

A Scientific Guide
to Shortcuts
through Time and Space

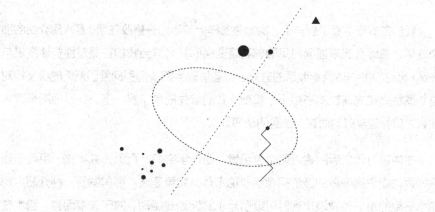

3
洛伦兹变换与狭义相对论

没有什么比时间和空间更让我困惑，
也有没有什么不让我困惑，
因为我从没想到它们。

——查尔斯·兰姆

那儿的时间还早，但已经迟了。

——约吉·贝拉（Yogi Berra）

我们在本章中要了解一下，实验是怎样促使我们去修改在第 2 章末尾介绍的那个简单、表面看起来显而易见的伽利略变换的，尤其当我们在面对那些速度堪与光速 c 相比较的物体及参照系的时候。这些修改会把我们引向爱因斯坦的狭义相对论。既然光和光速在本书中十分重要，我们就先简单了解一下，在爱因斯坦取得成就之前物理学家们对这个主题的认知。

在牛顿时代之后的将近两个世纪里，物理学家们一直就光究竟是一束粒子还是如同池塘表面弥散的波的问题而争论不休。如果是波，那就需要一种介质，例如水塘里的水，当波浪出现时可以引起水的波动或振动。对于波浪而言，当水在从左向右涌动时，水分子会上下波动。在某一特定时刻，设在池塘某一点的水分子为 P，并设此时这一点是水波的最高点。当我们观察波浪时，可以说在那一时刻 P 点出现了一个波峰，而在 P 点稍微向右一些的水分子会暂时处于振荡的最低点，这一点可以被称为波谷。稍过一会，P 点的水分子将在循环周期中处于最低点，于是 P 点出现了一个波谷，而原来这里出现的波峰将会向右移动。请注意，这只是表面水波纹本身的形状从左向右移动，而水分子仅仅在原位上下涌动，并不随着波纹从左向右移动。声波传播时也会发生同样的事情。但当声波传过时，空气中的分子只是前后振动，而不是上下振动。

如果有来自于两个不同波源的波浪（例如波浪顺着防波堤的两处不同出口在堤后码头的平静水面上延伸），水波会显现出一种"干涉"现象。当两股波浪的两个波峰在同一时间到达同一点时，会形成相当于单一波浪波峰双倍高度的波峰。也就是说，水分子在这些位置的上下振动达到的高度，要比原来只有一股波浪形成的高度高一倍。同样，如果两股波浪的波谷相遇，形成的波谷的深度也会比一股波浪的波谷的深度深一倍。这时称两股波浪发生了相长干涉（建设性干涉）。而在某些位置，若一股把水分子向上抬起的波浪的波峰与另一股把水分子向下拉的波浪的波谷同时到达，其结果是水分子感受不到任何向上或者向下的合力。于是水分子在这些点不再发生振荡，水面就会保持平静。波浪在这些点发生的干涉被称为相消干涉（摧毁性干涉）。在这两种情形中我们可以看到，水的振荡并非完全不存在，只不过没有像在完全发生相长干涉的位置上那样强烈。干涉是波的一种特征，它可以明确地证明存在着波这种现象。

1801 年，英国物理学家托马斯·杨（Thomas Young）让一束光线通过屏幕上的两个平行狭缝，并在双缝后面的第二块屏幕上观察到了明暗相间条纹的干涉图案。这种由光波产生的干涉图案要比水波条纹更难以观测，因为光波的波长（连续的波峰或波谷之间的距离）只是水波波长的百万分之一，所以测试光波只能使用非常狭窄的缝隙。杨氏实验确凿地表明了光的波动特性（将近一个世纪之后，随着量子力学的问世，又发现光具有粒子特性，不过这与我们现在讨论的内容没有关系）。

3.1 麦克斯韦的伟大观点

虽然杨氏实验似乎解答了光是一种波的问题，但这又引起了其他问题。当光波穿过时，究竟是什么在发生振荡的？光又是在什么介质中传播的？其中第一个问题在19世纪下半叶由苏格兰物理学家詹姆斯·克拉克·麦克斯韦（James Clerk Maxwell）用电磁理论做出了解答，这是电与磁相结合的理论，它证明了电与磁其实是紧密相关的。物理学家库仑（Coulomb）、安培（Ampère）以及法拉第（Faraday）等通过研究，获得了一组决定电场和磁场的方程。这些电场和磁场的方程说明了电力和磁力在不同情况下会作用于带电粒子。麦克斯韦注意到，电场和磁场的方程式极为相似，但是，电场方程中的一项，在相应的磁场方程中却没有对应的项。尽管在那个时代对于这一项还没有实验证明，但麦克斯韦猜测那一项是存在的。

当麦克斯韦把这一项添加到方程式中之后，他发现这组扩展了的方程式有一个特别的解。这个解与电磁场振荡形成的波相对应，而这种波在空气中的传播与波在水中传播的形式一样。他还根据表述特定电荷和电流条件下影响电场和磁场强度的两个参数，计算出了这些波的速度。这些参数的数值可以通过测量电磁力来得到。当麦克斯韦把这两个参数的值带入方程式之后发现，这些新波（现在被称为电磁波）的速度在方程式中可被推算为30万公里/秒，即等于18.6万英里/秒——正是光波的速度！

很难想象这仅仅是一个巧合。结论很明显，光波实际上正好是麦克斯韦加入那一项之后，由那组电磁方程式所推导出的一种新波的例证。上一段结尾的感叹号真是恰如其分。这确实是理论物理学历史上最令人瞩目而又极为美妙的成果之一。麦克斯韦根据当时已知的两个常数，推导出了现在被我们称作c的光速，而在他的理论问世之前，那两个常数似乎完全与光波无关。有人可能会说，当他最初按照方程组的推导来计算那种新型波的速度，并看到答案时，他会感到欣喜若狂，就像看到美国职业棒球大联盟的选手在系列赛的第七场比赛中漂亮地来了个轻松的满贯本垒打一样。因为这个杰出成果基于麦克斯韦的贡献，所以现在把支配电场和磁场的包括四个方程的方程组称为麦克斯韦方程组，尽管他个人只完成了其中一个方程。

正如我们曾经强调的那样，当你谈到某一物体的速度时，你必须要讲清楚它是相对于什么参照物的速度？我们会说，声音的速度大约是300米/秒，但我们不会总解释说，它是相对于空气的速度，而空气是声音传播的介质之一。那么，光又是怎样呢？麦克斯韦推导的光速为c，也就是大约3×10^8米/秒，这又是相对于什么的速度呢？因为波必须在介质中进行传播，而在光的传播中，却没有明显的介质，所以就引入了一种被叫作"以太"（aether, ether）的介质。以太被形容成一种无质量、无色而且检测不到的流质，它存在的唯一目的，就是作为让光线（也就是麦克斯韦的电磁波）传播的介质（很显然这里的aether与用于麻醉的乙醚毫无关系）。那么，比照声速的话，可以认为c就是光在以太中的传播速度。或者再换一种方式，它是光在一个极特殊（或者按照物理学家的说法是"优先的"）的参照系里面的速度，而相对于以太，这个参照系是静止的。不幸的是，人们很难对这一假设进行验证，因为以太无形无声，无味无臭。

3.2 迈克尔逊-莫雷实验（Michelson-Morley Experiment）

有人把这个试验做得几乎很好，或者看上去是这样。有两位美国科学家，凯斯理工学院（Case Institute of Technology）的阿尔贝特·迈克尔逊（Albert Michelson）和西部保留地大学（Western Reserve University）的爱德华·莫雷（Edward Morley）（那两所位于克利夫兰郊区的相邻学校已经合并成为今天的凯斯西部保留地大学Case Western Reserve University），在1887年着手对此进行了实验。对于物理学家而言，地球并不能扮演特别的角色。因此，迈克尔逊和莫雷没有理由相信，在任何特定时刻都是静止态的地球所处的参照系会成为麦克斯韦方程组所定义的"优先的"参照系，即以太参照系。所以他们预计，地球参照系相对于以太的速度，至少应该与地球围绕太阳公转的速度一样大。

我们应该注意，严格地讲，地球本身并不能构成一个惯性系，因为地球的运行不是匀速的——与地心相应的参照系在做加速运动，其速度的方向沿着环绕太阳的（近似）圆形轨道在不断变化。再者，因为地球也在自转，地球表面的点还存在一个另外的加速度。当然要是与牛顿那只坠落的苹果的加速度相比，这些加速度相对来说都很小，所以通常把地球看作一个近乎合理的惯性系。最接近于惯性系的，是与太阳中心相应的参照系，因为太阳的轴相对于遥远的恒星来说，是朝着一个固定的方向的，所以不会发生转动。

我们可以把地球的轨道速度设为 v。地球的轨道基本上是圆形的，其半径 r 约为 93000000 英里，或约为 1.5×10^8 公里。在一年里（大约等于 3×10^7 秒），地球走过的距离等于轨道的周长，即 $2\pi r$。由此得出 v 的数值大约为 30 公里/秒。按照日常的标准来看，这个速度非常高，已经是声速的百倍，但与光速相比还只是很低的（约为光速的千分之一）。

迈克尔逊和莫雷着手通过测量地球的相应速度，来证明存在着一个光波的优先参照系。假设地球在做圆周运动时，在某一时刻，它几乎笔直地远离某一特定恒星（鉴于可见的恒星数量，这一点还是完全能成立的）。再来考虑从地球上看到的光的速度。要做到这一点，我们还得回到前一章对伽利略速度变换公式的探讨。但是，用来表示列车与相对于运动列车的轨道这两个参照系的符号 S 与 S' 要稍作改变，我们这一次要用 S（以太）来表示以太参照系，用 S'（地球）来表示地球参照系，地球此时暂处于静止状态。

接下来，在 S（以太）和 S'（地球）参照系里面，设地球沿着相对于以太的轴 x（以及 x'）移动、于是，速度 v 在伽利略速度变换公式中就成了地球相对于以太的移动速度，u 就成为光相对于以太的速度，其方向也是地球移动的方向，即沿着 x 的方向。于是得出 $u=c$（正是它定义了以太），在变换公式中，u' 就是星光沿着 x 方向相对于地球的速度。伽利略速度变换公式 $u'=u-v$ 就变成了 $u'=c-v$。也即是说，在 x 轴上（这个轴也是连接了地球与该恒星的直线）推算的星光相对于地球的速度，要比 c 稍微小一些，因为地球刚好从以速度 v 移动的星光"逃离"。我们可以把这个公式改动一下，让 $v=c-u'$，式中，v 是迈克尔逊和莫雷希望测量的地球在以太中的移动速度。他们曾猜测 v 应该约等于地球的轨道速度，即约为 $0.001c$。因为他们认为 v 可能会比 c 小很多，所以他们仔细地进行了测量，以便得到一个可信的 v 值。

在理解这个实验之前，我们还必须提醒自己有关伽利略变换的另一方面。我们来看一下某一物运动在两个参照系里面的速度有什么差异。比如在我们现在分析的事例中，一束光脉冲在以太参照系和地球参照系里沿着y轴或x轴移动，也就是说，它的移动方向与地球的速度垂直。在这里，伽利略变换和我们的常识都会告诉我们，差异是0。然而，沿着y轴或x轴传播的光脉冲的速度将会在x轴方向上受到地球运动的影响，因为这个特定的参照系里面的速度，取决于光脉冲在这个参照系的y和x两个方向的运动速率。这类似于船夫划船横穿湍急的河流时，必须有一部分逆流而上的运动，才能最后到达他恰好要去的河对岸上的位置。他划船时还要抵抗河水的流动，因此，他垂直于河岸的速度，就不会像没有河水流动时那样快。

迈克尔逊和莫雷让一束光进入到他们的仪器里，这台仪器叫作干涉仪（见图3-1），光线开始时沿着垂直于地球轨道运动的方向前进。

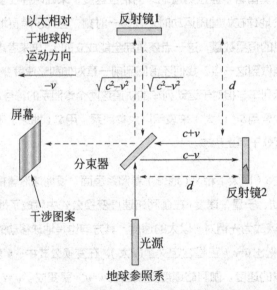

图3-1　迈克尔逊-莫雷实验。光束被分成两部分，
其中一束光与地球在以太中移动的方向成直角；
另一束光的方向，先与地球运动方向相反，
接着再与地球运动方向相同。两束光最后在左侧的屏幕上相遇

然后，他们使用与光线路径成45°角的分束器，把光线分成为两束。其中一束经分束器传播，在地球（带"'"的）参照系中沿着垂直于地球运动的方向（即

沿着y'轴，而不是y轴前进了一段距离d，到达反射镜1。因为y'轴本身与地球一起以速度v进行移动，所以这束光在以太参照系中x方向上的速度为v。根据定义，光在以太参照系中的运动速度为c，于是由勾股定理可知，这束光在y轴的速度为$v_y = \sqrt{c^2 - v^2}$ ❶。

但是，不管是根据伽利略变换还是根据常识，与地球运动相垂直的速度在参照系S（以太）或S'（地球）中都是一样的，所以光脉冲在y'轴的移动速度应该是$v_y'=v_y$。于是这束光又被反射镜1反射到分束器。

被分束器分出的另一束光，在侧面也移动了一段距离d，然后同样被反射镜2反射到分束器。两束光的一部分重合到一起，射向左侧，照在屏幕上并形成干涉图案。这两束光都通过了相同的一段距离$2d$。如果两束光的移动速度相同，它们各自移动过程所用的时间应该是相等的，那么就会出现完美的相长干涉。而实验中两束光的各自的"波峰"（即最大值位置上的那些点）会在同一时刻消退，并再次相互加强，出现"波谷"时也一样，所以两束光确实发生了相长干涉❷。

然而，这并不是迈克尔逊和莫雷所希望看到的，因为他们认为，两束光的运动速度是不一样的。用一点代数知识（我们不会去讲它）就可以看出，图3-1中"上—下"传输的光束总会射到从"一侧到另一侧"的光束。两束光行进所用时间的不同是显而易见的，因为这时发生的干涉不再是相长干涉。这种效应的结果，可以让迈克尔逊和莫雷测出地球在以太中的移动速度v。

可是当他们进行实验时，又发生了什么呢？迈克尔逊和莫雷发现，按照他们的测量精度，$v=0$。从表面上看，这意味着当他们在进行测量时，地球相对于以太刚好保持静止，这种巧合几乎太不可思议了。不过无论如何，这种想法还是容易检验的。于是他们就在6个月之后重做了这个实验，此时，在圆形轨道上运行的地球，刚好朝向相反的方向转动。如果在第一次实验时，地球在以太参照系中恰好处于静止状态，那么6个月之后，地球相对于以太的速度应该有所不同。然而，迈克尔逊和莫雷在重复了这个实验之后得到了相同的结果。无论光束相对于地球轨

---

❶ 如果用航海术语来描述，那么你可以认为这是"转变航向"横越以太"水流"的结果。

❷ 他们的仪器在设计上有一点很重要，即在检测光束时，分别射向前、后和射向左、右两束光，都是在通过了半镀银反射镜后，又立即被反射回来，因此两束光通过玻璃和通过空气时的不同速度已不存在，两束光的行程时间也就没有差别了。

道速度进行平行运动还是垂直运动，它对于地球的相对速度都是一样的。这样看来，这个结论绝非偶然，而是确有可能的。如果迈克尔逊和莫雷的实验过程完全正确，那么就出现了一个难以接受的结论：在伽利略变换中速度叠加的通常方法，竟然不适用于光！如果一束光以速度 c 穿过空间，而一位观察者也以速度 v 在空间移动，那么他会看到，光束仍会以速度 c 照向他。

迈克尔逊-莫雷实验，是物理学史上真正富有开创性的实验之一。如同那些重要的实验一样，很多人都反复进行过这个实验，以对实验结果进行核证。需要说明的是，这是一个难度很高的实验，因为所要预测的效应值极为细微，几乎达到实验检测能力的极限。

3.3　相对论的两个原理

爱因斯坦在1905年发表的狭义相对论，建立在两个基本原理之上，这两个基本原理是其他理论的基础。相对论的第一个原理认为，所有物理定律在一切惯性系中都具有相同的数学表达形式。由于惯性系都是以相对均匀的速度运动而各自不同的，所以第一个原理是说，如果你处于一个封闭的空间，你没有办法通过任何物理实验来知道你是静止的还是在进行匀速运动。实际上这就是说，你保持静止或者进行匀速运动其实并无意义，因为物理学定律不会从那些惯性系中挑选出某个特殊的惯性系，以使其区别于其他惯性系；物理学家们会说，并没有"优先"的惯性系。所以没有办法来回答"在相对于什么保持匀速运动？"可以这么说，你总是可以把自己的参照系当做"主参照系"来测量相对它的速度。

麦克斯韦的方程式提供了这样的可能性，即光是以相对于光源——比如一盏灯——的速度 c 传播的。爱因斯坦所采纳的相对论的第二个原理是，光速不依赖于发光物体的运动速度。已有能够支持这条原则的一些实验被完成（我们在这里不去探讨这些实验）。如果光速不依赖于发光物体的运动速度，那么在不违反第一个原理的条件下，光速不依赖于任何事物。这两条相对论原理意味着，观测者在所有的惯性系中所测得的相对于其参照系的光速都是 c。

迈克尔逊-莫雷实验提供的证据表明，作为实验事实，光速在任何参照系中都是相同的。当爱因斯坦得知迈克尔逊-莫雷实验时，他似乎更基于自己的思考而不是出于强烈的直觉，认识到麦克斯韦的电磁方程式应该对任何惯性系都有效，而并非只适用于由根本观测不到的以太所决定的某个优先的参照系。

相对论的第一个原理的有效性，与所有物理学原则或定律一样，都基于实验研究。然而，它却对物理学定律的形式形成很强的制约，直至现在，我们仍未看到这些制约被违反。这种约束结果的一个强有力的实例，就是关于物理学中最为重要的定律——能量守恒定律。事实上，在狭义相对论问世之前人们所知的这条定律，并不遵守相对论第一原理，在不同惯性系中的表现也不同。爱因斯坦认为，能量守恒定律的正确表述，应该受到相对论第一原理的制约。他对此所提出的一些修正，引出了很多实验性预测，包括著名的方程式$E=mc^2$。对于这些预测，研究人员在许多不同实验中进行了大量检验，并已经得到验证。实际上，这些有关各种物理学定律形式的预测，为相对论提供了更加坚实的实验支持，甚至超越了对光在所有惯性系中速度相同的预测，而它是基于迈克尔逊-莫雷实验和另外一些后续实验的，这些实验都很难以高精度水平来进行。

3.4　洛伦兹变换（Lorentz Transformations）

根据迈克尔逊-莫雷实验的结果和爱因斯坦的相对论第一原理，伽利略变换并不完全正确，当速度u或v接近光速c时，必须对其进行修改。而这种修改，还要让伽利略变换在速度远低于光速c时继续保持有效，因为此时从我们日常的观察来看，伽利略变换仍然是正确的。相对论第一原理认为，只要我们正确地从一个惯性系到另一个惯性系进行坐标变换时，一切物理规律在每一个惯性系都具有相同的数学表达形式。

我们可以找到另外一组能够满足这种要求的变换，尤其当$u=c$时，设$u'=c$。这种变换称作洛伦兹变换方程组（洛伦兹早在爱因斯坦之前就提出了这一组方程式，但他却没有准确把握住这些方程式的物理含义）。在附录2中，我们将详细探讨这些方程式是怎样推导出的。现在我们只想把这些方程式写出来，并对其特性和结果进行分析。我们还是要假设两个惯性参照系，其中一个是S（地球）参照系，地球在这里暂时处于静止状态。现在，我们要把假设的以太这种很不符合物理学的观念搁置一边，而把另一个参照系设定为S'（飞船），并假设这个参照系关联于一艘以恒定速度v穿越地球的星际飞船。如前所述，把两个参照系的轴调整为相互平行，速度v沿着共同的x和x'坐标轴运行。还要设定好两个参照系的时钟原点，使在原点相交时，地球和飞船上的观测者看到的时钟时间$t=t'=0$。

我们要提醒读者现在所面对的情况，假设有一个"事件"，也就是一个在特定时间和空间所发生的事情，例如用球棒击球。我们可以用静止的钟表和米尺测量出这个事件的时空坐标参数（t，x，y，z），来标出它在S（地球）参照系中的坐标位置。我们还可以通过这个事件的时空坐标，在S'（飞船）的参照系中标出它的位置和时间。变换方程式便可以用不加撇的坐标值（地球参照系）给出带撇的坐标值（飞船的参照系）。我们先回忆一下第2章中的伽利略变换方程式：

$$t'=t,\ x'=x-vt,\ y'=y,\ z'=z$$

然后是洛伦兹变换方程式：

$$t' = \frac{t - \frac{vx}{c^2}}{\sqrt{1 - \frac{v^2}{c^2}}}, x' = \frac{x - vt}{\sqrt{1 - \frac{v^2}{c^2}}}, y' = y, z' = z$$

首先，如果我们只考虑比光速低很多的速度，那么这些方程式会怎样变化呢？在这种情况下，上述方程组含有v的分子和含有c的分母的各项，与其他项相比将会很小，所以我们可以忽略它们（含有$\frac{v^2}{c^2}$的项尤其是这样，因为把$\frac{v}{c}$这样一个已经很小的值变成二次方，那么得到的值就更小了）。现在要注意，如果我们把洛伦兹变换方程组中包含了$\frac{v}{c}$的那些项全部抛开，那么你确实又回到了伽利略变换。所以只有当$\frac{v}{c}$值不是小到可以忽略不计时，通过引入洛伦兹变换方程式所产生的差异才会比较可观。上面的结论尤其适用于洛伦兹变换中最重要的内容之一。当我们引入伽利略变换时，我们只是把$t=t'$作为事后的补充加入到最后一个等式中，因为即使时钟处于运动中，也没有明确的理由认为时钟上的时间有什么不同。但是，如果时钟处于一个以与光速c相近的速度移动的参照系中，那么情况就不再如此了。在这种情况下，如果你想让两个参照系的光速都等于c，那么t和t'肯定是不同的，而且t'还要取决于t和x。换言之，飞船上的观测者在看到那一事件发生的时间，不仅取决于该事件在地球上发生的时间，还涉及它所发生的地点。我们很快将看到为什么两个参照系中的光速都是c。

当两个参照系原点的时钟都是0时，选择S′（飞船）参照系的原点刚好与S（地球）参照系的原点相交。而且S′（飞船）参照系的原点，即$x'=0$，以相对于地球的速度v向前移动。因此，$x'=0$的那一点即是$x'=vt$。从第一个洛伦兹方程来看，当$x'=0$时，确实是$x=vt$，所以要想让洛伦兹方程组有意义，这个等式是必要的。

最后，两个参照系中的光速又是怎样的呢？洛伦兹变换方程组确定地球上和飞船上的观察者看到的光速都是一样的，因此这只是一个代数问题。假定在$t=0$时，从S（地球）参照系的原点沿着x坐标轴的正负两个方向射出光束。由于光相对于地球的速度为c，那么这两束光的轨迹可以分别用方程表述为$x=ct$和$x=-ct$。我们可以把等式的两边变成二次幂，来把这两个方程合并起来，即地球上的观测者看到的这两束光束的运动满足这样的条件：$x^2-(ct)^2=0$。若要让飞船上的观测者所看到的光束的速度也是c，那我们就得探讨一下，洛伦兹变换方程式会不会也能得出$x'^2-(ct')^2=0$。实际上还真是这样。对于任何$x^2-(ct)^2$的值：

$$x^2-(ct)^2=x'^2-(ct')^2$$

本书以后几乎所有的内容都是基于这个方程式的。你也可以通过用洛伦兹变换方程来代换上述等式右侧的x'和t'，自己去证明这一点。笔者在附录3中对此进行了证明。

3.5 不变间距

下面用另一种简便常用的术语来表述一下上面表述的内容。这也会让我们在欧氏几何的三维空间和相对论的四维时空之间（也就是所有可能事件的集合），进行一部分有趣的类比。首先定义一个量s^2，把它称为在S（地球）参照系原点的一个事件与一个有时间和空间坐标（t, x, y, z）的事件之间的间距，用等式表达为：$s^2=x^2+y^2+z^2-(ct)^2=r^2-(ct)^2$。我们在这里又把$y$和$z$加进来，只不过顺便拿它们来用勾股定理的三维推广式$x^2+y^2+z^2=r^2$，来重新建立一个事件自原点到空间距离$r$的方程式。

从对洛伦兹变换的研究中得知，$r^2-(ct)^2=r'^2-(ct')^2$。这个间距和在飞船参照系中用坐标表示的形式是一样的。正是基于这个特性，s^2被称为不变间距。这个不变的量，也就是像光速c一样，在所有的惯性参照系中都是一样的。我们通过利用洛伦兹变换方程组，把S（地球）转换到S′（飞船），让两个坐标系的坐标相互关联，即通过这样的变换，s^2是一个不变量。

再让我们从纯空间几何学的角度来考虑一下。我们不再探讨对一个运动的参照系进行转换，而要讨论一下通过坐标轴的旋转，同时让坐标轴保持相互垂直，而得到的一个新的的空间坐标系的转换。例如，在二维中，我们可能会把一张纸的两个对角之间的连线作为新坐标轴，而不是水平或垂直的坐标轴。我们先把这些新的二维空间坐标轴设为x'和y'［这是一组带撇的新坐标轴，与S'（飞船）参照系无关，它是通过旋转而不是洛伦兹变换得到的］。这种情况见图3-2。

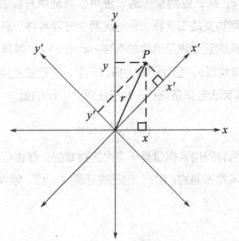

图3-2　坐标系的旋转。尽管x轴和y轴的参数与x'和y'的参数不同，但是线段r的长度在两个坐标系中是相同的

我们还可以通过在带撇的坐标系中确定一组坐标值，在平面上确定一个P点的位置。这些点的带撇或者不带撇的坐标值是不一样的，但是x^2+y^2和$x'^2+y'^2$则是相等的，因为我们的朋友毕达哥拉斯告诉我们它们都等于r^2，r就是P至原点的距离。当然这个距离没有变化，因为我们选择使用的是一组旋转的坐标系。因此，我们说r在旋转后是一个不变量，因为它的坐标值在两个相互转换而得到的坐标系中是一样的。简而言之，我们可以说线段r的长度存在于平面上，而这个平面独立于我们所用的任何坐标系。总之，我们可以先在纸上画出这条线段，然后再加上这些坐标系。

我们也可以认为s是一个事件在时空中迄自原点的某种距离，就像r是空间中的一点与空间原点之间的距离一样。这个类比是有用的，但也只能到此为止。在一般的空间里，距离是正值，但是时空中的"距离"却可以是正值、负值，或是

0。在图3-2中的三维坐标中，$r^2=x^2+y^2+z^2$就总为正值（或者是0）。不要在模拟的四维时空中，间隔$s^2=r^2-(ct)^2$，除了r^2以外还包括另一段，而且包含t项的符号也与空间的项不同。这个负号很重要，它再次验证了一个事实，即在狭义相对论中，时间和空间的关系要比在牛顿力学中紧密得多，如第2章所述，时间和空间在物理学上不是等价的。尤其是与r^2相反，不变间距s^2可以是正值、负值，甚至是0！例如，在空间原点发生的一个事件，在$r=0$时，它唯一的非零坐标是t，$s^2=-(ct)^2$，s^2为负值。再比如，与原点相关的光信号所发生的事件，$r^2-(ct)^2=0$，$s^2=0$。

在附录4中，我们将会探讨一种方法，来通过一种不同的惯性系去观察洛伦兹变换，这是一种x，t平面上的旋转坐标轴，而不是包含两个空间轴的平面。人们可以发现，不变间距中的负号让人感到了它的存在，而在x，t平面进行的旋转，也与普通的空间旋转有着几何学差别。

3.6 时钟同步与同时性

艾伦有一只带小型无线接收器的手表，可以接收科罗拉多美国国家标准与技术研究院（NIST）的原子钟的时间信号。这让他避免了偶尔要对手表的麻烦。因为这只手表的时间是"同步的"，即完全符合美国国家标准时的。不过，要是艾伦有精准癖的话，他会为手表总要慢上那么百分之几秒而烦恼，这是无线电信号穿越2/3的美国本土，到达马萨诸塞州艾伦的手表所需要的时间（无线电信号与光一样，是麦克斯韦的电磁波之一，也是以光速传播）。

如果艾伦真在乎这百分之几秒的话，他可以通过修改手表的电路，让他的手表显示时间时，把时间信号传输的延时也考虑进去，这就可以让他的手表与NIST的原子钟保持完全同步。只是很明显艾伦对此并不在意。但这却说明了如果想要建立一个参照系，则需要考虑的因素至少在概念上是这样的，比如在空间中分布的一系列需要显示相同时间的时钟。要想做到这一点，可以考虑使用一大批配有无线电接收器的同种时钟，并把这些时钟摆放在某一惯性系空间里的一些重要地点，于是这些时钟便都会处于相对静止。你可以在参照系的空间框架内去测量每只时钟的空间坐标x，y，z。要测量的那只时钟距原点的距离则为r，在这里$r = \sqrt{x^2 + y^2 + z^2}$。然后，你在某一时刻从坐标系的原点发出一个无线电信号，并确定这一点的时间为$t=0$。考虑到光信号的传输时间，在时钟前的每个人开始看钟表的时间将不再是$t=0$，而是$t=r/c$。现在，在所在参照系里面的观测者看来，这些时钟都是处于相互静止状态的，所指示的时间也是一样的。

我们为什么要加上一句修饰语"在所在参照系里面的观测者看来"呢？让我们再回到S（地球）和S'（飞船）参照系。假设在S（地球）的原点，时钟上的时间为$t=0$，再去看一下地球参照系中沿着x轴摆放的一系列时钟的x坐标值。（当你进行洛伦兹变换时，y和z的值是不变的，所以在大部分时间里我们可以忘记它们。）由于这些时钟在地球参照系中都是同步的，所以它们的指针时间都是$t=0$。也就是说，与这些时钟的指针$t=0$相关的事件，从那个参照系中的观测者看来，都是同时性的。

而对于飞船上的观测者又是怎样呢？洛伦兹变换的显著特性，是t值要同时取决于t和x。

让我们看一下位于地球系统原点的时钟，以及它们在x轴上坐标为$x=x_1$的P点。先来考虑两个事件：在地球系统原点的时钟指针$t=0$时的一个事件和位于地球系统P点的时钟指针$t=0$的另一个事件。这两个事件在S（地球）参照系中的时空坐标(t, x)分别为$(0, 0)$和$(0, x_1)$，而且这两个事件是同时性的。

现在让我们应用洛伦兹变换方程，去找出第一个事件在S'（飞船）参照系中的时间。在等式中代入$x=0$和$t=0$求t'，得到$t'=0$。这丝毫不令人惊奇，而且也并不有趣，因为在两个参照系的原点相交时，我们已经约定$t=t'=0$，也就是$x=x'=0$。同时也要注意，两只时钟在此刻暂时相互紧挨着位于同一点上。在两个参照系中的观测者都能够同时看到这两只时钟，可以毫不含糊地对它们进行比较，而无需再向前后发送任何信号。

但再让我们看一看另一个事件。在洛伦兹变换方程中代入$x=0$和$t=0$求t'，得到的是$t' = \dfrac{-vx_1/c^2}{\sqrt{1-(v^2/c^2)}}$。在两个参照系中的观测者们对第二个事件的时间没有取得共识。而且在地球参照系中的观测者认为两个事件是同时性的，但在飞船参照系中的观测者却不这么认为。

这是为什么呢？在查看这个方程的答案之前，为了避免可能出现的困惑，让我们先花点时间来琢磨一下相对论原理没说的事情。尽管你一开始阅读时会认为这些原理已经提到过了，但这些原理并没有告诉你能够观察到相对其他物体的光速c。这些原理只认可相对你保持静止的物体，也就是说这种静止，是指你在自己的惯性系中也是静止的。例如，假设在地球的参照系中观察到有一束光和一艘飞船相互接近。光脉冲沿着x轴负方向前进，其速度为c；飞船沿着x轴正方向前进，速度为$c/2$。在1秒钟之后，假设光脉冲并未与飞船相遇，地球上的观测者所测得的它们之间的距离就要再减去（186000+93000）英里。于是，地球上的观测者就会看到，光脉冲相对于飞船的速度为279000英里/秒，或$\frac{3}{2}c$。这并没有违反相对论原理，因为我们不在飞船的静止参照系之中。我们可以用正确的（洛伦兹）变换方程，把沿着x轴正向的以$c/2$速度运动的参照系进行变换，即变换到飞船的参照系中。那么光脉冲和飞船的相对速度就是c，因为在这个参照系中飞船处于静止状态。

因此，位于两个不同参照系中的观测者们，就不会认同两个运动物体的相对速度了。特别是相对论的原理只确定观测者测定的光脉冲相对一个物体的速度在这个物体的静止参照系中是c。我们也许会注意到，在讨论迈克尔逊-莫雷实验时，并没有出现这个问题，因为那时我们探讨的，是由地球观测者测量的两束不同光束在垂直方向的速度。

让我们再回头看一下这个问题，为什么在S（地球）和S'（飞船）这两个参照系中的观测者并不认同在S'（飞船）原点的时钟经过P点时的$x=x'$。这是因为两个参照系中的观测者并不认同对时钟进行同步的方式。在地球参照系的观测者是把P点的时钟与在原点的时钟进行同步，而且是基于一个光信号从原点朝右射到P点的时间（x_1/c），因为他们看到的光，是以相对于S（地球）参照系的速度前进的。在飞船参照系中的观测者看到的光，也以相对于他们的参照系的速度c向右移动，但他们还看到地球以相对速度v向左移动，因为飞船相对于地球是在向右移动的。于是，就像我们在前两段中所谈到的那样，他们会看到光与地球相互朝着对方前进，所以对于他们来讲，相对于地球来说，光的速度是$c+v$。正如我们谈过的那样，两个参照系中的观测者并不认同地球与光脉冲的相对速度。然而，为了符合相对论原理，两方的观测者所看到的光脉冲都是以相对于其各自参照系的速度c运动。

在S'（飞船）参照系中的观测者会说："地球上的这些人根本不懂怎样把时钟进行正确同步，他们竟然用c计算基于光信号传播时间所产生的时间延误，就是傻子也能明白地看出来他们应该用$c+v$才行，所以他们的时钟才会不准，而且还不认可我们参照系中正确同步的时钟。"当然了，在地球上的观测者和作为时钟同步者的飞船参照系中的观测者一样，也因为相同的原因，有着相同的观点。每个参照系中的观测者在他们各自的参照系中，看到的光都以速度c行进，这意味着每一批观测者都在使用不同的、但对于他们自己却是正确的对时钟进行同步的方法。

3.7 光障

我们在第1章中曾经提到，一般认为，狭义相对论要排除超过光速的旅行。看一看洛伦兹变换方程式就会知道这是为什么。你可以看到，在从地球参照系向一个相对于地球以速度v运动的参照系变换时，这个新参照系的坐标值中会包含表达式$\dfrac{1}{\sqrt{1-(v^2/c^2)}}$。它看起来有点复杂，但实际上很容易理解。在日常情况下，v会比c小得多，v^2/c^2的值就更小了，于是这个表达式就成了用来表达数值"1"的有趣形式。但是一旦v趋近于c，这个表达式中的平方根就会趋于$\sqrt{(1-1)}=0$。而这个因数是在分母里，于是这个表达式的值就会变得越来越大。最后，如果我们试图让$v=c$，那么分母刚好就会变成0。但是0作为除数得出的结果不确定，是无数学意义的运算。所以洛伦兹变换告诉我们，任何两个惯性参照系的相对速度都必须小于c。但是以速度v进行匀速运动的物质粒子的静止坐标系，就是惯性参照系。惯性参照系被限制为$v<c$，这表明了相同的物质粒子的速度极限。所以，洛伦兹变换意味着存在一种"光障"，以阻止物质达到光速。

也可以从质量为m、速度为v的粒子的能量表达式中得出这个结论，这要有一个特殊条件，并且符合相对论第一原理，即能量守恒和动量守恒法则在所有的惯性系中具有相同的形式。质量为m、速度为v的物体的能量表达式就是$E=\dfrac{mc^2}{\sqrt{1-v^2/c^2}}$。由于分母中存在着平方根，必须要有无限大的能量，才能让该物体加速到光速，这其实是认为实际上没有任何物质可以达到光速的另外一种说法。如果再看一下这个表达式的推导（虽然很漂亮，但要在这里介绍的话则太显复杂）则可以看到，在分母里面的根号是来自于洛伦兹变换中相应的根号。所以，我们再次看到了狭义相对论中的光障，这也是为了满足这个要求，即在所有惯性系中，光速都是一样的，也就是又回到了洛伦兹变换。

3.8 "零质量"粒子与$E=mc^2$

光当然以光速运动,这实在毋庸赘言。在量子理论中,光既具有波动特性,又具有粒子特性。在这里探讨波粒二象性会让我们偏离主题。所以在我们的讨论中可以认为光的粒子(即"光子"或"光量子")的质量为0。于是,如果我们试着把前文中所给出的计算物质粒子能量的公式用于光子,就会得到0/0,而这在数学上是毫无意义的。然而,这又说明还有另外一种表达方式,可以用来表示粒子与动量和质量有关的相对论性能量,这个等式可以表述为:$E^2=p^2c^2+m^2c^4$,其中p为动量。当质量为0时,这个表述的确具有物理意义。这即是说,一个"零质量"粒子,例如光子,如果依照其动量,它具有的能量是:$E=pc$(假设这个粒子是以光速运动)❶。

我们刚才给出的有关粒子能量的公式,也许与你在物理学导论课程上所学的不大一样。这是因为在那里所探讨的内容都局限于日常物理学、非相对论限制,其中的速度v都远低于光速c。基于这种限制,标准的数学解答是E更接近于公式 $E=mc^2+\dfrac{1}{2}mv^2$。这个等式的第二项是粒子"动能"的标准非相对论式表达式,也就是说,粒子具有能量,是因为它处于运动状态。此外,相对论等式中还包括一个著名的新项mc^2,它与静能量相对应,也就是相对论所认为的只与粒子的质量有关,即使它处于静止态。因为这个项的值极大(如果用普通单位来表达c^2,那会是一个很大的数字),所以你也许要问,既然这个数字一直存在,那么为什么在爱因斯坦之前没有人注意到它呢?这是因为,尽管静止能量很大,但在我们通常所见到的场合也是恒定的,因为携带静止能量的各种不同种类粒子的数量是恒定的。

这些项一般对解决我们感兴趣的问题没什么作用,只涉及事物随时间或者位置所变化的方式,而且恒量项一般都出现在等式的两边,并可以被消掉。

在粒子数量随着时间改变的情况下,静能量会产生奇特的作用。例如,一个粒子和它的所谓的反粒子,即质量相等但电荷相反的粒子(如电子的反粒子正电子),会相遇并互相湮灭,并把它们的全部静能量转化为能量。在爱因斯坦1905年发表狭义相对论的论文时,这种现象还没有被试验发现,但后来的发现则为其提供了强有力的证明。

---

❶ 可以很容易地在相对论动量和能量表述中获得这个表达式:$p=\dfrac{mv}{\sqrt{1-v^2/c^2}}$,$E=\dfrac{mc^2}{\sqrt{1-v^2/c^2}}$

Time Travel and Warp Drives

A Scientific Guide
to Shortcuts
through Time and Space

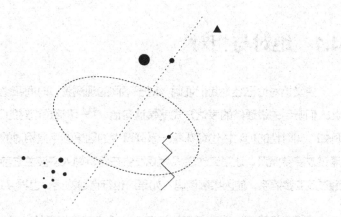

4
光 锥

过去的时间和未来的时间，

过去可能存在的和已经存在的，

都指向一个始终存在的终点。

———艾略特《烧毁的诺顿》

啊，未来对我已是过去。

———鲍勃·迪伦《再见 再见》

4.1 绝对与相对

狭义相对论已经为我们证明，对于不同的观测者，时间和空间也是不同的。对此人们听到的最通俗的表达方式就是这句话："一切都是相对的"。但真是这样吗？例如，同时性的相对性也意味着一系列事件的因果顺序是相对的吗？我们是否可以通过改变参照系，让第二次世界大战发生在希特勒入侵波兰之前？也就是说，可以通过改变参照系，使因果颠倒吗？如果这也行得通的话，世界会是多么的怪异啊。

我们已经看到，光在任何惯性系中的速度都是相同的。因此在狭义相对论中，光速的不变性自然不是"相对"的，而是绝对的。这意味着爱因斯坦的时空与牛顿的时空存在着不同，前者可以分成一些区域，并可以用被称为"光锥"的概念来描述。在其中的一部分区域里，事件在时间上的顺序在所有的参照系中都是相同的；而在另外一些区域中，时间顺序则是相对的。我们可以看到，在第一种类型中，由因果关系相连的每一对事件都处于一个区间。

我们在图4-1中画出了一些坐标轨迹，它们代表着地球和飞船在S（地球）参照系中相对于x点的变量ct。这种轨迹通常被称为一个物体的"世界线"（worldline）。为了让定位简洁和清晰，我们暂把自己限制在一个只有x和ct两个时空量值的二维坐标轨迹上，我们还设定所有的点$y=z=0$。如同我们已经做过的那样，我们选定的原点值为$x=0$，$ct=0$，地球和飞船在这一点相互交汇，此刻的时间，是地球和飞船上的观测者按照他们各自的时钟时间原点所选择的。

在这个参照系中，地球在$x=0$时是静止的，它的世界线顺着ct轴延伸。在时间为t_1时，它在图4-1中的坐标位置为：$x=0$，$ct=ct_1$。我们还标出了源自过去某一距离的一段时间t，此时$t<0$，这个时间朝着未来延续，此时$t>0$。为了定位飞船的世界线，我们任意选择$v=0.8c$，于是得到飞船的位置$x=0.8ct$。飞船在ct相对于x轴的坐标点轨迹则是倾斜角相对于竖轴为0.8的一条直线。我们所测定的倾斜度值都假设为相对于x轴线（因为与你通常能见到的图表不同，我们现在确定的坐标点ct是纵轴，x为横轴）。

为了方便起见，我们选择使用变量ct，而不是t，于是两条坐标轴就有了相同的长度单位。对于一个以速度v运动的物体，$x=vt$，t相对于x轴的曲线就是倾斜的直线v。有趣的情形包括v值为$c/2$，因为c如果用正常计数单位表达的话，是一个很大的数字，所以那条线几乎是一条垂线，不能通过x轴加以辨别。若设定变量ct，ct相对于x轴曲线的斜度就变为比较好掌控的v/c。把ct作为一个变量，等于把t作为变量，但它的单位是光秒（即光在1秒钟所走过的距离，约为300000公里），而不是秒。

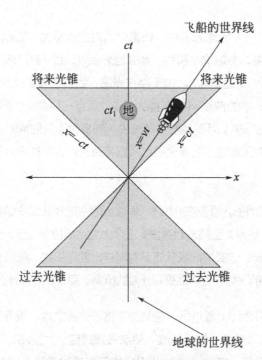

图4-1 相对于地球飞行的飞船的世界线

在图4-1中的这两条标为$x=ct$和$x=-ct$的直线，描述出了光脉冲各自在正负两个方向向着x轴运动的轨迹，而且都在$t=0$时经过原点。这些线段构成了所谓的"光锥"。这部分就是相对于x平面沿着ct延伸的时空面积$x^2+y^2+z^2=(ct)^2$。

光锥有着特殊的意义，因为它在所有的惯性系中都扮演着相同的角色。例如，我们知道，假设在S（地球）参照系中，$x=ct$，那么在S'（飞船）参照系中$x'=ct'$也是正确的。自原点到光锥上的任何一点间的不变间距s^2都满足$s^2=0$，而且正如我们已经谈到的，如果通过洛伦兹变换进入到另一个不同的参照系中，s^2仍保持不变。

光锥会把页面分为四个象限。光锥的上部和底部所在的区域，t分别是正值和负值。也就是说，它们分别对应的时空区域，是在我们设定为$t=0$的飞船穿过地球的时间之前和之后。对于地球和飞船上的观测者来说，$t=0$时，这些区域是他们的过去和将来，称为过去光锥和将来光锥。在过去和将来光锥之内的各个点，$x^2-(ct)^2<0$，即在这些点与原点之间的不变间距s^2为负值。这些点被称为出现了自原点的"类时性"分离，这是因为在这个间隔中，"时间"的份额要大于"空间"的份额。

再让我们来看一个特殊的事件，该事件的时空坐标为t_1和x_1。假如地球上的某人在时间$t=0$时要去影响这个事件，那么他必须以速度u自己前往或发出一个信号，这个速度u至少要达到x_1/t_1。由于存在光障，我们必须要让$u/c=x_1/ct_1 \leqslant 1$。也就是说ct_1相对于x_1轴的曲线斜率不能大于1，而且t还必须大于0，因为我们只可以影响到发生在将来（而不是发生在过去）的事件（我们暂时还没涉及时间旅行）。这两个条件共同阐述了将来光锥，所以将来光锥只是在原点的某人所能够影响到的一组事件。

我们来看一些例子。假设在$t=0$时，地球上的星际舰队司令部获得情报，太空海盗将在整一年之后向太空站发起袭击。三个太空站的位置位于$x=0.4$光年，$x=1$光年，以及$x=1.2$光年。这时星际舰队还没有制造出曲速引擎，所以尽管他们已有引擎动力已经很强大的飞船，但仍然受到光障的限制。那么将会有什么事情发生呢？

先来参考一下图4-2。最近的太空站位于将来光锥之内。假设飞船的最大速度可以超过$0.4c$，可以派遣一艘或数艘飞船前去援助这个太空站，飞船能够抢在海盗袭击之前到达那里。第二个太空站刚好位于光锥的边缘。没有援兵可以及时抵达，因为物体的速度不能达到光速。但是，却可以使用电磁波向太空站发送袭击预警信号（很不幸，这个预警不是很及时的，因为当海盗出现时，警报也刚好到达）。

在光锥以外的最远的太空站，就没那么幸运了。星际舰队对一年以后发生在这个太空站的事件束手无策，援兵难以在1.2年之前到达，届时太空站只能设法自保了。

现在再让我们来看一下过去光锥。情形是一样的，只是过去光锥可以影响到$t=0$时的地球事件，而不是被这些事件所影响。例如，从过去光锥区域延展的地球世界线和飞船世界线都到达原点，飞船上的过去事件，以及地球上的早期历史，都在$t=0$时影响着地球。

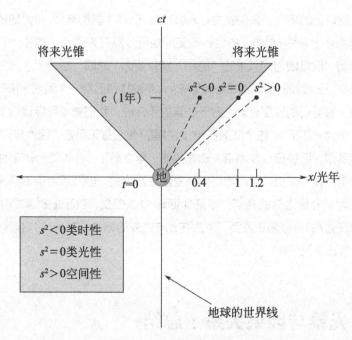

图4-2 "太空海盗"。图中描述了不同的类时性间隔，类光性间隔，以及类空性间隔

在光锥的内部，当s^2为负值时，意味着这些点与时空原点有着因果关系，可以影响到那里发生的事件，或者受到那里发生的事件的影响。因为s^2在洛伦兹变换中是一个不变量，所以光锥内部的事件集合在所有惯性系中都是相同的。而光锥内部的事件的时间顺序，无论事件在将来光锥还是在原点的事件的过去光锥，都是洛伦兹不变量（我们在下一段会讲到）。因此，当设定了因果相关的一对事件时，在所有惯性系中的观测者都会认同谁是原因、谁是结果。

对此，需要注意的是，一个相对于S（地球）参照系以速度v运动的参照系，在洛伦兹变换的情况下，$t' = \dfrac{t - vx/c^2}{\sqrt{1 - (v^2/c^2)}}$。在前面的光锥里，正如我们已经看到的，$x$轴上的所有值都满足$x=ut$，这里的$u/c<1$，而且$v/c < 1$，这是由于光障对惯性系速度的限制。再让我们来看看$t'$的分子，$t-vx/c^2=t-v(ut)/c^2$（在这里我们用$x=ut$进行了替换）。我们可以对该等式右边的部分进行分解，得到$t-v(ut)/c^2=t[1-(u/c)(v/c)]$。由于$u/c$和$v/c$都小于1，所以它们的乘积也小于1。$t'$的分母总是一个正值，所以$t'$就等于与正值相乘的$t$，由此可知$t'$与$t$的符号相同。因此，假如在原点的一个事件在一个惯性系中引起另一个事件，那么在每一个惯性系中都会看到它所导致的结果。

在光锥以外的事件，即使发生在 $t=0$ 之前，仍然不能影响到 $t=0$ 时的地球，因为不变间距 $x^2+y^2+z^2-(ct)^2>0$（由这种不变间距所分离开来的点，被称为"类空间性"的分离，这是因为间隔中的"空间"部分要比"时间"部分大）。假设一下，在两年以前，星际舰队的间谍在距离地球4光年的塔图因星一个酒吧里偷听到的闲谈中获取了海盗们的邪恶计划（对于较真的人来说，我们把《星际迷航》和《星球大战》串到一起了）。这个情报在 $t=0$ 时对星际舰队毫无用处，因为它只能在 $t=2$ 年时抵达那里，而那已经是海盗袭击发生的一年之后了。光锥之外的事件的时间顺序不是洛伦兹不变量，可以由洛伦兹变换进行改变。前面段落的论证在本例中失效，因为在光锥之外的各点，不能保证 $u/c<1$。但是，这里的时间顺序并不重要，因为不管 t 的符号是正是负，发生在光锥之外的事件，在 $t=0$ 时对星际舰队司令部来说都已毫无用处。

4.2　光锥与因果关系：总结

因为光锥在我们以后的探讨中十分重要，而且这也是相当难懂的一部分，所以有必要把前面讲到的内容再总结一下。建议大家仔细阅读以下内容和图4-3。我们所涉及的内容与泰勒（Taylor）和惠勒（Wheeler）的《时空物理学》（Space Time Physics）的6.3节是对等的。图4-3所示的是一个与某一时空事件 O 相关的光锥（为了更好地展示这个"椎体"，我们在它的背景中增加了一个维度）。

事件 A 位于事件 O 的将来光锥之中，于是事件 O 与 A 便被类时性的间隔所分离，即 $s^2<0$。这意味着在 $t=0$ 时，从 O 点发出的一个以低于光速运动的粒子或信号，能够影响到 A 点即将发生的事件。事件 B 紧挨着事件 O 的将来光锥，因此 O 和 B 被一个"类光性"的（"零"）间隔所分离，即 $s^2=0$。于是，在 O 发出的光信号就能够影响到即将发生在 B 点的事件（实际上当 B 发生时光线也正好到达）。事件 C 位于 O 的过去光锥之内。这意味着 O 和 C 被类时性的间隔所分离，所以，在 C 事件处所发出的一个粒子或一个低于光速的信号可以影响 O 将要发生的事件。与之类似，事件 D 紧贴着事件 O 的过去光锥，所以 O 和 D 被类光性间隔所分离，于是 D 所发出的光信号，可以影响到即将发生在 O 的事件。事件 E 和 F 都位于 O 的过去和将来光锥之外，所以这两个事件都由空间性间隔将其与 O 分离，即 $s^2>0$。这意味着 O 若要影响 E 和 F，或被其影响，E 和 F 都必须发出超光速的信号（把 O 与 E 和 F

相连的世界线的斜度将会大于45°，位于光锥之外）。所以事件E和事件F对于O没有因果关系影响，反之亦然。事件E和事件F的时间顺序在不同的惯性系中也是不同的。在某些参照系中，E和F可被看做是同时性的，而在另外的参照系中，E可以被看作发生在F之前，或者相反。

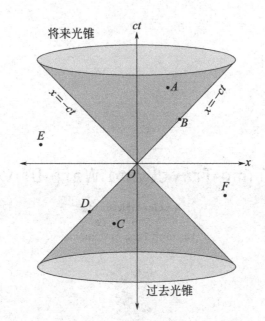

图4-3 光锥。事件O代表"过去的时刻"，此图说明了
可以影响事件O或受到事件O影响的事件

与图4-3中所描述的光锥一样，还有一种光锥结构，把每一个事件都关联到时空之中。光锥可以定义时空的"因果关系结构"，光锥确定了时空之中的哪些事件之间可以相互呼应。

请读者留意：若你首次阅读时，未能理解前面两章，请不要气馁。这两章可能是本书最难懂的部分了。你可能要多读上几遍方能掌握要领。而且，只有理解了这里所介绍的内容，尤其是掌握了"光锥"的概念，才能看懂后面有关时间旅行和曲速引擎各章内容。

Time Travel and Warp Drives

A Scientific Guide
to Shortcuts
through Time and Space

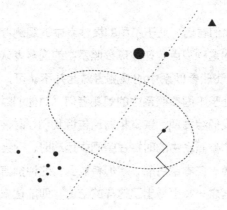

5

向前的时间旅行与
双生子"悖论"

那是最美好的时代，那是最糟糕的时代。

——查尔斯·狄更斯《双城记》

棒球选手："几点钟了？"

约吉·贝拉（Yogi Berra）："你是指现在？"

在前面一章，我们看到，处于不同的惯性系中的观测者们，并不同意他们的时钟起初是同步的这种观点。在地球参照系中的观测者认为他们的全部时钟同时显示 $t=0$，而在飞船参照系中的观测者对此并不认可，反之亦然。在本章中我们还会看到，处于不同参照系中的观测者们，对他们时钟的走时速度是否相同也存有异议。我们会发现，狭义相对论告诉我们，时钟似乎变慢了。当一位观测者看到另一个参照系中的时钟在空间中运动时，他会认为这些时钟要比他自己的时钟走得慢。在本章后面，我们将看到，这种预言引出了对狭义相对论最明了的实验证据之一，也得出了这样的结论，即前往未来的时间旅行是可能的。

5.1　时间膨胀和 4 只时钟的故事

我们来回想一下，有着重合的 x 轴和 x' 轴的两个坐标系，S'（飞船）以相对于 S（地球）的速度 v 沿着 x（也是 x'）的正向运动。再回想一下，我们在这两个参照系各自的原点都放置了时钟，并在它们相汇时把时钟指针调到 $t=t'=0$，我们把这两个时钟分别称为 C_0 和 C'_0。

(a) 在 $t=t'=0$ 时，从 S（地球）参照系看到的情况

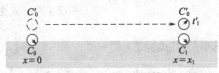

(b) 在 $t=t_1=x_1/v$ 时，从 S（地球）参照系看到的情况

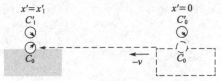

(c) 在 $t'=t'_1=x'_1/v$ 时，从 S'（飞船）参照系看到的情况

图 5-1　时间膨胀效应

C_0 和 C_0' 瞬时间处于并列位置，又在移动时被同时看到，两个参照系中的观测者对此都一致认同。地球参照系中的观测者会看到 C_0' 沿着它所在的参照系以速度 v 向右运动。同样，在飞船中的观测者会看到 C_0 以速度 v 向左运动，见图5-1。

现在我们引入第三只时钟，它将位于 S（地球）参照系的 $x=x_1$ 处，我们称这只时钟为 C_1。由于 C_0' 来自于不带撇的参照系中 $t=0$ 时的原点，并以速度 v 运动，会经过 C_1，此时 C_1 指针为时间 t_1，且 $x_1=vt_1$。这里不需要相对论，这个现象涉及了在同一参照系 S（地球）中测得的三个量。其实这是一个常见的等式，即运动距离等于速度乘以时间，如果这些量都来自于同一个参照系。

不过，在这里我们还需要一点相对论。现在我们知道这些时钟什么时候在 S（地球）参照系中相互经过，我们还想知道当 C_0' 经过 C_1 时的时间指针位置。也就是说，我们有了一个事件，即 C_0' 经过 C_1，其在 S（地球）参照系中的坐标为 $t=t_1$，$x=vt_1$。那么在时钟 C_0' 上面所监测到的这个事件的时间坐标 t_1' 是什么呢？这个时钟出现在这个事件之中，且在 S'（飞船）参照系中保持静止。若要回答这个问题，我们需要利用洛伦兹变换方程式 $t' = \dfrac{t-(vx/c^2)}{\sqrt{1-(v^2/c^2)}}$，并把 t_1 和 vt_1 的值分别带入到 t 与 x 项。这样做了之后，再分解出 t_1，我们就得到了 $t_1' = t_1 \dfrac{1-v^2/c^2}{\sqrt{1-v^2/c^2}}$。由于对任意一个量 q 来说，$\dfrac{q}{\sqrt{q}} = \sqrt{q}$（源于平方根的定义），于是我们得到了这样的结果：

$$t_1' = t_1\sqrt{1-(v^2/c^2)}$$

地球上的观测者同意 C_0' 在 $t=0$ 时所设定的时间是正确的，因为它与他们的 C_0 时钟在相互经过时，两只时钟所显示的时间是一样的。现在时钟 C_0' 所显示的时间就比时钟 C_1 的时间短，因为因数 $\sqrt{1-(v^2/c^2)}<1$，除非 $v=0$。于是，在地球参照系中的观测者看到的以速度 v 运动的时钟 C_0'，由于因数 $\sqrt{1-(v^2/c^2)}$ 的关系，会比他们自己的时钟走得慢。于是狭义相对论便引出了一个显著的结论，即以因数 $\sqrt{1-(v^2/c^2)}$ 进行运动的时钟，与处于静止态的时钟相比，走动的速度要慢，此处 v 是时钟的运动速度。这个现象被称为"时间膨胀"。

与这个结论相关的还有一个微妙之处。位于 S（地球）和 S'（飞船）两个参照系的观测者都看到了相邻的两只时钟 C_1 和 C'_0，他们也都一致认为 C_1 上所显示的时间值要大于 C'_0，因为 C_1 是在 S'（飞船）里面进行移动的时钟。那么为什么飞船参照系中的观测者会认为移动中的时钟时间会走得快呢？飞船上的观测者同意在 $t'=0$ 时，时钟 C_0 指示的时间是正确的。然而，对于 S（地球）中的观测者来说，C_1 是与 C_0 设置成同步的。正如我们在上一章谈到的，两个参照系中的观测者对如何同步远处的时钟有不同意见。于是，飞船上的观测者会说，不能从对 C_1 的观测中得出有效的结论，因为这只时钟一开始就没有被设置好。

洛伦兹变换方程的建立，就是为了保障相对论原理的胜利。这意味着在任何惯性参照系中的观测者，都会看到运动中的时钟会走得缓慢，但是他们必须基于在自己的参照系中的有效实验来确定这一点。而若要让 S'（飞船）参照系的观测者也这样做，我们就必须引入第四只时钟 C'_1，它将在 S'（飞船）参照系中扮演 C_1 在 S（地球）参照系所扮演的角色。也就是说 C_1 是 $x'=-x'_1$ 时的一只时钟，这里的负号表示 C_0 将相对于 S'（飞船）参照系沿着 x' 的负方向移动。现在请记好，根据飞船参照系中的观测者，C'_1 一定要设定成与 C'_0 同步。如果 S'（飞船）中的观测者把他们看到的处于运动中的时钟 C_0 上的时间与他们经过时钟 C'_1 所看到的时间进行比较，就会发现时钟 C_0 虽然在 $t'=0$ 时是准确的，但现在却走得慢了❶。

请注意，时钟 C'_0 经过时钟 C_0，以及时钟 C'_0 经过时钟 C_1 这两个事件，都是在 S'（飞船）参照系里面的同一地点发生的。这样一来，这两个事件间隔的时间，就可以用这个参照系中的一只时钟 C'_0 来测算。发生在某个惯性系中同一位置的两个事件所间隔的时间，就可以用一只时钟来测量，这个间隔时间被称为"固有时间"（proper time）。在我们上面的例子里，t' 即是固有时间。这个说法可能会产生误导，因为它似乎在表达"正确的"或者"真实的"时间，但实际上它与这些无关。你可以认为固有时间就是你在时空中沿着你的世界线旅行时，你的手表上所记载的时间。

总之，我们所说的"运动中的时钟会变慢"这句话的真正意思是，相对于存在同步时钟的惯性系而做匀速运动的一只时钟，与那些同步时钟的时间相比，走

---

❶ 如果你要证实这一点，就要用到被称为洛伦兹反变换的公式，其中把 t'、x' 与 t、x 互换。你可以用第3章的洛伦兹变换公式，并把 t' 与 t、x 与 x' 进行互换，并把 v[S'（飞船）相对 S（地球）的速度] 用 $-v$ 替换，因为从 S'（飞船）参照系看来，S（地球）是沿着负 x 轴方向向左运动的。

时变慢了（附录5中还探讨了另一种更有几何学特性的方法来推导时间膨胀公式，可以不直接使用洛伦兹变换，而只通过使用所谓的光钟来进行）。

5.2 双生子"悖论"

在这一节里我们要讨论一下相对论中最有名的"悖论"之一——双生子悖论。不过在这之前还应该注意，相对论中所有的标准的"悖论"，包括双生子悖论，其实都是伪悖论。也就是说，这些悖论之所以看上去是悖论，是因为相对论原理没有被正确地运用。这与时间旅行中会出现的真正的逻辑上的一致性悖论（比如外祖父悖论）还是有差别的，我们会在以后的章节中对此探讨。

让我们介绍一下杰基和雷吉这对双生子，他们都受雇于未来的一个空间机构，杰基是前往半人马座阿尔法星的载人飞行任务中的宇航员。这次航行使用的是火箭推进，并以匀速飞向距离地球4光年的星球，围绕它绕一周，然后返回（我们没有考虑飞行的开始和结束过程中的加速和减速，这挺不靠谱）。火箭所给予太空飞船的速度为v，也就是$1/\sqrt{1-(v^2/c^2)}=10$。通过简单的计算你会相信，这意味着v会非常接近于光速c，所以我们尽可以放心大胆地说（太空工程师肯定不会这样做），长达8光年的往返旅行，在地球人看来只需要8年时间，当然实际上时间可能会长点一。杰基和雷吉都有读书的习惯，他们每周会读一本书。在杰基外出的日子里，雷吉应该读完416本书，而杰基也会一览飞船阅览室中相等数量的藏书（当然为了减轻重量，用的是电子书阅读器）。

令人高兴的是，这次航行非常顺利。毫无悬念，雷吉前去迎接返航的飞船，双胞胎兄弟相互寒暄。雷吉惊讶地发现，飞船上的杰基只度过了一年的80%，他阅读的第42本书刚刚差不多读完。同样也令杰基感到惊讶的是，在飞船上度过了不到一年的时间之后，他竟然要去了解两次美国总统大选的结果，而且第三次大选的竞选活动竟然也早已开始了。

简而言之，雷吉和世界上其他人所度过的8年时间，对于杰基来说还不到一年。这刚好是我们在第2章所得出的结论，即可以进行前往未来的时间旅行，而且也是小说《时间机器》一开始所发生的事情。于是我们可以说，杰基旅行到了7年多以后的未来。唯一的区别是，威尔斯设想的是一台在空间里保持固定的时间机器，然而要在空间进行高速旅行，则是产生相对论式朝着未来的时间旅行的机制。当然，也可以通过在一个相对有限的区域内进行圆周运动而获得同样的时间膨胀效应，并不一定非要像杰基那样飞上一趟。

我们上面所谈到的情形中，双生子中哪一个更年轻已经很清楚了，所以谁的时钟走的缓慢也很明显。太空旅行结束后，兄弟二人再次相会，经过比较，大家都承认杰基更年轻，这是因为在飞行的太空船中发生了时间膨胀，对杰基来说，时间变慢了。

不过请先等一下。相对论原理为惯性系发布了一篇独立宣言，它宣称，"所有惯性系生来平等"。杰基也看到了地球的远离和返回。所以从这里也许可以得出另一个结论，杰基读完的书应该多于雷吉。如果这个说法成立，那么狭义相对论确实导致了一个悖论。

在20世纪的前50年里，这种论点造成了相当大的争议。甚至一些声名显赫的物理学家都认为这是对狭义相对论的逻辑基础的打击。其实，悖论并不存在，因为杰基和雷吉之间存在着物理上的差异。在地球的参照系里面，雷吉是保持静止的。尽管存在地球的自转和公转，但这些运动速度要比光速小很多，所以地球仍是一个匀速运动的惯性系。这就是我们曾经设为 S（地球）的参照系。而作为一个惯性系，它就会受到相对论原理的所有惯性系都是平等的这个伟大宣言的保护。对于 S'（飞船）参照系也是这样，因为在讨论之前，我们已经假设飞船是进行匀速飞行的。

然而，在双生子悖论中，杰基所在的飞船参照系中，却不是如此。这个参照系不能进行匀速运动，因为如果想让两兄弟重逢，以相对论速度飞行的飞船必须掉转方向，然后再进行加速。这就不再适合于所有惯性系一致平等的相对论原理了。

5.3　不变间距与固有时间

再来看一个事件。为了方便我们姑且称之为事件 E，其中的一只时钟 C 位于某一惯性系的 $x=0$ 点，我们设这个参照系为 S_E，指示时间为 $t=T$。于是 E 点与时空原点 O［坐标为（0，0）］的不变间距就是 $s^2=-(ct)^2+(x)^2=-(cT)^2$。在时空的 O 点和 E

点都出现在时钟上的时长就是 $\sqrt{-s^2/c^2}$（回忆一下，对于类时性间隔，$s^2<0$，所以 $-s^2>0$，所以根号下的量为正值）。位于时空原点和事件 E 点的时钟所显示的事件时间，就是这个事件的固有时间，这是沿着这只时钟的特有世界线（particular worldline）所测到的。然而，固有时间并不是唯一的，尤其当它取决于原点与 E 之间的那只时钟的世界线的时候。我们这里是一个特例，即这只时钟是在一个惯性系中处于静止的，在这种情况下，我们上面所给出的，是这只时钟上的固有时间与不变间距之间的简单关系（这又给我们提供了一个不变间距的新特性，我们之前对此还不了解）。

现在，如果时钟 C 不是静止的，假设时钟 C 从原点 O，且坐标为（0，0）的位置向坐标为（0，cT）的 E 点移动，最初的匀速运动速度为 v，抵达时空中间的一个事件 A，其坐标为 $(x,ct) = \left(\dfrac{vT}{2}, \dfrac{cT}{2} \right)$，然后这只时钟又通过另一个匀速速度为 v 的路径从 A 处前往 E 处，但方向相反。也就好比说，我们一开始把这只时钟沿着 x 轴的正向踢出去，然后又把它朝着反方向踢一下。在双生子悖论中，C' 对应的是太空飞船上的一只时钟，并且我们假设杰基的飞船以接近匀速的速度飞向半人马座阿尔法星，绕行一周又返回，忽略途中的加速和减速。如图5-2所示。黑色实线

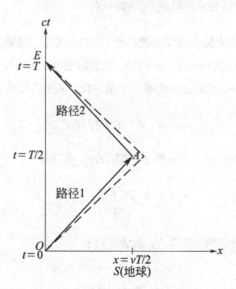

图5-2 双生子悖论。雷吉的世界线是连接事件 O 和 E 的那条直线。

在太空飞船上的杰基的世界线是一条"折线"OAE。图5-2中忽略了杰基的加速和减速过程

代表杰基的两段行程，即去程和返程。虚线代表光线的路径。事实上实线与虚线非常接近，这说明杰基的太空飞船的飞行速度极为接近光速。

我们已经算出沿着从 O 到 E 这段直的世界线所耗费的固有时间，这段时间应该与待在家中的双生子之一雷吉所度过的时间相符，刚好是 T。那么现在再让我们计算一下沿着杰基的"折线"世界线所耗费的固有时间。这种情况下，我们找不到不变间距，所以，也找不到时钟 C' 一口气所走过的固有时间，因为这两段路径的运动方向是不同的。不过由于时钟在两段的匀速运动速度一致，我们便可以使用每一段的不变间距，来找到每一段运动过程所耗费的时间，而且由于耗费的时间并没有方向问题，这两段所用的时间就可以相加，以得出所耗费的全部时间。

时空间隔的不变性可以按下式表达：

$$s^2 = -(ct')^2 + (x')^2 = -(ct)^2 + (x)^2$$

式中，t' 表示沿着"折线"的世界线的固有时间，这也是杰基"手表的时间"。再让我们来计算一下杰基从 O 到 A 这段路上所用的固有时间。我们可以把这段称为路径1，把沿着这段路径的时空间隔设为 s_1^2。在杰基的参照系中，所有的事件都发生在同一位置，即 $x'=0$。那么，根据其坐标，这个时空距就是 $s_1^2 = -(ct_1')^2$，这里 t_1' 就是杰基在路径1途中所耗费的固有时间。

若要依照雷吉的坐标来确定沿着路径1的时空间距，就要注意事件 A 在 S（地球）参照系中的坐标为 $x=vT/2$，$ct=cT/2$。根据时空间距的不变性，所有的观测者都认同沿着给出的一段路径上的间距。于是，我们前面的公式就成为：

$$s_1^2 = -(ct_1')^2 = -(cT/2)^2 + (vT/2)^2$$

等式两边同时乘以 -1，再分解出 c^2 和 $(T/2)^2$，得到：

$$c^2(t_1')^2 = \frac{c^2 T^2}{4}\left(1 - \frac{v^2}{c^2}\right)$$

如果消去 c^2，并在两边开平方，就会得到：

$$t_1' = \frac{T}{2}\sqrt{1 - \frac{v^2}{c^2}}$$

由于那两段折线的路径是对称的，所以路径2的时空间距等于路径1的时空间距，即 $s_1^2 = s_2^2$。同样地，沿着路径2所耗费的固有时间 t_2' 与路径1相同。于是，沿着折线路径的固有时间就是 $t'=t_1'+t_2'$，杰基整个旅程所耗费的固有时间为：

$$t' = T\sqrt{1-\frac{v^2}{c^2}}$$

所以，结果很明确，即 $t' < T$，这意味着杰基所度过的时间要短于雷吉所度过的时间，所以当他们再次会面时，两兄弟中杰基会更年轻❶。

你可能会认为我们忽视了在此旅行中的加速和减速过程。要想说明这些在这个结论中并不重要，我们可以看一下图5-3，在这里通过抹掉杰基路径上的一些角，把加速和减速效应考虑了进去。如果你愿意，也可以把这段路径曲线截成很多非常短的线段（近似），然后再像上面那样，分段计算出每一小段线段的固有时间，后再相加到一起。这样得出的结果是，当他们再次相会时，杰基仍然要比雷吉年轻一些。这也消除了通常所认为的谬误，即由于有了加速度，使得狭义相对论不再适用，而必须要运用广义相对论来解决这种悖论。

在图5-2和图5-3中，由于固有时间的关系，O 与 E 之间的"折线"路径实际

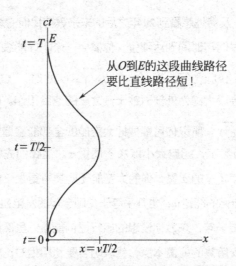

从 O 到 E 的这段曲线路径要比直线路径短！

图5-3　飞船上的观测者看到的包含加速和减速过程的世界线

这与主要观点并无区别。作为时空几何的结果，根据固有时间，把各个事件相连的曲线实际上比连接两个相同事件的直线要短！

❶ 对于向未来的时间旅行更好的情景描述出自波尔·安德森（Poul Anderson）的小说 Tau Zero（中文译为《宇宙过河卒》），Gollancz SF collector's edition（London：Gollancz，1970）。

上会比这两个事件的直线路径短一些！但是你会说，在图中看上去可不是那样。这是因为我们不得不在一张纸面的欧式空间里，来描述相对论中的时空几何形状（你应该记得间距的负号）。这可以帮助你回忆一下，在我们以前的时空图示中，以 45° 倾斜的线（代表光的路径），实际上在时空中的长度为零，也就是 $s^2=0$。在图 5-2 中，杰基的旅行路径的两条折线近似于成 45° 角，所以这两段路径（按照固有时间）加在一起来会比垂直线的路径要短。

5.4 现实想法与实验

狭义相对论非常清晰地证明了前往未来的时间旅行在理论上的可能性。在这一节里面，我们将简要探讨一下，为什么这种旅行的可能性对于人类或者其他宏观物体来说，并非很现实，还要谈一个明显的事实，即这种旅行在基本粒子的世界里是相当普通的。

假如你真的迫不及待地想看到 20 年之后的未来等待我们的是何种的电子奇迹，而你又能耐心地捱过两年时间到达那里，你需要一个刚好能装下你的太空舱，并能够在空间中达到速度 v 飞行。当 $\sqrt{1-(v^2/c^2)}=1/10$ 时，飞船上的时钟，以及你本身的生物钟就会以大约为外部时钟十分之一的速度工作。由于一个物体的能量为 $mc^2/\sqrt{1-(v^2/c^2)}$，所以你可能要把太空舱的全部能量增加到 $9mc^2$，才能让飞船达到速度 v。当然了，能量大小取决于质量 m。让我们先尝试一下 m 为 1000 千克。这大约是一辆轿车的质量，你的太空舱无疑要再更大一些。但是即使 1000 千克的质量，它所转化的能量 mc^2 也几乎等于美国全年的发电量！这样一来，全国的发电机要全力运转一年，来为你设想的旅行提供能量。虽然还有一些其他关键的技术问题，但是仅所需的能量本身，就表明若要利用相对论的时间膨胀进行前往未来的时间旅行，这在较短的时间内还是毫不现实的。

有人曾经做过把一个宏观物体送往未来的实验。这个物体是一只原子钟，它乘坐喷气飞机进行了环球飞行。这类飞机的典型速度为大约每小时 500 英里或等于每秒约 1/7 英里，此时 v^2/c^2 的值 $<10^{12}$。尽管如此，实验小组报告说，与留在地面

上的时钟相比较，飞机上的时钟在旅行中所显示的时间短了一纳秒（十亿分之一秒）。这几乎是实验精度的极限了。狭义相对论的支持者绝不会只靠这个微不足道的1纳秒作为支持时间膨胀的证据而感到心满意足［实际上，这个实验的结果，检验了爱因斯坦的狭义相对论和广义相对论，即引力理论。这些实验者通过计算结果所做出的预测，同时依照了飞机的速度（狭义相对论）和飞机距离地球表面的高度（广义相对论）］。

幸运的是，还有来自基本粒子世界的其他丰富证据。高能实验室的物理学家们经常观测到这些小质量物体达到相对论性速度，我们也能够观测到外太空的宇宙射线粒子，以这种速度辐射到地球表面。这些粒子中的大部分都有很不稳定的辐射性，并按照称为"半衰期"的特有时间间距而发生衰变（即在一个半衰期之后，平均有一半的粒子会发生衰变，相同的时间后剩余部分的一半再进行衰变，如此这般）。可以通过不同的探测仪对发生衰变物质的衰变速度进行观测，如盖革计数器或者光电倍增管。结果发现，许多这种粒子的样本都提供了一种时钟效果。这些由高能量产生的粒子，因为其速度亦接近光速，且 $\sqrt{1-v^2/c^2}$ 的值很低，于是人们经常会观测到它们的衰变变得很慢。也就是说，从实验室的观测来看，它们的半衰期要比那些静止态粒子的半衰期要长。总之，这些观测是与相对论的预测一致的，也就是恰好与衰变粒子的半衰期相反，运动中的时钟的时间与 $\sqrt{1-v^2/c^2}$ 成正比，或者等于 mc^2/E。

还有一个特别的实验，是关于被称为μ子的回旋粒子束的。这种粒子的辐射衰变的半衰期约为一微秒。这个实验的主要目的是比较μ子和电子的磁特性。在实验过程中，以相当高的精度确认了这样的事情，在运动中的μ子的寿命等于已知的μ子静止时的半衰期乘以预测因数 $1/\sqrt{1-v^2/c^2}$。与许多有关直线粒子束的实验相反，这个实验使用的是回旋粒子束，回旋的粒子会定期返回到出发点。这样一来，就模仿了双生子悖论。令人惊讶的是，与静止状态的μ子相比，进行回旋的μ子扮演了双生子的角色，经历了时间膨胀。世界各地的高能物理加速器每天都在对狭义相对论的预测结果进行上千次的实验。实际上，那些设计加速器的机械工程师们也要考虑狭义相对论的效应，比如能量会随着速度的提高而增加，否则他们的机器是不能运行的。

5.5 通过《夏季之门》(The Door into Summer)最后再看一下前往未来的时间旅行

在结束本章之前，再简要了解一下前往未来时间旅行的另一种机制，它并不涉及相对论甚至与物理学不沾边，而与生理和医学相关。这个原理来自于罗伯特·海因莱因(Robert Heilein)的一本书，《夏季之门》(The Door into Summer)。要是有时间，可以去看一下这本科幻小说里面那些有趣的角色，其中既有人，也有猫。不过我们还是先收收心来做正事吧。

这本书里的主角进行了前往未来的时间旅行，接着又回到过去，然后再前往未来。毫不奇怪，海因莱因并没有详细介绍回到过去的时间旅行的机制，而只是用了一个"黑箱子"代替。不过他倒是介绍了前往未来的时间旅行的办法，该方法被称为"冷却"或低温睡眠。书中人物的身体被冷却至液体氦的温度，如此之后，据说一切衰老过程都会停止。也就是说，相对于外界的时间流逝，这些被贮藏起来的人物的生物钟会变慢，甚至基本上停止了，直至在某一预设的未来时刻再把他们从贮藏装置中释放出来。

艾伦在他讲授时间旅行的课程上，也曾提出把这种方法作为一种时间旅行的形式，当时他的学生们都表示反对，以为他在骗人。这确实不是学生们惯于想象的时间旅行方式，也许是因为旅行者对整个过程太过了解了，而并非乘坐了一架隐形的时间机器（其实如果威尔斯搞清了物理学的问题，他就会明白，时间机器应该也是看得见的）。实际上，海因莱因的设想正是本书第2章所讲的能够进行前往未来的时间旅行的方式，即相对于外部时间，时间机器里的旅行者的时间会变慢。

在这方面，看起来好像必要的物理学都派上了用场。低温物理学家们一直在朝着难以达到的绝对零度的目标前进，虽然他们已经很接近这个目标了，并且取得了一些较小的进步，但似乎还不太能够解决冷冻睡眠的问题。人们猜测，如果这种前往未来的时间旅行真的可以做到的话，那么就是通过已经能达到的极低温度来实现了。

我们毕竟不是医学博士或者训练有素的生物学家，很难讲清楚低温时间旅行能够成为现实的可能性与合理性。我们也不清楚，上述的专业人员是否能够做到这些。然而，既然我们现在接触到的情况，也就是技术上的难题遭遇到相对论的问题，那么前往未来的时间旅行成为生物学家而非物理学家的研究领域，也不是不可能的。

现在如果你还没有读过《夏季之门》这本书，如果你刚好碰到一本，赶紧拿过来，这本书读起来会很有趣。

Time Travel and Warp Drives

A Scientific Guide
to Shortcuts
through Time and Space

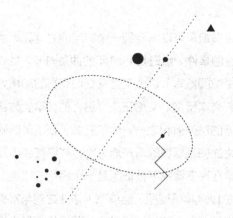

6
"出发，回到过去"

弗里茨·法斯宾德："我决定跟着你到这儿。"

迈克尔·詹姆斯："如果你是跟着我到这儿的，那你是怎么做到在我之前到达？"

弗里茨·法斯宾德："哦……那是我跟着你……跟得太快了呗。"

——电影《风流绅士》（What's New，Pussycat？）

艾伦参加撰写本书最早可以追溯到一个特定的时间和地点，用相对论的术语来说，就是一个特定的事件。那时是1967年的仲冬时节，地点是在劳伦斯·伯克利国家实验室的图书馆阅览室。这个实验室是伯克利的加州大学为美国能源部设立的一个高能物理研究实验室。艾伦正交好运，他在享受休假，这是他近来获得塔夫斯大学终身职务的额外福利之一。他在完成了在哈佛的研究生工作之后，应约前往临近坎布里奇的梅德福城的塔夫斯大学，并将在那里开始他的物理学博士课程。多年以后，这在许多情况下被证明是一个明智的决定。其中最为重要的一件事，就是他刚好在1964年玛瑞丽·丝迪克琳毕业之前与其相识，那时的玛瑞丽是塔夫斯大学高年级的美女，即将以优异成绩获得生物学学位，而且她也将在附近的哈佛开始自己的植物生理学博士课程。

一年之后，情况有点不太有利，因为她的论文指导老师要离开哈佛，前往加州大学准备在圣塔克鲁兹开设的分支机构，接受该学校某一学院的院长之职。这位导师邀请玛瑞丽也转学到那里去，以便能够在新工作单位继续指导她。但是那样一来，路途的距离几乎已有3000英里之遥。1966年春假期间，艾伦前往圣塔克鲁兹与玛瑞丽订婚，并在当年7月结婚。由于艾伦住在圣何塞，两人都饱受两地分居的困扰，艾伦便利用休假造访了伯克利的乔弗利·丘（Geoffrey Chew）与斯坦利·曼德斯曼（Stanley Mandelstam）教授领导的研究小组，这里在当时是一位年轻的基本粒子理论物理学家所能找到的最为激动人心的地方之一。此时，隔着红树林遥望着太平洋的玛丽瑞还在美丽的圣塔克鲁兹继续完成她的论文。这样一来，艾伦的休假也算是他们一年一度的蜜月，这也是超过42年之久的田园诗般婚姻的美好开端。

6.1　超光速粒子

现在我们已经知道他是怎样去那儿的，但还是让我们回头看一下艾伦在伯克利实验室的图书馆发生的起始事件吧。那天早晨，他正翻阅着一堆预印本文献，恰巧发现了哥伦比亚大学杰拉尔德·范伯格（Gerald Feinberg）教授的一篇论文（在那个年代，物理学家们通常向同行以及图书馆发送一些正在写作的论文初稿，也就是预印本，这些文章暂还没有在专业期刊上正式发表。现在我们都直接把论文发送到电子文库，待到第二天，全世界的人都能够随意阅读。如果你有兴趣，这个电子文库的网址是http://xxx.lanl.gov，和人们想象的不同，这个网站绝不是色情网）。

范伯格认为狭义相对论所禁止的，并不是以高于光速进行的旅行，而是不允许以光速把普通物质加速到如此高速，因为此时洛伦兹变换会失去意义，而普通的有质量的粒子的能量会变得无穷大。范伯格设想，假如有一组粒子永远以光速c运动会怎样？他将这些粒子称为"快子tachyon"（或译为超光速粒子），取义于古希腊文的"快速"，并提出这些粒子的能量与速度v之间关系的表达式为：

$E_i = \dfrac{m_i c^2}{\sqrt{v^2 / c^2 - 1}}$，其中$v>c$。于是，我们在分母的平方根中得到了一个正数，避免了出现一个"虚"数$i = \sqrt{-1}$（你总会在高中代数中遇到过这样的虚数）。在数学和物理学中，虚数可成为很多有用的角色。不过，却没有一个真正的数，即"实数"，其平方数能得出-1，因此，能够用仪器，如时钟和天平观测和测量到的物理量，一定都是实数。

请注意，在这个等式中，当快子的速度相对于光速降低时，它的能量将变得无穷大。这类似于普通粒子的行为，其能量随着运动速度增加至接近光速c而变得无穷大。这是因为普通粒子的速度受制于光速，是亚光速的，也就是低于光速，而快子假如存在的话，它的速度则总是以高于光速，也就是它的速度$u>c$。还要注意，与普通粒子相反，也与人们的直觉相反，快子在速度增大时，它的能量却在降低，如果速度变得无穷大，它的能量甚至会降至零。

其实范伯格并不是第一个提出这一总体想法的人。比拉纽克（O. Bilaniuk）、戴史潘德（N. Deshpande）以及苏达山（E.C.G. Sudarshan）都曾在3年前提出过类似范伯格的想法，只是在某些重要技术细节上有些差异。他们的文章发表在比范伯格发表论文的《物理评论》（Physical Review）更鲜为物理学研究者所知的一份期刊上，所以，他们的文章没有引起广泛的注意，他们也没有为所提出的新粒子起一个名字。尽管在物理界存在着严格的学术标准，但是有时候给一个粒子起一个吸引人的名字，还是有助于引起人们对一个新观点关注的。

6.2　快子与悖论

艾伦认为快子的观点既巧妙又有趣。不过，正如范伯格文章里所指出的那样，其主要的问题是会出现一个潜在的悖论，这是一个真正的悖论，而不是前一章题目中带引号的悖论。之所以出现悖论，是因为快子定义为运动速度高于光速的粒子，所以这些粒子的世界线是类空性的。因此，正如在第4章所讨论的，沿着这些世界线上的事件的时序，在所有的惯性系中是不同的。这也就意味着快子会产生与返回到过去的时间旅行相应的一些悖论。快子的存在依然不能允许由普通物质构成的人类进行超光速旅行。但是却有可能利用快子以$u>c$的速度传送信息。从相对论角度来说，这就会导致能够向过去传递信息，而这也就会导致一些潜在的悖论结果，就像科幻小说中人类进行回到过去的时间旅行时所遭遇的事情。

若想知道这是怎样发生的，我们可以做出以下假设。地球上的观测者拥有一种仪器，可以用来产生速度$u>c$的快子。假设他们在$t=0$时造出了一个快子，并沿着我们设定的相对于观测者静止的参照系S（地球）的x轴正向前进。过了一段时间，在$t=t_d$之后，快子被发现，它位于S（地球）参照系的坐标位置为$x=x_d=ut_d$。由于$u>c$，这个时空点（t_d，x_d）则位于光锥之外，于是，如我们在第4章所谈到的，在所有的惯性系中，t_d的性质符号（正负号）是不同的。

飞船上的观测者以速度v，在S（地球）参照系的x轴上正方向运动，对他们来说，快子将在$t'=t'_d$的时候被检测到，位置为$x'=x'_d$（像通常一样，我们在两个参照系的原点放置了时钟，且它们相交时的时间为$t=t'=0$）。我们可以通过洛伦兹变换方程式发现，飞船上的观测者会在他们的参照系S'（飞船）中，于以下位置和时间点发现快子：

$$x_d' = \frac{1}{\sqrt{1-\left(v^2/c^2\right)}}\left(x_d - vt_d\right)$$

$$t_d' = \frac{1}{\sqrt{1-\left(v^2/c^2\right)}}\left[t_d - \left(vx_d/c^2\right)\right]$$

把$x_d=ut_d$替换到上面两个等式的第二个等式中，并对t_d因式分解，得到：

$$t_d' = \frac{t_d}{\sqrt{1-\left(v^2/c^2\right)}}\left[1-\left(vu/c^2\right)\right]$$

请记住，在这几个等式中，v是飞船的速度，且是亚光速的，也就是$v<c$。从

最后一个等式中，我们可以看到，如果 $u>c^2/v$，则 $t_d'<0$。也就是说，如果可以产生足够快的快子，那么在飞船的静止惯性系 S'（飞船）中，快子就可以被送回到过去，于是对飞船上的观测者来说，这个快子还没有产生就被检测到了。即使速度 u 并不足够高，不能满足 v 等于飞船的速度这样的条件，还是能够找到速度足够高的某个惯性系，当然这个速度会低于 c，快子仍将进行回到过去的时间旅行。

实际上 $t_d'<0$ 还不能导致出现可能的悖论。这种悖论只会出现在当我们从检测到快子这一事件发生的时刻，发出一个回应信号，并让它在 $t=0$ 之前到达 $x=0$。在这种情况下，我们大可以准备好接收这个回应信号，并在原点阻止这个快子的传输，那么我们可能就会看到这样的悖论，即快子如果（仅仅是如果）未被发送出去，它却又会被发送出去。

由于发现快子这一事件发生在原点的光锥之外，那么回应的信号必须超过光速，而这又成为了第二个快子，从而出现了悖论。在飞船的参照系中，这第二个快子会朝着未来进行时间旅行，这段旅行包含了从 x_d' 回到原点的距离，所用的时间为正量，且小于 $-t_d'$（$t_d'<0$）。这样一来，返回的快子的速度必须满足 $u_r>x_d'/(-t_d')$，再进行一些运算之后，就可以看到 $u_r>u$，这也即是说，用来作回应信号的快子，必须比原来发送的快子更快一些。相对论原理认为，假如 S（地球）参照系的观测者有可能造出一件设备，用来产生一个能在他们所在的静止惯性系中进行前往未来的时间旅行的快子，那么在 S'（飞船）参照系中的观测者也能够在他们自己的静止惯性系中造出这种快子，并发送回应信号。这样一来，如果再考虑到狭义相对论，快子的存在似乎只存在于悖论之中。

6.3　再诠释原理

对于快子的悖论问题，苏达山与他的同事们提出了一种可能的办法，他们称之为"再诠释原理"（The Reinterpretation Principle）。要弄懂这个原理，我们首先要花点时间来看一下狭义相对论中有关快子能量的一些解释。对于普通的粒子，可以看到，洛伦兹变换只意味着一个粒子的能量的性质符号，就像世界线上的两个点的时间顺序符号一样，即在所有惯性系中，其符号都是相同的。所以任何观测者都会看到带有正能量的粒子，尽管他们对这些能量的大小怀有异议。然而，

对于在地球参照系中的能量为 E 的快子而言，它在 S' 飞船参照系中的能量 E' 却是
$E' = \left(\dfrac{E}{\sqrt{1-v^2/c^2}}\right)\left[1-\left(vu/c^2\right)\right]$。再看一下 t_d' 的等式，就可以发现 t_d' 是负值时，E' 也是负值。这样一来，进行时间旅行回到过去的快子总是带有负能量。

按照这个观点，苏达山怀疑，在 S'（飞船）参照系中，身为顺着时间发展方向生活的观测者，是怎样在 t_d' 的时刻发现快子的。在那一时间点，快子探测器会吸收一颗携带负能量的来自未来的快子。但是，吸收负能量即等于失去正能量（你的信用卡被扣掉 1000 美元，与你从支票账户付款 1000 美元，对你的净资产产生的影响是一样的，任何一种方式都让你减少了 1000 美元）。所以，这就会让探测器在发射出一个在 t_d' 时出现的正能量快子时，失去能量，而这个快子还继续存在，并在观察者看来似乎沿着时间向前运动。这会一直延续到 $t'=t=0$ 为止。在 S'（飞船）参照系看来，这刚好是快子发生器当初向过去时间里释放出那颗能量为 E' 快子的时间。在 S'（飞船）上按照正常时间生活的观测者看来，这颗快子此刻似乎就要消失在发生器里。于是观察者会认为，这个仪器吸收了朝着未来进行时间旅行且来自过去的正能量快子，而不是把一个负能量快子送回到过去。这两种过程再次产生了相同的物理效应。吸收了正能量，或者释放了负能量都意味着获得能量，就如同无论你将钱存入银行账户还是用信用卡额度付款，只要数额相同，都意味着你的净资产的增加。

苏达山认为，飞船上的观测者不会承认收到了来自未来的信息，他们只会"再次诠释"所发生的事情，即这是他们的探测器自发释放的一个快子。他们不会承认收到来自未来的信息，也无法对此做出回应并产生悖论。

这种分析的困难之处，很快就被两篇文章指出，其中一篇的作者是罗尔尼科（W. B. Rolnick），另一篇的作者是本福德（G. Benford）[1]、布克和纽科姆（D. L. Book, W. A. Newcomb）。两篇文章都认同再诠释原理会在只涉及一个快子时，避免产生悖论后果。然而如果通过操控快子发生器的话，就可以发出附加信息，比如使用莫尔斯电码，拼写出一些文字，如"活着还是死去，这是个问题"。尽管在

---

[1] 本福德教授是加利福尼亚大学欧文分校的教员，曾经著有多部出色的"硬"科幻小说。早期作品有《时间景象（Timescape）》，描写了使用快子向过去发送出现严峻生态危机的警告。尽管书写的不错，但因为是站在现在来写过去，难免会让当代读者感到无趣，因为读者们更乐于那些描写未来的故事。

飞船上的观测者看来，会认为这是他们的发射器随机发出的，但他们马上就会认出这是一条文字信息。而这种怪事的发生概率则是微乎其微，他们会认为是有人向他们发送了信息（对于这类事情，你有时候会看到这样的说法，如果让一只猴子坐在打字机前，让它随意去打字，它也许会打出大英博物馆所有的存书。尽管这有点抽象，并且也能被认为是正确的，但是从实际意义上来看，这基本上是无意义的。实际上即使让猴子用上宇宙大爆炸起所过时间的数倍，它也打印不出这本书的一页）。因此，假如快子存在的话，再诠释原理并不能排除与过去进行交流的可能性。

6.4　超光速参照系的一个问题

　　既然快子似乎会导致悖论，而这些悖论既不可接受又不能避免，艾伦便倾向于放弃对这种观点产生的短暂兴趣。但是他正在积极地参与基本粒子物理学的研究项目，他的合作者是阿代尔·安提帕（Adel Antippa），此人是艾伦在塔夫斯大学带的博士生，刚刚获得博士学位，目前在三河市的魁北克大学任教。安提帕曾被快子问题搞得很苦恼，迫切希望能和艾伦一起在这个领域进行合作。

　　在被说服之后，艾伦同意加入他们，看看能否基于伦纳德·帕克（Leonard Parker）的论文进行一些深入的探讨。艾伦后来才了解到，帕克是威斯康星大学密尔沃基分校的一位知名的广义相对论专家。若想弄懂帕克所完成的工作，我们应该先来看一下还没完成的工作。虽然快子被假设为超光速的粒子，但所允许的惯性系类型，仍然局限于那些相对速度为亚光速的物体。

　　另一方面，如果快子存在的话，那么至少可以考虑用它来制造时钟或者尺子，并使用这些东西来组成参照系。这样的参照系与组成它的粒子一样，也应该是超光速的，即相对于亚光速的参照系来说，速度 $v>c$。那么就要对洛伦兹变换方程式进行一下推广，把超光速参照系与亚光速参照系中的事件坐标关联起来。但愿这样在从一类参照系转到另一类参照系时，光速仍然是一个不变量，也好允许相对论的一些拓展原理能够存在下去。帕克展示了如何在一种"玩具"式的时空中，非常整齐地构建这样一个理论，这个时空像通常一样，有一个时间维度，但只有一个空间轴，我们姑且称之为 x 轴。研究这种玩具空间，有时候能够让人洞察到实际上感兴趣的四维空间问题。在二维的情况下，假设相对于亚光速参照系，一个超光速参照系的恒定速度为 $v>c$。帕克的变换方程中，一个事件依照在亚光速参照系中的坐标为 (t, x)，在超光速参照系中的坐标为 (t', x')，这只是在超光速参照系中把时间与空间轴进行互换的洛伦兹变换方程。于是，超光速的变换式是 $-(ct')^2+x'^2=(ct)^2-x^2$，而不是像亚光速变换式的 $(ct')^2-x'^2=(ct)^2-x^2$。对于一束沿着 x 轴传输的光线，当 $(ct)^2-x^2=0$ 时，负号也不会引起结果的改变，而且无论在亚光速参照系还是超光速参照系中，光速都保持着"圣洁"的身份。

安提帕和艾伦注意到，像通常那样，一个快子世界线上事件的时序，虽然在全部惯性系中是不同的，但其沿着 x（与 x'）轴的空间顺序却是相同的。所以人们可以一直认为，快子只是沿着 x 正向运动，就像普通粒子总是朝着时间的正向运动那样。这样就可以消除悖论了，因为无论是普通粒子还是快子都会回到时间与空间这两个位置，也就是说，这个事件曾在那个时间和空间出现过，这正是产生悖论的必要条件。

所有这一切都很好，但不幸的是，这些只适用于仅有一维空间的虚幻世界。安提帕与艾伦确实利用这些特性建造了一个四维世界，但这个世界实在很难看。因为它有一个遴选出来的优选方向，沿着这个方向允许进行超光速转换。问题在于，在真正的四维世界里，却存在着三个空间维度和仅有的一个时间维度，所以另外的两个空间轴被排除了时间元素，它们相互之间也就无法进行交换（已经发表有一种关于三个不同时间维度的观点。艾伦确实花了几天时间，思考过怎样对另外两个时间方向做出物理学解释，但他最终还是束手无策）。

空间的优选方向是物理学上的一个魔咒。这就如同要在狭义相对论中挑选出一个首选惯性系，甚至更糟。人们很自然地认为空间的任何一个方向都与另外一个方向一样。你也许会反驳说，向下肯定与向侧方或者向上不同，但这只是事物发展过程中的一个巧合。分辨向下还是向另一面，只不过确定了我们自己所在的特定位置而已，并不能告诉我们任何基本的物理学法则。因为我们恰好生存在一个适中的天体——地球上，它正好位于我们的"下方"。由于这个原因，对于在英国 12000 英里之外地球另一端的澳大利亚朋友来说，我们下面的空间就成了上面。而 12000 英里在宇宙的尺度上是微不足道的。

所以可以很自然地认为，物理学法则绝不会在空间中挑选出一个首选的特殊方向。物理学上有一种假设，认为空间是"各向同性"的。同样地，我们可以说，空间随着坐标轴的旋转是不变的，或者是对称的。我们在本书中已经多次应用这种假设，它始终存在于我们的头脑中。我们曾经毫不怀疑地反复假设，想在特殊情况下选择参照系，以便使 x 轴指向一个特别适当的方向。

实际上，认为空间在旋转中是对称的这种假设，看起来不仅极其自然，而且还有大量的、极为有力的实验证据来说明这一点。理论物理学上，在许多场合下出现的最为壮观的主题之一，就是物理学法则所展示的对称性之间的联系，以及只能从这些对称性中推导出的守恒定律。最基本的守恒定律之一被称为角动量守恒，这是空间各向同性的结果，也是它的直接证据。角动量守恒没有它的同伴线性动量守恒与能量守恒（也是遵从对称性）那么广为人知。而你所了解到的角动量守恒，取决于你所学习的物理学课程的内容。但是角动量守恒也同样有着广泛的应用，它的正确性亦被对原子核的行为进行的极其精确的测量所支持。

所以，一种涉及首选方向的快子理论，并没有显示出有多么完美，并且该理论只有当快子与普通粒子的耦合很弱的情况下才可以通过实验证明，因此违反角动量守恒定律的结果，小到难以被观测到。尽管如此，如果确实有快子存在的话，这种有超光速洛伦兹变换的观点，看起来也很自然，并会导致物理学文献中出现大量对此的探讨。艾伦与安提帕在这个模型上进行了一些额外的研究，他们还撰写了一篇论文，探讨了在进行超光速变换后，麦克斯韦方程式处理带电快子的方式。路易斯·马奇登（Louis Marchildon）也参与到他们的研究之中。路易斯是安提帕的一位得力弟子，这让艾伦不仅能与他的弟子进行合作，而且还能与他的徒孙共事。这篇文章最为有意义的方面可能在于，它纠正了欧洲一些学报上发表的一大批文章，这些文章声称可以建立一种不必引入一个首选方向的超光速坐标变换。毫无疑问，艾伦与他的合作伙伴们证明了这些论文在数学上的不一致性。

6.5　实验证据

最后我们要讨论一下快子存在的实验证据，因为物理学毕竟是一门实验科学。目前还没有任何证据可以提供让人相信快子存在的理由。因为对它的特性（质量、电荷、与亚光速物质的相互作用）毫无所知，所以也很难设计实验进行研究。然而，有两个有些关联的证据，对快子的存在提供了很强的可观测质疑。这两个证据基于以下事实，即与普通粒子不同，在所有的惯性系中，快子的能量并不都具有相同的性质符号。

让我们先来看一下能释放快子的质子可能发生的放射性衰变。我们先设定一个惯性系，快子在这里处于静止状态，这个参照系可称为 S（静止）。正常情况下，我们会说，按照能量守恒定律，这样的质子是不可以发生衰变的。这个质子初始动量是零，因为它是静止的。所以这个质子的能量，是唯一与其质量相关的能量，即 $m_p c^2$。释放出一个衰变粒子，就会消耗这个粒子的质量和动能，这些量总是正值。另外，由于衰变粒子通常都有动量，于是质子只能向相反方向反冲，这样才能使得两个粒子的总动量为零。这就意味着质子在衰变之后仍有非零的动能。这样一来，这个系统的最终能量就会大于它的最初能量，那么这个衰变就会被能量守恒所禁止。

质子本身并不能消失，或者改变其内部状态，因为还有另外一个叫作重子数守恒的守恒定律。现在比较流行的理论认为，质子其实是衰变为正电子和其他轻粒子。这个质子的大部分质能则转移到衰变粒子的动能之中。这个过程违背了重子数守恒定律，因为质子具有重子数，而较轻的粒子则没有。然而，由于目前的实验表明这个过程的半衰期不能少于大约 10^{33} 年，或超过宇宙寿命的 10^{23} 倍，所以在很多情况下可以放心地忽略重子数不守恒。这种极大的时间尺度意味着单个质子的衰变可能性极小。但是如果你去观测一下大数量的质子，可以发现其中至少还是有一些发生了衰变的。现在正在进行的一些实验，试图通过跟踪巨大水池中发生的意外事件，来观察质子的衰变，这些坐落在深矿井中的水池利用地面屏蔽掉了所谓的背景反应。还有其他的一些实验，可以让实验者看到类似于质子衰变的现象。由于某个质子一年中只有 10^{-33} 的衰变概率，所以这个水池必须至少含有 10^{33} 个质子，以便在每年能大致看到一个质子进行衰变。如果你是取得该项成功的实验小组的领头人之一，那你尽可以放心大胆地准备前往斯德哥尔摩，去参加下一届诺贝尔奖的颁奖典礼了。

然而，由于快子的能量性质符号并非洛伦兹不变量，所以如果衰变的粒子是一个快子，那么它在质子的静止系中就会具有负能量，前面的基于能量不守恒的论点就站不住脚了。这是因为总能够发现快子的负能量以及相关的动量，以至于快子的负能量会被质子的反冲正能量所均衡。于是能量和动量的总和保持守恒，并允许释放快子了。这个过程可以用在静止系中质子的衰变等式来表述：

$$p(mc^2) \rightarrow p(mc^2+E_T)+T(-E_T)$$

这个等式很像化学家描述化学反应的方程式。式中，p和T分别代表质子和快子。箭头的含义是指这个过程开始时，箭头左边的某个或某些粒子转变为右边的粒子。箭头的含义可以是"变成"或"形成"。这里的mc^2指的是质子的原始能量，而$-E_T$中E_T为正值，是快子释放的能量。既然这个快子的能量是负值，那么它就可以进行返回到过去的时间旅行。这样就满足了能量守恒，因为$mc^2=(mc^2+E_T)-E_T$。

如果静止的质子因释放快子而发生衰变，那么反冲质子就会在气泡室里留下轨迹。这种仪器可以让运动的带电粒子留下一些由小气泡形成的轨迹。实际上这些实验是对从前用于其他目的的实验所留下的旧气泡室底片所进行的分析，以试图发现质子自发衰变为一个质子和一个光子时反冲质子留下的轨迹（快子可能是电荷中性的，这样的话它们就不会留下轨迹），但结果是没有发现任何轨迹。

再诠释原理的支持者们会说，这里所看到的并不是释放了负能量的可以回到过去的快子，只是质子吞噬了一个朝着未来进行时间旅行的正能量反快子。他们认为可以用下面的等式来表述观测到的过程：

根据再诠释原理，在静止系中的质子衰变

$$p(mc^2)+T(E_T) \rightarrow p(mc^2+E_T)$$

在这个反应式中，快子与质子相撞，被质子吸收，并把其正能量转移到质子上。他们会辩解，根本什么都观测不到，因为极可能没有许多正能量快子会在虚无的空间里跑来跑去。请注意上式也能满足能量守恒定律，因为快子的量符号的变化得到了补偿：把快子的能量从能量守恒公式的右侧（最终能量）移到了能量等式的左侧（初始能量），符号的改变和等式两侧的变换就这样进行了相互补偿。

然而这种解释还有一个问题。我们总可以找到一个运动的惯性系，并把它称为S'（运动）系，使快子在这个参照系中的能量为正值。按照相对论原理，我们知道，如果守恒定律允许在S（静止）参照系中发生衰变，那么它也允许在S'（运动）系中发生衰变。由于这并不是质子的静止系，所以质子起初是运动的，并带有动能。在这个参照系中，衰变过程会导致质子失去动能，这个损失的动能转变为快子的正能量。这个反应过程可通过下面的等式来表述：

$$p(E') \rightarrow p(E'-E_T')+T(E_T')$$

S'（运动）系中发生的衰变量值的撇，表示在 S'（运动）系中的能量，这里质子有一个较大初始动能，快子的能量 E_T' 是正值。

由于快子带有正能量，可以被 S'（运动）系中的观测者看到其正在朝着未来进行时间旅行，这也会明确地被看做是个释放过程，这个过程并不需要吸收一个外来的粒子。所看到的 S'（运动）系释放的快子，在质子的静止系中则显现为一个必须来自外部的反快子（不用介意这个"反"的概念，我们也只是卖弄一下而已）。快子被吸收的过程，为在这个参照系中起初处于静止的质子提供了动能。这样一来，假如会与质子或其他亚光速粒子耦合的话，快子的存在似乎会使这些粒子发生观测不到的衰变，从而成为快子。在粒子的静止系中，就会显得像是一个带有正能量的粒子被吸收了。当然可以假设快子与普通物质的耦合足够微弱，从而避免出现任何不同于实验的异议。当然，如果这种耦合过于微弱，快子基本上会变得难以观测，也就毫无意义了。

对于穿越了星际空间而到达地球的高能宇宙射线质子，也存在着同样问题。在这个例子中，相对于进行衰变的运动粒子参照系，地球扮演了 S'（运动）系的角色。既然守恒定律允许静止的质子衰变成负能量快子，而在相对 S'（运动）系足够高的速度下，衰变的快子又携带正能量，那么这种衰变也应该是被允许的。这即是说，在地球参照系中，宇宙辐射质子会释放正能量快子，并由于释放快子而失去能量。宇宙射线质子能够长期——也许以数百万年计——带有相当高的能量，这再一次说明，如果快子存在的话，它们与普通物质的耦合将会是极其微弱的（你也许会纳闷，为什么高能宇宙射线没有通过把它们的动能转换为衰变物质的能量而衰变为普通粒子。答案仍然存在于相对论原理之中。因为这些原理告诉我们，所有惯性系都是平等的。所以，我们可以在宇宙射线粒子的静止系中看待这个问题，在这里粒子并没有动能，而且像我们上面谈到的那样，能量守恒是不允许衰变发生的。关键是如果衰变过程在一个惯性系中是被允许或是被禁止的，那么根据相对论原理，这个衰变在所有惯性系中都是被允许或是被禁止的）。

直到 20 世纪 80 年代初期，快子物理学说似乎走到了尽头。虽然这种观点曾经很有趣，也值得进行探索，尤其重要的是，它促使人们对超光速旅行或者以快子为例进行超光速通信，以及与悖论问题相关的回到过去的时间旅行之间的联系进行了广泛的了解。但是随着理论的发展，快子最终似乎在让人在那些不可接受的

74

悖论和同样令人反感的在空间引入一个首选方向理论之间进行选择。尽管看起来对于快子的存在所进行的探讨越来越少，但快子的存在似乎意味着亚光速物质的一些未被发觉和不必要的衰变过程。其结果是，尽管艾伦从《物理学评论》获得的与快子相关的各种稿子层出不穷，但人们对快子的兴趣仍快速递减并消失得无影无踪。

事实上"快子"一词仍然出现在与弦论相关的文献中，但其背景已相当不同。弦论中的快子是量子态，并有一个负质量平方。不过，它并没有把这些状态与以超光速漫游的自由粒子相关联。人们对这些快子与类似的快子型粒子之间的联系

所做的探讨是这样的：如果应用同一个公式 $E_t = m_t c^2 / \sqrt{1 - \left(v^2 / c^2 \right)}$，把快子作为常规粒子来描述它的能量，那么 m_t 就必须包含一个因数 i，m_t^2 也必须包含一个因数 $i^2 = -1$，因为其分母中有一个负数的平方根（就是因数 i）。我们通过把分母变成 $\sqrt{\left(v^2 / c^2 \right) - 1}$ 来避免这个问题，于是 m_t 就能变成一个实数。这两个步骤其实是等价的，因为即使出现因数 i，它也总是会被消掉。把 m_t 作为虚数，与可观测的物理现象必须是实数的规定并不矛盾，因为 m_t 并不是可观测的，它只是所谓的静态质量，只是赋予静止的粒子一个质量，也就是等于 E_t/c^2，但是快子却不是静止的。

因而，艾伦便把全部注意力转到了基本粒子物理学方面，特别是关注粒子理论与宇宙学二者之间关系新出现的兴趣点。令人高兴的是，这让他进一步强化了对爱因斯坦广义相对论的认识。十五年之后，这被证明非常有用，因为他发现自己又在思考他熟悉的有关快子的问题了，但这一次却主要是在广义相对论的层面，而不是狭义相对论。他在塔夫斯大学的两位同事，也正在研究这些课题或相关的课题，其中一位是艾伦隔壁办公室的莱瑞·福特（Larry Ford），他已经与汤姆·罗曼开始了积极合作。

Time Travel and Warp Drives

A Scientific Guide
to Shortcuts
through Time and Space

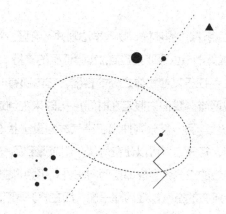

7
时间箭头

如果有人指出，你的理论与麦克斯韦方程不一致，那对麦克斯韦方程式来说可糟透了。如果发现它与实验观测不符，那么是实验家的实验没做好。但如果发现你的理论违背了热力学第二定律，那我真无能为力了，也毫无办法，只能完全崩溃了。

——亚瑟·斯坦利·艾丁顿爵士《物理世界的本质》

世上万物皆如此，因为万物过去亦如此。

——托马斯·高尔德（Thomas Gold）

正如我们在第6章所探讨的那样，物理学法则并不会区分空间的不同方向，这是一条基本的物理学假设，也得到了坚实的实验证据的支持。举一个简单的例子，假定我们有一个独立存在于其他物体之外的容器，它内部有一块隔板沿着南北向把这个容器垂直分成两半。我们先假定在时间 $t=-t_0$ 时来观测这个容器，此时容器的西半部分充满了空气，另一部分则抽出了空气成为真空状态。再假定中间的隔板上安装有一个阀门，打开它就可以让空气从一侧流通到另一侧。如果在时间 $t=0$ 时打开阀门，那么半边的空气就会立即自西向东进入仍为真空的东侧。这样一来，在未打开阀门之前，所有的空气都在西部一侧，而在打开阀门以后，即 $t>0$ 时，这个容器里面全都会充满了密度均等的空气。

如果我们把容器原来的方向掉转一下，也就是让这个容器东半部分充满空气，再重复这个实验，会怎样呢？我们不假思索就会知道答案。空气仍然会从盈满的一侧进入真空的另一侧，但这一次阀门打开时，空气的流向是自东向西，直至整个容器的空气达到均匀状态。物流学法则并没有区分东侧还是西侧，但是空气确实从过去的不均匀分布变为未来的均匀分布状态。而我们却从不会看到这样一个过程，即容器中已经充满均匀的空气，当阀门打开时，随着时间的延长，全部空气会刚好跑到到容器的另半边。这是从物理学角度明确区分时间正负方向的一个实例。而物理学法则也是这样做出区分的。物理学家和哲学家通常把这种区分称为"时间箭头"（the arrow of time），它的方向在物理学上有一个原点，并从过去指向未来。

过去与未来的这种不对称性从何而来呢？令人惊讶的是，物理学的基本方程式并不区分时间的正负方向（即过去与未来）。其中包括牛顿运动定律的方程式，所涉及的是经典力学所描述的系统；还有相关的量子力学方程式，其涉及的系统中，量子修正非常重要。这两种方程式都具有一种被称为"时间反演不变性"（time-reversal invariance）的特性。由于这种特性，这些基本方程式本身都不区分时间的正负方向。牛顿定律本身也不定义时间箭头❶。

----

❶ 在量子力学中，时间反演不变性只是近似的。描述某些基本粒子放射性衰变的量子力学方程式是区分时间的两个方向的。这些粒子的半衰期极短，所以，只有当它们被地球上的非常大的粒子加速器实验室生成后，或者由于偶然发生的外太空的极高能宇宙射线粒子事件，才会出现这些粒子。这些粒子出现后，几乎会立即发生衰变，成为"普通"的基本粒子，这些基本粒子会遵循时间反演不变性。因此很难想象制约这些粒子的法则所区分的过去与未来的时间概念，与我们日常生活所遇到的过去与将来的明显区别有什么重要联系（某些物理学家如数学物理学家罗杰·彭罗斯，就相信大自然为我们提供了非常重要的线索）。

我们再来详细地研究一下时间反演不变性的性质。我们先假定有一个系统，其中包含了 N 个粒子。我们先给出这个系统在 $t=-t_0$ 时的初始条件。这些初始条件是每个粒子的位置和动量（或者同等的速度）。这样的话就要确定全部的 $6N$ 数量，因为对于每个粒子，我们都要给出它在 x、y、z 方向上的位置与动量。物理学定理加上这些初始条件，就可以确定这个系统在 $t>-t_0$ 时，尤其是 $t=+t_0$ 时的状态。

现在再假设第二个系统，我们称之为时间反演系统，其中有着相同的粒子数量。我们按照下面的方式来确定它在 $t=-t_0$ 的初始条件。我们先假定这个新系统中的每个粒子在 $t=-t_0$ 时的位置，与前一个系统中相应的粒子在 $t=+t_0$ 的位置相同。只是时间反演系统中的每个分子的动量，虽然与它在另一个系统中的粒子动量大小相同，但方向却刚好相反。在我们这个例子中，时间反演系统在 $t=-t_0$ 时可以是容器中分子均匀分布的气体，与原来的气体在 $t=+t_0$ 时的位置相同，而且与相应的原始气体分子的动量大小相同，但方向截然相反。

那么根据牛顿定理，时间反演不变性的结果就是时间反演系统中的每一个粒子都会沿着原来气体中相应粒子的相同路径返回。观察时间反演系统的这种行为，与倒放观看原来系统的电影或录像没什么不同。尤其是当 $t=+t_0$ 时，时间反演系统中分子的位置将会与原来气体分子在 $t=-t_0$ 时的位置相同，于是时间反演系统中的气体就会立即回流直到只充满半个容器的状态。

所以，气体分子在容器空间的分布，随着时间增加而趋于均匀的事实并不是牛顿定理某种特性的结果。时间反演不变性会让你发现，根据牛顿定理规定的气体分子的初始状态，气体只会跑到空间的某个区域，而不会随着时间的发展变得均匀。

要想说明这个结果有多奇怪，先让我们看一个也许很平常的例子。比如一段某人从跳板上跳入游泳池的录像，有时候人们为了好玩，会把这种录像倒放观看。倒放的时候人们会觉得很好笑，因为此时会看到非常荒唐的画面：潜水者的双脚先浮出泳池，然后倒退飞回到跳板上。这种事情显然不会发生，也从未发生过。然而笔者却要说，由于时间反演不变性，下面的事情是真实的。假设在潜水者跳入水中之后，你准备在这个可以设想的初始系统中，创造一个跳水者身体与游泳池水的时间反演状态的物理系统。那么根据物理学法则，实际的结果就会与你看到的倒放跳水录像的画面一样。但我们说过，这种事情显然不会发生。即使你认为笔者和物理学法则都不靠谱，也肯定会得到谅解。

然而，情形还不至于那么差。确实，由于时间反演的不变性，物理学法则规定了气体的分子会处于这样的一种状态，即每个气体分子的位置和速度都有一组初始或起始值，可以让这些分子立即冲进容器的另一半之中。甚至对于潜水者身体和游泳池来讲，还有另一种分子状态，能让潜水者倏地弹出水池回到跳板上。不过，就像我们看到的那样，最为重要的物理学法则之一告诉我们，尽管这些事情原则上会发生，但是作为实际现象却从未发生，也绝不会发生。这种荒唐事发生的概率极小，也许会让你等上宇宙的年龄乘以不可思议的大数字那么长的时间，才可能看到一个正常大小的容器里，所有的气体分子会自动地经过随机运动而集中到容器的一半空间里。这里所用到的定律被称为热力学第二定律，它与我们还未接触到的一个新的物理量——熵，是7.1节的主题。另外，你可能会提出疑问，为什么我们要从热力学第二定律开始讲起。其实，你已经知道了热力学第一定律。它的名字常用于物理学的分支，即能量守恒定律的热力学。

7.1　熵、热力学第二定律以及热力学时间箭头

与密闭容器中的气体分子的情况类似，确定一个系统的状态有两种不同的方法。我们所观察到的现象只是这个系统的几个宏观（即极大尺度上的）特性。我们再看一下封闭容器中的气体。我们可以假设气体呈均衡态，也就是说我们所观察到的气体特性，不会随着时间的推移而发生改变。于是就可以只用三个可测量的量来说明观察到的系统状态，例如，这三个量可以是容器的体积，以及容器中气体的温度与总质量。温度与容器中单个分子的平均动能相关，这些分子在容器中随意跳跃，并会相互碰撞，也与容器壁发生碰撞。气体的总质量决定了气体的化学成分，以及容器中的分子总个数 N（还有气体的压力，也就是气体分子撞击容器壁又反弹回来而作用于容器壁的单位面积上的力。不过这并不是一个与其他三个量相独立的量，而是取决于物理学定律，即状态方程）。这种表达气体状态的方式，被称为宏观态（macrostate）。

但是，尽管宏观态可以说明我们容易观察到的情形，但距离描述气体的全部状态还相差很远。要达到这个目的，我们就必须给出全套的 $6N$ 数量，它可以描述每个分子的单独位置与动量，这叫做系统的微观态。

当然，我们永远不会知道系统的特定微观态，因为随着时间的推移，这个系统中的分子在不断地运动并在随机相互碰撞。知道了宏观态，只能确定微观态中的几个态的平均特性。对于一个所给定的宏观态，还可能存在着大量的微观态。在物理学上，一般不能把与特定的宏观态相容的微观态中的某个态变成比另外的微观态更可能出现的状态。因此，每个态的可能性是均等的，在所给定的宏观态中发现一个系统的全部可能性，就会与这个宏观态相容的全部微观态的数量成比例，我们称这个数量为 n（不要与 N 相混淆，N 是容器中的分子数量，n 是某个给定的宏观态中可能存在的微观态数量。尽管 n 取决于 N，并随着 N 的增加而增加，但这两个数总的来说是不同的）。

81

不过由于技术原因，一个被称为熵的参数比 n 更有用。我们以后用符号 s 来代表熵，它被定义为 n 的对数，也就是 $s=\lg n$（这里要区分 s 与 S，我们一般用 S 来代表惯性参照系）。s 的一个优点是，它比 n 更容易表达，例如两个不同系统的 s 总和，刚好是每个系统的各自的熵的和。你可能在别的地方学过，$\lg n$ 就是 $n=10^{\lg n}$。从这个定义可以看出，随着 n 增大，$\lg n$ 也随之增大。再看一下定义，$s=\lg n$，如果 n 增大，那么熵 s 必定增大❶。不过，$\lg n$ 却比 n 小很多。例如，1000000 是 10^6，那么 $\lg$ 1000000 只是 6。尽管如此，像容器里气体分子这样的情形，n 的值却是一个非常大的数，所以熵的值也很大。

当熵增大时，n 值也随之增大，于是有着较高熵的宏观态就总会与更多的微观态保持一致，所以也就比熵较低的宏观态的可能性更大。随着时间的推移，系统便会趋于从低可能性的态变为高可能性的态。因此，当时间 $t_2>t_1$ 时，一个孤立的系统总是在时间为 t_1、熵为 s_1 的状态，变为时间为 t_2、熵为 $s_1 \leqslant s_2$ 的状态（通常，$s_2=s_1$ 只会出现在制约因素阻止系统转为高熵态的情况下）。也就是说，随着时间的前进，熵会增加（或者可能保持不变）。这个论述就是热力学第二定律。请注意，这意味着如果 $t_2<t_1$，那么就会有 $s_2 \leqslant s_1$，这是因为在从 t_2 到 t_1 的过程中，熵不会变小。因此如果你能回到过去，那么熵就会变小，或者可能保持不变。

所以热力学第二定律提出了"时间箭头"。也就是说，它要区分时间的两个方向。时间的正方向是熵增加的方向，例如，气体分子从容器的一半空间扩散，直到充满整个容器的方向。整个容器都可以容纳气体时，气体分子会有很多种可能的运

❶ 严格地说，这是指自然对数，比如以 e 为底的对数，e≈2.71828…，但这与我们的探讨没有实质性的差别。

动状态（可以说绝不止两种），也就是说，当气体分子充满整个容器时，熵会非常高。同样地，热力学第二定律也保证，气体分子绝不会随着时间的推移而自发地返回到容器的原来的一半空间里，因为那会引起熵的降低。尽管如此，我们可以看到牛顿定律却允许系统中存在能导致这种行为的微观态，这种状态的比例以及可能看到系统出现这种事件的概率，却非常小，小到"根本不可能发生"。如果你想搭上一辈子的时间，等着看到违背热力学第二定律的事件，那么你一定会失望的。

由于热力学第二定律规定了熵的增加，所以一个系统会快速演变，直至熵的增长基本上等于系统因素（如容器的尺寸限度）所限制的最大熵为止。至此，系统的变化将不再与热力学第二定律一致。已经达到最大熵值的系统态是平衡态，在这种状态下，可以观测到的系统特性是恒定的。宏观态可观察到的更多变化，只有在系统的制约因素发生改变后才会出现，比如打开阀门。但实际上，由于实际的熵与最高熵值之间细微的统计波动，会不断出现一些观察不到的违背热力学第二定律的微小事件，不过由于热力学第二定律无所不在，这些问题很快就会被一扫而光。

一个平衡态的系统非常接近它的最高熵状态，已经没有了热力学时间箭头。而我们所处的世界仍然存在时间箭头，是因为它还远没有达到平衡态。它在极大的负时间时期的初始条件决定了它的熵很低，按照热力学第二定律，它的熵在随着时间的推移而增大，一般来说，这种增大仍在继续。因此我们可以说，时间的不对称性并不是因为物理学法则本身，而是因为我们宇宙的初始条件的缘故❶。

我们暂时假定容器里面的气体分子只是通过直接接触（即以相互碰撞或者与容器壁相碰撞）的方式来发生相互作用的。届时气体的平衡态就呈现为所有特性都完全一致。可以很容易地证明这种一致性会令可能的微观态数量达到最多，同理对于熵来讲也是这样的。我们已经看过这样的例子了，现在再来看另外一个例子。假设一个系统中最初含有热煤炭和冷冰块，两者之间用隔热层隔开，阻止热量流动。一旦把隔热层取走，热量就会从高温处传向低温处，直至

---

❶ 彭罗斯曾经认为这些初始条件很可能极为特殊。他认为理解热力学第二定律根源的关键问题是为什么过去的熵会那么低？他把热力学第二定律归结于宇宙诞生的大爆炸奇点的条件之中。对此问题的更深入探讨，请参见罗杰·彭罗斯所著《皇帝新脑》（the Emperor's new mind）（纽约：牛津大学出版社，1989年），特别是书中的第7章；以及《通向实在之路》（The road of Really）（伦敦：Jonathan Cape 出版社，2004年）的第27章。更新的半通俗读物有西恩·卡罗尔（Sean Carroll）所著的《从永恒到这里：探索时间的终极理论》（From Eternity to Here：The Quest for the Ultimate Theory of Time）（纽约：Dutton 出版社，2010年）。

这个系统全部达到一个统一温度为止。发生这种现象是因为统一温度状态会令冷热相混的系统的熵达到最大。请注意，这个系统是作为一个整体受到热力学第二定律制约的。煤炭的熵以及可能的微观态数量，随着冷却过程而变小，但是作为系统整体，可能的微观态数量却增加了，这是因为去除了煤炭温度必须高于冰这个限制条件。

当然也可以用电冰箱制作冰块为例。在这个过程中，冰箱的熵与周围厨房的熵都会变小。但是这种违背热力学第二定律的现象不是自发发生的。这个过程的实现需要把冰箱中的热量抽出来，并散布在温暖的厨房中。而生产出所需的电能并把电传输到冰箱，还需要很多过程，比如在发电厂燃烧燃料，所产生的熵要多于冰箱制冷所损失的熵。要是你仔细算一算，就会发现，整个系统的全部熵，是随着时间的推移而增加的。

在我们说完熵的主题之前，我们还要提到另外一个比较常用的术语。系统的熵的增加通常被表述为系统中无序程度的增加。对此的另一种说法是，要注意到随着系统的熵的增加，我们会失去有关这个系统的信息。一旦熵变得很低，就意味着该系统处于一个相对数量很少的微观态之一，比如已知全部气体分子都跑到容器的另一半空间。当熵增加时，我们对该系统所知的信息会越来越少，也就是说，系统的可能微观态数量会非常大，其行为也变得更加随机，或者越来越无序。也许可以用这样的语言来重新表述一下热力学第二定律：随着时间的推移，物理系统变得更加无序。

举一个例子，一块石头击中一面平板玻璃窗，会使玻璃四溅。玻璃碎片形成高度无序状态，会出现许多不可预见的细节，也就是很多可能的微观态。每次不同的玻璃窗被打碎，会出现不同形状的玻璃碎片。于是当窗玻璃呈不规则碎片四溅时，玻璃-石块系统的熵就会增加。因此玻璃窗的破碎是与热力学第二定律一致的。同时热力学第二定律不允许出现石块从地面一跃飞走、碎玻璃自发地重聚起来的过程。

在热力学第二定律的论述中，强调包含"孤立"一词非常重要。这再次涉及一个独自存在的、与外部世界毫不相干的系统。否则就会导致出现很多谬误。例如在地球上的生物进化过程中，具有较低熵的系统（较高的复杂性）超越了较高熵的系统（较低的复杂性），这竟然违背了热力学第二定律！这种具有欺骗性的论点曾经用于要有一个"造物主"的理由。当然这个观点的荒谬之处在于，地球并非是一个孤立的系统，因为它接收了来自外部也就是太阳的能量。地球的总熵随着吸收太阳辐射而增大。这不符合进化出更加复杂的生物所需的熵的局部减少❶。

7.2　前因、后果及因果时间箭头

我们所谈到的时间箭头，其方向与熵的增加相一致，被称为"热力学时间箭头"。区分时间方向的第二个物理学原理，被称为"因果原理"。因果原理认为，在物理学法则中，原因必须在时间顺序上早于结果。如果再考虑到相对论，那么就可以更加准确地这样重新定义：在时空中某一点的一个事件，只能对在该点正向光锥发生的另一事件造成影响，我们在第4章就讲过这个问题（这里假设不存在快子）。

为了更加全面地了解因果原理，并搞懂两种时间箭头的关系，我们必须认真领会"因"与"果"的含义。这两个都是我们经常使用的词汇，我们对此也有着直观的理解。不过，我们对此还要加强从物理学角度的理解。

那么我们说一个事件是造成另一个事件的原因，这究竟是什么意思呢？现在假设发生了某个事件，紧随其后又发生了第二个事件。例如，假设现在是一场棒球赛的第五局，主场队的投手投出了一场无安打比赛（也就是对手队一个安打都没有击出），然后电视转播员在讲解比赛时提到这个情节。接下来的比赛中，假如对手的击球手击到了一个球，那么观众席上球迷们就会大为愤怒，认为投球手没打出无安打，是因为电视解说员犯了大忌，因为他在球赛还在进行时就声称打出了无安打。

这两个事件是因果相关的，还是偶然发生的呢？这很难说。如果解说员闭嘴不言的话，投球手就会投出无安打吗？我们不会知道。无安打是很少见的，从统计上来看，如果还有剩下几局的话，那么击球手可能会在比赛结束前击中一球，这和讲解员的参与没什么关系。至少这些观众们（他们其中一定有铁杆球迷）对电视解说员的责备，正是所谓的"后发者因之而发"（拉丁语post hoe ergo propter hoc）这一谬论的例证。这一谬误假定，因为一个事件在时间上紧随另外一个事件而发生，所以它们之间就存在着因果关系。

❶ 对此更详尽的论述，请参见彭罗斯的《皇帝新脑》第7章，以及《通向实在之路》第27章。

假设你发现了两类相同的事件，暂且称之为A类事件与B类事件。这些事件在很多场合都一起发生，尤其是相同的场合。有时候我们说，A和B总是在"恒常联结（constant conjunction）"中发生。我们是在说，每当事件A出现，事件B就会紧随其后：即事件A的出现，是随后事件B出现的充分必要条件。例如，你每次扳动开关，灯就会亮（假定是一只荧光灯，在你扳动开关到灯亮起来，会有一段明显的时间间隔，可以让你很容易地看到事件发生的时间顺序）。这样我们就会坚信事件A与事件B之间存在着因果关系。

这两个事件之间的联结（conjunction），并不一定是绝对恒常的（constant）（因为或许会停电，或者灯管会出现故障）。若要建立一种因果关系，只需要在扳动开关和灯亮之间存在一种具有统计学意义的相关性。具有"统计学意义"的定义或许有些武断。但是在很多情况下，作为一个实际问题来讲，这种相关性无疑是有意义的。为了简单起见，我们先假定这个情况，并继续来探讨这种"恒常联结"，而不考虑那些统计学上的问题❶。

我们已经知道，事件A与事件B之间存在着因果关系，现在我们要问一下，"究竟谁是因，谁是果？"❷我们可以马上回答说，很显然事件A是因，因为事件A发生在事件B之前。但如果这样处理的话，我们就会把论证简略到仅成为一个简单定义——即原因在先，结果在后——而不是一个物理学基本原理了。如果我们确信存在着原因必须先于结果这样一条基本因果律，那么就会有区分因果的某种

---

❶ 在量子力学里面有一种称为"纠缠"（entanglement）的现象，即一个量子系统中的两个成员之间即使存在着空间上的距离也会在某种程度上"联系"起来。比如，我们可以有两个在某一时间里相互作用的粒子，但是现在（原则上）却已经分开了。这些粒子有一个叫做"自旋"（spin）的特性，根据量子力学定律，这种自旋只有两个方向，即"向上"与"向下"。如果粒子处于所谓的"纠缠态"，那么一位观测者对其中一个粒子的测量，必定与另一位观测者对另一个粒子的相同观测发生关联。例如一位观测者测量到粒子1在进行向上自旋，他就会知道另外一位观测者一定会测量到粒子2在进行向下自旋。乍看上去，如果这两个粒子相距遥远的话，看上去还真像发射超光速信号。然而事实却并非如此。要想把它用于通信系统，比如用它输出一些点和横线，观测者就必须能够提前掌控他所要测量到的自旋状态，以及另外一个人会看到什么。量子力学定律，尤其是不确定原理，使它即使是原理上也不可能实现。所以尽管我们可以说，两个粒子相互关联，但我们实际并不能说对于一个粒子的测量，会影响到另一个粒子的状态。当两位观测者聚到一起，对实验结果进行比较，就会发现每次第一位观测者测量到粒子1在向上自旋，第二位观测者都会测量到粒子2在进行向下自旋，这实在很奇怪！

❷ 这里所探讨的内容大部分基于罗杰·B·牛顿（Roger B. Newton）的谈话，这些谈话发表在《因果关系与物理理论，美国物理学会会议录No. 15》49-64，编者 William B.Rolnick（纽约：美国物理学会，1974）。

办法，而不是仅靠时间顺序。但是实际上，我们不能这样做，例如事件*A*与事件*B*总是共同发生，所以事件*A*是事件*B*的充分必要条件。恒常联结是一种对称关系。只要事件*A*发生，事件*B*就会发生，反之亦然。唯一能够区别开事件*A*与事件*B*的办法，即区分谁是原因谁是结果的办法，只有它们的时间顺序。

若要得到一个有意义的因果原理，我们必须打破恒常联结，从而找到事件*A*或事件*B*单独发生的情况。假设我们发现，事件*A*的发生是事件*B*发生的充分条件但不是必要条件。于是，事件*B*总是在事件*A*发生时而发生，就可以说事件*A*是事件*B*发生的原因。但是事件*B*也可以在没有事件*A*的情况下发生，所以事件*B*没有必须引起事件*A*的发生。在我们的开关与荧光灯管的例子里，这意味着只要开关在"开"的位置上，电流就会流经灯管。但是灯管也有可能通过另一个开关连到另一根电源线，即使不打开第一个开关，而只打开第二个开关也能够让灯管发亮。在这种情况下，我们可以说，打开第一个开关的事件*A*，会导致事件*B*，即灯管发亮。这样就可以断定因与果，而完全不考虑时间顺序。现在，就像前面所认定的那样，我们可以提出一个实验例证的问题，原因发生在结果之前，还是在结果之后。当然我们会发现在这一类情况下，原因总是在结果之前。物理学定律就是这样体现了因果关系的原理，并由此产生了因果时间箭头，它的方向就是原因总是发生在结果之前。换一种说法就是，因果时间箭头总是从一个事件指向它的正向光锥，而结果总是发生在它的原因的正向光锥之内（或之上）。

综上所述，热力学及因果时间箭头是可以指向不同方向的，但从实验结果来看并没有发生。

7.3　宇宙学时间箭头

事实上，还存在着第三个时间箭头❶，它指向宇宙整体演变的方向。观测表

❶ 我们没有谈到的其他箭头还有很多。彭罗斯曾提到7种。更详细的技术讨论请参见他的论著：《奇点与时间不对称》（Singularities and time-asymmetry），原载于霍金与伊斯雷尔（S. W. Hawking and W. Israel）主编的文集《广义相对论：爱因斯坦百年调查》第581-638页（General Relativity：An Einstein Centenary Survey，Cambridge University Press，1979）。对于某些箭头的更通俗论著，可以在保罗·戴维斯（Paul Davies）所著的《关于时间：爱因斯坦未完成的革命》（About Time：Einstein's Unfinished Revolution）（New York：Simon and Schuster，1995）第十及第十一章中找到。

明，宇宙中的任何一对天体，例如一对星系，它们之间的距离在随着时间而变得越来越远。换句话说，宇宙正在膨胀。于是下面我们将介绍一下这第三个时间箭头——宇宙学时间箭头。它指向的时间方向，即是宇宙随之增大的过程。从实验角度看，这是一个正向时间箭头，与热力学（以及因果）箭头的方向相同。

这到底是巧合，还是我们可以预测到的呢？我们知道，根据热力学第二定律，热力学箭头是指向熵增加的方向的。既然宇宙学箭头指向的是膨胀方向，有人也许会说，这显然也是指向熵增加的方向，因为宇宙的膨胀也像气体分子膨胀并充满容器那样，呈现出熵的增长。虽然结论是对的，但是对于宇宙学来讲，推理要更加复杂，因为宇宙是更加复杂的系统。

我们在谈到容器中的气体分子时，曾进行了简化的假设。那时我们并没有过多假设，也没有解释为何要进行假设，大家肯定也没有过多在意。其实我们说过，是假设气体分子仅仅通过直接物理接触，分子之间或分子与容器壁才发生相互作用。我们还特别排除了所有能在分子之间起作用的长程力。这样一来，熵明显会增加，也就是在气体发生膨胀之后，出现了更多可能的微观态，因为此时的状态给气体分子提供了更广的移动范围。

而对于宇宙的膨胀也是一样的。但在这种情况下，粒子间存在着一个长程力，也就是引力，它与容器罐里的气体分子相反，扮演着重要的角色。宇宙中的粒子在膨胀时，它们之间的相互引力所产生的反作用力，也会让粒子减速。我们还记得，可能的微观态数量，也就是熵，取决于可能的位置范围以及可能的速度范围，换句话说，取决于粒子具有的动量。位置范围的增大以及可能的动量范围的缩小，使它们对膨胀宇宙的熵产生的影响趋于平衡。所以我们不再看到热力学第二定律所需要的熵的增加会引起膨胀。这需要更为精细的理论分析，但这已超出本书的范围。不过，作为一个可以观测到的事实，我们确实看到宇宙在膨胀，所以热力学箭头与宇宙学箭头都指向相同的方向❶。

---

❶ 有关宇宙学时间箭头与热力学第二定律之间关系的更深入问题，请参看彭罗斯的《皇帝新脑》《通向实在之路》，以及卡罗尔的《从永恒到这里》。

Time Travel and Warp Drives

A Scientific Guide
to Shortcuts
through Time and Space

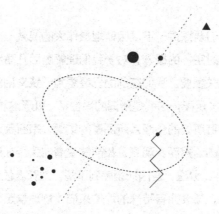

8
广义相对论：
弯曲的空间和翘曲的时间

我自由了，自由坠落……

——汤姆·佩蒂（Tom Petty）《自由坠落》

在这一章里，我们要探讨一下爱因斯坦最伟大的成就——广义相对论。这一理论所包含的"弯曲时空"的概念，对于我们理解随后几章所要讲到的时间机器与曲速引擎等情节至关重要。我们在前面已经看到，狭义相对论挑出了一组特别的参照系来描述物理学定律，这就是所谓的惯性系。处于这种参照系中的观测者，很难根据完全在其自身所处的参照系所测量的结果，来断定这个参照系是绝对静止还是进行匀速运动的。然而，观测者却能够说清他是否在进行加速（相对于一个惯性系）。对于这种二分法，爱因斯坦感到不解。为什么任何参照系，无论是惯性系还是加速参照系，都会拥有特殊的地位来描述物理学定律呢？他也很清楚这样的事实，麦克斯韦的电磁定律在所有惯性系中都是相同的，而牛顿的引力定律却不是这样。

8.1 引力与电磁学

可以这样来形容它们的不同之处。假设有两个相互之间有一定距离的电荷。现在把其中一个电荷从它的原始位置移到一段距离以外并停在那里。另一个电荷需要多久才能知道那个电荷已经移动了呢？根据米歇尔·法拉第描绘的电磁学原理（现在也仍然在使用），两个电荷之间的空间不是空的，每个电荷都会在自己周围产生一个电场，并于外部的电（和磁）场相呼应（这就是在第3章讲到的与麦克斯韦方程相关的电场与磁场）。我们所举例子中的两个电荷通过它们的电场相互作用。这个电场作为媒介传输了某种电力，即两个电荷之间产生的排斥力或吸引力。如果一个电荷突然被移到一个新位置，这个电荷周围的电场就必须在电荷的新位置周围进行自我"调整"。

那么我们的问题可以换一种问法，第二个电荷何时才能"知道"第一个电荷电场的重新布局？麦克斯韦的方程式，都是用来描述经典电磁场行为的严格的数学定理，它给出了明确的答案。第一个电荷突然开始运动并停下来之后，会在它的电场产生一种"扭结"。这种现象以电磁波的形式，并以光速从一个电荷扩散到另外的电荷（这就是在第3章讲到的形成电磁场振荡的那种波）。这种波能够进行扩散，因为电场的改变会产生磁场，反之亦然。因此，一个电荷感知到另一个电荷的移动所需的（大致）时间就是它们之间的距离除以光速。总而言之，麦克斯韦的理论是一种"场"论。带电的粒子在其周围的空间形成电场和磁场，并通过这些场进行相互作用。

牛顿的引力理论则不是这样的，它是一种"超距作用"（action-at-a-distance）理论。如果我们在该理论中提问有关两个物体的相同问题。会得到截然不同的答案。根据牛顿的引力理论，两个（假设不带电）物体之间的空间是真空的。如果我们突然移动某一个物体，另一个物体就会瞬间察觉到它的移动。正如我们前面所看到的，这样的瞬时反应并不符合狭义相对论，因为狭义相对论认为，任何信号的最大速度极限是光速。爱因斯坦对于电磁力与引力特性的根本差异深感困惑，所以他试图按照麦克斯韦的方式另造一个引力场理论。爱因斯坦原本要试图修正牛顿的理论，使其与狭义相对论兼容，然而他最终选择了一条截然不同的道路。

电磁理论与引力论之间还存在着另一个重要区别。当电力或磁力作用于一个物体时，所产生的加速度取决于该物体的质量与电荷。具有不同荷质比的物体会受到不同的加速度（这就是"质谱仪"的原理）。例如，若想测试空间的某一部分区域是否存在电场，我们可以释放出一些具有不同荷质比的探测粒子，并观测它们的加速度。而在引力情况下则完全不同。所有物体都受到完全相同的引力作用。更准确地说，不管物体的质量或组成，引力对所有物体所产生的加速度都是相同的。这是引力的一个最显著的特性，它可以把引力与其他各种力区分开来。让我们对此再更深入地探讨一下。

8.2 质量与等效原理

物体"质量"的概念有两个特性。一个特性是惯性质量，它用来衡量物体如何响应受到的力（如拉力或者推力）。更精确一点，惯性质量是物体对自身运动状态变化的抵抗，也就是对加速度的抵抗。一辆马克卡车惯性质量比一辆大众汽车的要大，这就是为什么当你用同样的力量去推动它们，会发现大众汽车移动的距离要比马克卡车大。物体"质量"的另一个特性是它的"引力质量"，这是对物体产生引力与应对引力的一种度量。这两种特性都与"质量"联系在一起，但两者却截然不同。然而这两种质量却是相等的：物体的惯性质量等于它的引力质量。但为什么会这样，却没有明显的原因（物体的惯性质量等于它的引力质量，已经通过实验进行了非常精确的测定，其精度已达到$1/10^{12}$）。所以当人们写下引力作用

下的物体加速度表达式时，等式两边的质量便可以被消掉，所得出的加速度结果
与物体质量无关。

牛顿第二定律把物体的惯性质量 m 与加速度 a 联系起来，是由于物体受到了一
个净外力 F，且 $F=ma$。牛顿引力定律认为，质量为 m 的物体所受到的来自另一个
质量为 M 的物体的引力 F_g，可表达为：$F_g = -\dfrac{GmM}{r^2}$，式中，r 是两个物体之间的
距离，G 是牛顿引力常数。公式中的负号表示引力永远是一种吸引力。如果作用
于质量 m 的净外力为 F_g，则 $F=F_g$，这样我们就得到 $ma = \dfrac{-GmM}{r^2}$。等式两边的 m
可以消掉，于是由质量 M 所获得的加速度就可以简化为 $a = -\dfrac{GM}{r^2}$。假定 M 代表地
球，那么从这个等式可以看出，质量为 m 的物体由于地球引力所获得的加速度，与 m
无关。因此，在引力作用下，任何物体所获得的加速度都是相同的。（这在伽利略著
名的——尽管可能是杜撰的实验中已有描述：在比萨斜塔同一高度抛下两个不同质量
的球体，它们最终同时落地）。牛顿认为这是一种巧合，但爱因斯坦却认为，惯性质
量与引力质量的等效是自然界的深层特性，他把这一点上升为"等效原理"。

在被爱因斯坦称为"生命中最高兴的想法"中，他意识到当一个人从屋顶坠
落时，他在坠落的过程中并不能感到自己的体重（当然落地时就是另一回事了）。
这让爱因斯坦设计出了他的另一个最著名的"思维实验"。有人乘坐飞船进入太
空，远离任何具有引力的物体，并关闭发动机引擎，且不发生旋转。如果他从口
袋里拿出一只怀表，然后松手，这只表就会保持在原位不动——相对于飞船壁，
表、人、飞船中的一切，都处于"飘浮"状态。爱因斯坦讲到，假设一个人在接
近地球表面的电梯里面，电梯钢缆已经断开。那么这个人也会相对于电梯壁"飘
浮"起来。而且如果他掏出怀表，并把表放开，这只表仍旧会待在那儿，因为相
对于人和电梯它也是处于"飘浮"状态的。所以在坠落过程中，这人会感到引力
似乎停止了（这也就是太空穿梭机的宇航员所说的"失重"状态。宇航员与太空
船以相同的加速度朝着地心方向飞行。这就是重力产生的加速度。它可以让飞船
保持圆周运动，而不会沿着恒定的方向直线前进，如果没有重力把它拉向地球的
话，那么它就会一直前进）。爱因斯坦认为，在一个关闭的电梯里面所做的实验，
不能确定电梯到底是在远离引力物体的空间，还是处于接近地面的自由下落状态
（参见图8-1的说明）。

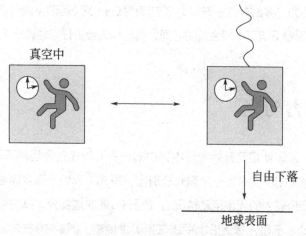

图8-1　等效原理 I 。在自由下落的电梯里的物体的行为与处于太空中的
远离任何引力物体的相同电梯里的物体的行为难以区分

爱因斯坦接着把他的思维实验进行了扩展。假设电梯在真空中保持32英尺/秒²
的加速度（即1g，物体在接近地球表面的加速度）。当此人拿出怀表，放开手时，
他会看到表以32英尺/秒²的加速度落到电梯地面。从电梯里面来看，电梯里的表
与其他物体的行为，就像电梯停在地面上一样（见图8-2）。

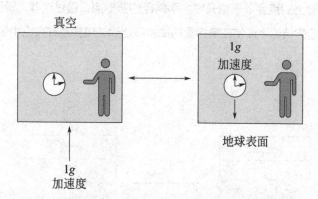

图8-2　等效原理 II 。向上加速运行的电梯里物体的行为方式与地面上的（小）电梯里相同

相对于地球保持静止的观测者（未在图中）在观察图8-2的左部分时，可以看
到表在空间暂时漂浮一会，接着电梯底面会加速上升并与之相遇（请注意，为了
某种原因，图中的地球表面被扯成平面，稍后会具体讲）。爱因斯坦的结论是，从
"局部"也就是封闭的电梯里来看，观测者不能分辨电梯是位于地球表面，还是位

于远离所有引力物体的外太空并以1g的加速度进行加速运动（我们这里假设电梯非常"小"，而且下落了一段合适的时间，我们稍后会更仔细地谈一下这些问题）。

8.3　重力与光

接下来，爱因斯坦又开始考虑电梯中的一束光线在各种情形下的行为方式。假设在电梯壁上水平安装的一个激光器射出一束光（我们下面要描述的是位于电梯内的观测者所看到的光束运动情况）。在图8-3的左边部分，真空中的电梯没有进行加速运动，于是光速便沿水平线在电梯里传输。图8-3的右边，电梯正在自由下落。观测者不知道自己是在自由下落还是在飘移，也不知道电梯里面的一切，包括光束与观测者本人，是不是都以相同的速度下落。所以观测者会再一次看到光束水平穿过电梯。

在图8-3的左边，电梯以1g的加速度向上运行。由于电梯上行的加速度，在电梯内的观测者看来，电梯里面的一切，包括光线在内，都在以1g的加速度下行。其结果是光线不再沿着相对于电梯箱以水平方向传播，而是显得向下弯曲，照射到对面电梯壁上的点会低于原光线水平路径的照射点。通过这些，爱因斯坦得出了一个了不起的结论：即使在电梯里的试验不能确认电梯是在真空中做加速运动，

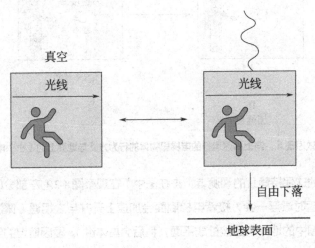

图8-3　等效原理 III。对两个观测者来说，光线都是以直线传播的

还是在地表上保持静止，在第二种情况下（如图8-4所示），光线的路径也会在地球重力场中发生弯曲。重力竟然使光发生弯曲！有人也许会猜测，这是因为光也是一种能量，能量是有质量的（又转到$E=mc^2$），而质量会受到重力影响。也就是说，光应该有质量，也会受到重力影响。不过对这个论点你可要谨慎一些，因为事实上这并不全正确（我们随后会谈到这个问题）。

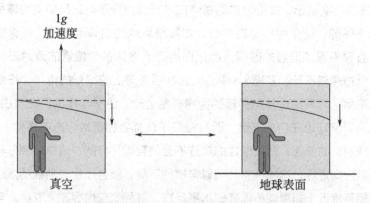

图8-4　等效原理Ⅳ。两个观测者都会看到光线弯曲了。

所以等效原理意味着"重力会使光线弯曲。"

既然引力与电磁力不同，会平等地对一切物体发生作用，爱因斯坦便认为，应该根据时空几何的概念去描述重力，而不是把重力当做单独作用于时间和空间的力。此外，他还认为，所有的参照系，不论惯性系还是非惯性系，都应基于同一基础，也就是它们都同样适用于描述物理学定律。他把这个观点称为"广义协变原理"（principle of general covariance）。

8.4　引潮力

我们前面说过，一个观测者不能从"局部"来说明重力效应与加速度效应之间的区别。因为与电磁学不同，重力对所有物体的加速都是均等的，谁也不能在时间和空间的局部通过释放实验物体来确切推理出引力场的存在。换一种说法，重力可以在一个（很小）的自由落体参照系中被转移，因为这时重力好像被关闭了。请注意我们小心翼翼地多次提到"局部"和"小"这几个词语。让我们来看一下，如果取消这些限制会怎么样？在狭义相对论中（例如在无重力情况下），我们可以在时间与空间里随意设定一个惯性参照系的大小。但如果我们在地球这样大的物体附近这样做，又会怎样呢？在图8-1～图8-4中，地球的表面被拉成一条水平线。因为我们已经假设，与地球半径相比，电梯是非常小的。让我们来看一下，如果电梯变大会怎样。

首先我们要指出，接近地球的物体在进行自由降落时，是朝向地球引力中心方向下落的，这个中心也是地心。如果与地球的曲率半径相比，这物体很小，而且只下落了很短的时间，那么作用在该物体各个位置的重力差异就很小，可以被忽略不计。在图8-5中，一台水平方向上的很长的电梯，正朝着地球表面降落。两只滚珠从电梯箱的两端开始运动，由于电梯箱正在自由下落，所以这两只滚珠也在自由下落，而且每只滚珠都会朝着地心方向移动。然而，因为地球曲率的原因，两只滚珠的轨迹不会是互相平行的。滚珠的部分移动会沿着水平方向进行。这样一来，随着电梯的下降，就会产生一种推动效应，使两只球相互接近（如果减小电梯的水平尺寸，这种效应也会随之变小。与地球的半径相比，电梯厢很小，两只滚珠的移动路径基本上是保持平行的，它们的水平移动可以忽略不计）。

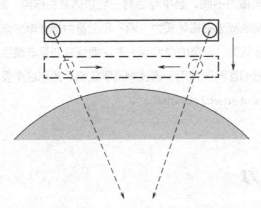

图8-5　潮汐效应 I 。观测者在一台很长的自由下落的
水平电梯里会看到两只滚珠朝着中央位置滚动

在图8-6中，我们看到的是一台长电梯沿着垂直轴向降落。在靠近电梯厢中间位置，有两只由直立的弹簧连接的球。两只球也随着电梯一同下落，但下面那只球的下落速度会比上面的球稍快。这是因为下面的球距离地心稍微近，所以受到了稍大的引力作用，按照牛顿引力定律，引力与引力中心的距离平方成反比。所以，如果你与引力中心的距离是原来的两倍，引力就是原来的$1/2^2=1/4$，即减弱到四分之一。如果你距离更近，例如是原来距离的一半，那么引力变化的因数就成了$1/（1/2^2）=4$，即是原来的四倍。

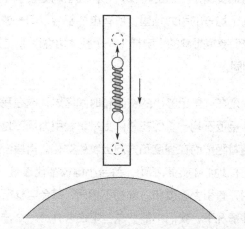

图8-6　潮汐效应Ⅱ。观测者在一台很长的自由下落的垂直电梯里

会看到两只球相互分离，使与之相连的弹簧伸长

由于上面的那只球所受到的加速度稍微低于下面的球，实际的效应就是，随着时间的推移，连接两只球的弹簧会伸长。如果下落时间很短暂，那么这种伸长就不明显。

我们现在把这些效应归结到一起，再来考虑一个球形物体的自由下落。我们推断，在该球下落时，由于其本身不同位置引力的差异，会逐渐把它从球形扭曲成椭球形。万有引力的这种不同差异被称为"引潮力"（这与引起地球海洋潮汐的力是一样的。潮汐就是由月球和太阳作用于地球不同区域的引力差异所引起的）。

这种效应在海洋上最为明显，因为海水是最容易运动的，同时地壳也会有一点"伸缩"（在木星木卫一上，这种潮汐力变化尤其强烈，它使木卫一内部高热，并导致融化的硫发生火山喷发。"旅行者"号掠过木卫一时，首次观测到这种现象）。所以我们一定要牢记，局部的（如在足够小的空间及时间区域内）万有引力在进入一个自由落体参照系之后便可以被改变，这个参照系一般不能在空间或时间里任意扩展。换言之，万有引力在某一点是没有绝对意义的，除了可以检测到引力变化。因此，在一个"真正的"引力场中，惯性系只是"局部的"，也就是自由落体参照系。

要证实这一点，可以想象靠近地球可能出现的不同自由落体参照系，再把这些参照系合并到一起，组成一个整体的惯性系。首先来考虑一个（人造的）均一的引力场，假设有很多自由下落的电梯，它们在空间里位于不同位置，代表着局部的惯性系。在一个均一的引力场里，所有电梯都会以同一速度下落，这些电梯可以合并成一台我们随意想象的大电梯（一个整体惯性系），它的下落速度与单个的电梯下落速度相同。

这些引力场只是在一些足够小的空间和时间区域，或在我们实验的时间里忽略引潮力时，才会接近于均一。但在总体上来讲，引力场不是均一的，因为巨大物体的引力场会随着距离而在强度和方向上发生变化。再假设有一些环绕着地球的小电梯，它们距离地心的距离不同，每台小电梯都代表着一个局域的惯性系。但由于每个点上的万有引力强度和方向都不相同，每台电梯所受到的引力也是不同的。因此在这种情况下，我们不能把这些电梯合并成一个与单独惯性系下降速度相同的大的（整体）惯性系。

8.5　重力与时间

我们在第3章里面谈到过不同地点的两只时钟的同步问题。我们多多少少会认为，一旦时钟被调成同步，它们会继续按照统一速度走时。当然，实际上并不真是这样。但至少在原则上，我们可以用两只完全相同的时钟，或者更好一点，两只利用同种原子辐射的原子钟，来想象这是真实的。当然在惯性系中保持静止的时钟是这样的，但在非惯性系（例如处于加速状态）里的静止时钟，或者根据等效原理，位于引力场中的时钟，就不会这样了。

等效原理可以用来推导重力对钟表走时速度的影响。假定有艾伦与汤姆两个观测者，他们两人分别位于一台处于真空中以 $1g$ 常量加速上升的封闭电梯的底部和顶部❶。底部的艾伦与顶部的汤姆之间的距离为 h。现在假设艾伦有一只时钟，设

---

❶ 我们要假设电梯在这个实验过程中的速度相对于光速来说很小，所以我们可以忽略狭义相对论效应。所以针对目前的结论而言，牛顿物理学就足够了。

定为按照固定间隔发射光脉冲，间隔表示为$T_{艾伦}$；汤姆按照他的相同的时钟记录收到这些信号的时间间隔，记为$T_{汤姆}$。

首先让我们来看一下电梯在进行惯性运动（即相对于外部惯性系以恒定速度v进行的运动）时的情况。根据相对论原理，艾伦与汤姆也会假设自己都处于静止状态，于是汤姆的时钟测量到的脉冲发射的间隔就是$T_{汤姆}=T_{艾伦}$；汤姆可以在艾伦发出信号脉冲的同时就接收到。

我们再来看一下，电梯外部的惯性系中观测者所看到的相同情形。按照相对论第一原理的规定，光脉冲相对于外部惯性观测者以速度c传播。这位观测者会看到电梯顶端以速度v"逃离"光脉冲，于是这位外部观测者就会看到，光脉冲相对于电梯的移动速度为$c-v$。

正如我们前面所谈到的那样，相对论只是规定惯性观测者看到光以相对于他自己的速度c传播。他也可以看到光脉冲相对于其他物体以$c-v$的速度传播，而这个物体相对于他也在进行移动。于是每个光脉冲到达电梯顶部的汤姆所用的时间就等于$h/(c-v)$。由于v是恒定的，所以每次脉冲传播所用时间是相同的，汤姆所得到的光脉冲的到达间隔与艾伦的发射间隔是相同的。我们又一次得到同样的结果：$T_{汤姆}=T_{艾伦}$。

现在让我们假设电梯以恒定加速度$1g$做加速运动。我们再从外部惯性观测者的角度看一下这种情况。基本上与前面的情况相同，只是在光脉冲传播过程中，由于加速度的原因，每个光脉冲的速度v平均值稍微大一点，所以$c-v$的平均值也会稍小。电梯顶端会越来越快地逃离光脉冲，于是每个光脉冲的传播时间就会变长，这个超过以前时间值的部分，我们称为T_{dif}。像以前那样，假设艾伦的时钟发射的光脉冲的时间间隔，在他的时钟上测到的为$T_{艾伦}$。现在汤姆的时钟上显示的每个光脉冲到达的间隔就是$T_{汤姆}=T_{艾伦}+T_{dif}$。于是根据汤姆的时钟显示的脉冲间隔，就会大于艾伦时钟所测定的值，也就是$T_{汤姆}>T_{艾伦}$。这样一来，与汤姆的时钟相比，艾伦的时钟就变得慢了，因为汤姆时钟记录的时间间隔长于艾伦的时钟。

根据等效原理，我们刚才介绍的这种情况，与在地球表面处于静止的相同电梯的情况是一样的（也包括艾伦和汤姆）。所以在这种情况下，艾伦的时钟也会比汤姆的时钟走得慢。重力使时间"慢下来"了！这里我们假设电梯很小，小到可以忽略潮汐效应，也即是说，我们假设了一个均匀引力场，但对非均匀引力场，这种影响仍然存在。

这时你也许会纳闷，"可要真是这样的话，我参观完帝国大厦之后为什么不用重新对表呢？"答案当然是由于接近地球表面的高度差，所产生的影响非常小，毕竟地球的引力场很弱。"很弱？这样吗？那为什么我们没有直接从地球上飞走？"这个问题应该这样考虑：整个地球对一只曲别针的吸引力，只抵得上一元店卖的一块磁铁对其的吸引力。

爱因斯坦通过等效原理的思维实验，直至发现广义相对论的场方程，走过了漫长而艰巨的道路。我们在此不再赘述，因为就此已有许多详尽的论述。但我们还是要总结一下这段经历的成果以及对我们的意义。

8.6　广义相对论

爱因斯坦的皇冠之珠（杰出贡献）就是广义相对论，也就是他的引力理论。他发现，我们所感知到的重力，可以被描述为时空几何的"曲率"或"曲翘"。在没有引力时，时空是平坦的，粒子和光线都沿着直线运动。一旦出现引力，粒子与光线就会以最接近直线的方向移动，也即沿着所谓的"测地线"移动。这是在时空弯曲时可以得到的最为笔直的线。例如在地球曲面上，测地线构成的那些"大圆"。这些圆圈（如赤道）位于一个包含地心的平面上。地球上两个点的最短距离，就位于与之相连的大圆之上。

用一个简单的二维例子更能说明问题。让我们来看一张平坦的橡胶板，在它上面滚一个弹子球，弹子球会沿着直线移动。要是在中间放一只保龄球，橡胶板就不再是平整的了，至少接近保龄球的区域不再平整。在橡胶板上滚动的弹子球在接近保龄球时，就会按照曲线前进，在这个不再平坦的几何表面，它会走一条最接近直线的路径。保龄球决定了橡胶板的几何形状，而这个几何形状又决定了弹子球所走的路径。二维的橡胶板代表一个三维空间，只是其中有一维被取消了。可以认为这就是在某一时刻的空间"快照"。由于保龄球的出现在橡胶板上造成的曲翘，显示了在巨大物体如恒星附近所发生的空间弯曲（见图8-7）。图8-7底部深色区域代表恒星外部的弯曲空间（其实还存在着时间的弯曲，但没有在这些例子里显示出来）。第三个维度有助于我们看到二维空间的曲率，但这并不是该空间的一部分。同样，如果我们希望看到三维空间的曲率，我们就需要一个四维空间，通过它才能看到。因为我们难以在高维中观察事物，所以只要我们不太苛刻，二维橡胶板图片将是很有用的办法。

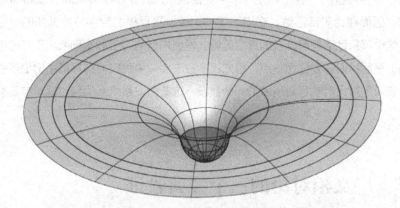

图8-7　弯曲的空间——在某一时刻的空间"快照"。此图描绘出在
巨大物体如恒星周围所出现的时空弯曲。二维的橡胶板在这里
代表三维空间。上面的圆圈代表球形三维空间。环绕橡胶板的
空间没有任何含义，只不过是为了让我们观察到曲率现象。
此图中没有显示出时间的弯曲

在爱因斯坦的广义相对论理论中，物质或能量的出现会扭曲时空的几何结构，就像保龄球会扭曲橡胶板的形状。在弯曲的时空里，粒子和光线会沿着测地线（即对于它们来说最接近直线的路径）移动，就像弯曲的橡胶板上的弹子球会沿着最直的路径运动一样。牛顿认为地球能够一直在其轨道上运行，是由于太阳施加于地球的引力。而爱因斯坦则认为，太阳的质量使其周围的时空出现弯曲，那些行星是在这个弯曲的时空里沿着最接近直线的路径运行。已故物理学家约翰·惠勒则用这样一句话概括："时空告诉物质如何运动，物质告诉时空如何弯曲。"于是重力被简化成简单的几何学概念。爱因斯坦的"场"方程都是非常复杂的数学结构。但是其物理内涵却可以（非常）轻松地表达为：

$$几何 = 物质 + 能量$$

此外，还要提到一些重要事项。我们上面这个"粗略等式"是已经高度简化了的，它并没有把爱因斯坦方程式的全部内容表述出来。首先，物质在运动时所受到的应力和压力，也会影响这个等式的右边。其次，等式的左边只包含一部分弯曲的时空。爱因斯坦的引力场方程还有一些表示真空弯曲的"真空解"。其中的一个例证便是引力波，也就是时空曲率在空间以光速传播的波纹❶。另一个例子是在巨大物体如恒星外部的真空区域的曲率。爱因斯坦方程式最初所发现的解就是适用于这种类型的。这个解是卡尔·史瓦西（Karl Schwarzschild）在1916年得到的，因而称为史瓦西解，它描述了一个像恒星那样的对称球体外部的时空曲率。这个解只包括恒星外部的真空区域。恒星内部的时空曲率则取决于它的内部结构。最后我们还要注意一点，场方程本身不会像牛顿定律那样衍生出更多的东西，它只是对大自然行为所做的一些假设，这些假设最终必须经过试验与观察来证实。

8.7 广义相对论的三个经典验证

爱因斯坦本人提出了可以验证其理论的三项实验方法。这些实验方法现在被称为广义相对论的三个经典验证方法，此后也出现了很多其他实验。三个经典验证之一成功解释了轨道的异常现象，即近日点进动。这个现象早在十九世纪就被发现，但一直没有令人满意的解释。近日点是行星轨道距离太阳最近时的那一点。而人们却发现水星轨道的近日点有点奇怪，因为它可以发生些许移动，或称为"进动"。这类移动的大部分可以归结于其他行星尤其是木星的引力拖曳。但即使考虑到这些因素，仍然有一部分近日点移动问题难以用牛顿的引力理论解释。爱因斯坦利用他的广义相对论场方程，通过计算处于太阳周围的弯曲时空中的水星轨道，发现那些变化正好可以用他的理论来解释。

第二个验证是预言从巨大物体逃逸的光出现的"引力红移"。光线在抗拒巨大物体的引力拖曳时会损失一些能量，这会使光的频率降低（光或者更常见的水波的频率，是指每秒钟通过观测者位置的波峰数量）。可见光的频率一旦降低，它的颜色就会变红，所以被称为引力"红移"。这种效应与前面谈论过的时钟变慢有关：距离巨大物体近的时钟，会比距离较远的时钟走时慢。光波的周期等于两个连续波峰之间的距离（即波长）除以光速。如果频率是以每秒经过的波峰数来计

---

❶ 就像电荷加速时发出电磁波一样，引力波也是由物质加速产生的。

算的话，那么周期就等于1/频率，也就是波峰出现的时间间隔（例如，如果频率是每秒振动1亿次，那么周期就是1/1亿秒）。我们可以把光波的周期比作钟表的滴答式走动。原子钟极为精确，可以测量出精确度为亿分之一秒的时间间隔。这样的两只时钟的走时频率，比得上使用原子物理学上称为穆斯堡尔效应（Mossbauer effect）的方法所达到的极高精度。20世纪60年代，庞德和雷布卡（R. V. Pound，G. A. Rebka）对两只相同的原子钟的走时频率进行了对比——其中一只放在建筑物顶部，另一只放在建筑物底部。根据广义相对论，建筑物底部的那只时钟要比在建筑物顶部的时钟慢十亿分之几秒。庞德和雷布卡测出了这种效应，他们得出的结果在数值上与爱因斯坦的预言相符。

广义相对论预言的第三个验证是太阳使光发生弯曲。来自遥远恒星的光线在擦过太阳边缘时，会发生小角度的偏移。正常情况下，这样的恒星会被更加明亮的太阳外表（光球层，the photosphere）所掩盖。但是在发生日全食时，月球会在地球与太阳之间穿过，其阴影会覆盖光球层，只是时间非常短暂。在这段短暂时间里，可以看到靠近太阳边缘的那些恒星。爱因斯坦建议在日全食期间对靠近太阳的恒星进行拍照。然后把这些照片与地球位于轨道其他位置时（也就是地球上观测者在没有太阳遮挡的情况下），直接观测那些恒星所拍摄的照片进行对比。把这些照片重叠后就会发现这些恒星位置的偏移。

这做起来还是有些难度的，因为这种预计的影响很小，毕竟尽管接近太阳表面，但太阳的引力场相对来说还是比较弱的。预计的偏移量大约是1.7″，也就是1.7弧秒（1弧秒只大约等于看向距离8英里之外的网球时视角的大小）。另外一个现实问题是日全食一般都只能在一些相当不便的地区（比如沙漠地区）才能看到。在日食发生时，周围的温度会下降，使望远器材发生收缩，这也会影响到观察效果。曾经有几次观察日食的探险因各种原因而未能成功。最后在1919年，当时最著名的天文学家之一爱丁顿爵士（Sir Arthur Stanley Eddington）观测到了这种效应，他的测量结果符合爱因斯坦的预测。事实上这些早期的实验存在很大的误差，只是后来被更好的仪器和实验手段所更正。尽管如此，这种效应此后又经过多次测量，所获结果都符合爱因斯坦的预测。

爱因斯坦在得出广义相对论的整套场方程之前，就曾使用类似于在图8-4中谈到的等效原理计算过光线的弯曲。但因为爱因斯坦所预测的光线偏斜度相差了一倍，恰好以之前的几次日食探险考察都由于各种原因而受挫。这说明另外的影响来自于太阳引力场所造成的时间弯曲。如果早期的日食考察能够成功的话，肯定会令爱因斯坦有些尴尬。所以有时候出点错也不见得是坏事！艾丁顿所宣布的日食考察结果，令爱因斯坦一夜之间名扬世界，爱因斯坦自己却莫名其妙。查里·卓别林曾邀请爱因斯坦出席他的影片"城市之光"的首映式。当时大批观众纷纷前来围观爱因斯坦。据说爱因斯坦转向卓别林问道："这些人（如此狂热）什么意思？"老于世故的卓别林则答道："没什么。"

所有这些我们已经探讨过的影响效应，在太阳系之内还是很微弱的。但是，在宇宙中还有一些引力场极强的天体，可使这些影响被强化。这样的天体之一就是像太阳那样的恒星在生命终结之后留下的残骸，这被称为"白矮星"。这种天体有着太阳一样的质量，却被压缩到地球的大小，它的密度（单位体积的质量）会是水的几十倍至上百万倍。一杯白矮星物质的质量就会超过十几头大象的质量。另外一种相关的天体也可以说明比太阳质量还大的恒星的命运，但这一类恒星在其末日来临之际，其核心会受到自身质量的压力而迅速坍缩，并把恒星质量的其他部分喷射到宇宙空间。其结果就是自然界已知的最猛烈事件之一，"超新星"爆发。此时仅仅一颗恒星的亮度，就能够在短暂时间里超过整个星系中的上百万颗恒星。如果坍缩的恒星核最终质量达到两到三个太阳的质量，这个天体就会成为中子星。这是一种由中子构成的恒星，它的体积已经被压缩到一个曼哈顿城区那么大。而它的密度可以与原子核物质的密度相比，一块方糖大小的中子星物质，可以超过全人类的质量！要是你站到一颗中子星上面（不建议这样做），你就会看到你的后脑勺。因为在中子星表面，由于光线弯曲效果太强，在你后脑勺的光线都会被弯曲到围绕中子星转一圈，又从对面传到你的眼睛。在银河系以及其他星系，已经发现了几千颗白矮星和中子星。

而最为奇特的天体是那些最终质量超过三个太阳质量的恒星遗骸。广义相对论告诉我们，当任何外力也不能抵抗恒星自身的引力时，恒星必然会坍缩为一个"黑洞"。这意味着该恒星会一直坍缩，甚至它表面发出的光线也会立刻被拉回去。于是这颗恒星便会笼罩在"事件视界"之内。如同地球上的轮船在穿越地平线之后就不会被看到一样，事件视界的内部也与外部宇宙隔绝开来。这是因为在视界以内，物体或光线必须以高于c的速度才能逃出到外部宇宙。

我们前面所谈到的全部广义相对论效应，在接近黑洞时都会被严重扩大。除了光线弯曲之外，引力造成的时间膨胀是最为奇特的效应之一。再来看一下艾伦与汤姆这两位观测者。汤姆位于一颗即将坍缩为黑洞的恒星表面，准备为人类进行一次终极坠落。艾伦则漂浮在距离这个恒星很远的一艘飞船里，在这个安全位置瞭望着这一事件。在发生坍缩之前，汤姆和艾伦把他们的时钟调整到同步，汤姆答应会按照他的时钟标准，以每秒一次的频率向艾伦发送激光信号。坍缩开始了。随着恒星向内收缩，艾伦开始注意到来自汤姆的信号间隔越来越长，而且也逐渐变红（引力红移效应）。更为甚者，艾伦的时钟显示出汤姆的时钟走得越来越慢（引力时间膨胀）。在艾伦的时钟上来看，汤姆与恒星表面历经了无限长的时间，才到达事件的视界并从这里坠落下去。与之相反，汤姆通过时钟看到的则是仅用了一段有限的时间就穿过了事件视界，最终抵达恒星中心。这真是一种变态的时间弯曲！这样的场景也许可以让人认为艾伦会看到汤姆和恒星运动得越来越慢，在经过无限长的时间之后，最终定格在事件视界上。但实际情况并不是这样，而这也是比较讨厌的一点，大多数科幻作者也会搞错。由于红移逐步发展，从恒星和汤姆激光器发出的光，会迅速超出可见光范围，其波长越来越长，很快就变得观察不到了。所以，艾伦实际上看到的，只是恒星与汤姆逐渐变暗，并在很短的时间里消失，只剩下一片黑暗的中心区域。以一颗质量为十倍太阳质量的恒星为例，艾伦将会看到，仅在坍缩开始的千分之一秒之后，汤姆和恒星就已经消失得无影无踪。在发生坍缩之后，所产生的黑洞大小，也就是事件视界的大小，等于"史瓦西半径"：

$$R_s = \frac{2GM}{c^2}$$

式中，M 为发生坍缩的天体质量；G 为万有引力常数；c 为光速。对于一颗十倍于太阳质量的恒星，R_s 约为20英里。任何跌落到史瓦西半径中的物质将永远与外界宇宙隔绝。目前已经发现了一些可能是大型恒星黑洞的天体。

现在让我们根据图8-5和图8-6，以及前面探讨过的引潮力，来看一下掉落到一个黑洞中的观测者的命运。[要是谁看过《周六夜现场》（Saturday Night Live）这个电视节目，掉进黑洞这一集就可以叫作"比尔先生的黑洞之旅。"]这个观测者在距离黑洞很远时，他会感到在舒服地做自由落体运动。不过，随着他越来越接近黑洞，他就会感到头与脚之间有一种拉力，他的身体还会感到一种水平的压力。这些是我们前面谈过的引潮力，即他的头部与脚部、身体两面所受的引力差异造成的结果。在地球这样的弱引力天体上，引力差很小，所以我们在日常生活中难以发现这种差异。而在接近一个被压缩的天体（如中子星或黑洞）时，即使只是人身体的尺寸所产生的引力差也会变得极为巨大。这种潮汐力最终会强大到把人体撕裂（这个被拉伸的过程，被称之为"意大利面化"）。

在一个因恒星坍缩而形成的黑洞上，这种引潮力之强，足以使人在没有到达视界之前毙命。在穿过视界之后，这位观测者（已经丧生了）的原子会四分五裂，并在黑洞的中心遭遇无限大的潮汐力。但是，对于人类来说，这个"杀人"区还要取决于黑洞本身的质量。引潮力与$1/M^3$成比例，M为黑洞质量。所以尽管不是那么直观，但对于较大的黑洞来说，接近视界与刚好在视界之内的潮汐力会比较小。如果一个观测者掉到一个由一个星系几十亿恒星坍缩而成的高达数十亿倍太阳质量的黑洞里，原则上他还是可以活着坠落，并在黑洞中生存一段时间的（已经有非常明显的证据表明，这种所谓的质量高达数百万甚至数十亿倍太阳质量的超大质量黑洞，尽管没存在于所有星系，但至少存在于在很多星系的中心，其中就包括我们的银河系）。

另外一种可以用来说明时空弯曲的方法是使用光锥图示。我们可以用光锥来描述平整的时空，让所有的光锥的轴向保持相互平行，且大小相同（可以想象为把一张白纸卷成一个锥形，从上面顺着锥形体的轴线向下看，可以看到顶点位于中心）。假设从锥形体的顶部向下看，就会发现这些锥形体都是一个个圆圈，锥形体的顶点会投射在这个圆的圆心。与之相反，假如要说明一个黑洞周围被弯曲的时空，必须用一种扭曲的方式来描绘光锥，而不能像描述平整的时空那样。

在图8-8中，我们展示了黑洞附近的一些光锥。左边的光锥离黑洞很远，看起来很像那些平坦的时空。一旦我们逐渐接近史瓦西半径，就会发现光锥顶端开始向内凹陷（图中的r表示径向坐标）。在刚好达到史瓦西半径时，我们可以看到，图8-8中光锥向外支撑的一条斜线（比如指向黑洞以外的那条斜线）会变得垂直。这表明视界处所射出的光线要用无限长的时间才能逃逸。而在视界之内，因为$r < \dfrac{2GM}{c^2}$，光锥向外和向内的部分都会指向内部的中心方向。由于每个观测者的世界线必须永远位于本地光锥之内，这就意味着一旦进入视界之内，所有观测者都会不可避免地朝着更小的r值坠落。

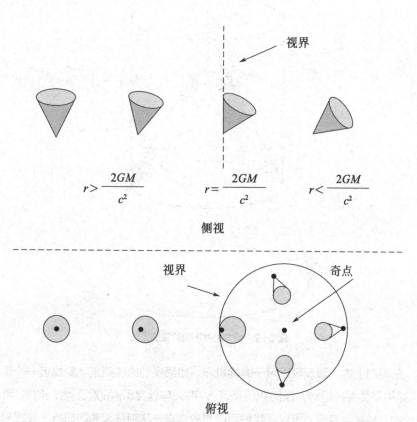

视界

$$r > \frac{2GM}{c^2} \qquad r = \frac{2GM}{c^2} \qquad r < \frac{2GM}{c^2}$$

侧视

视界   奇点

俯视

图8-8　临近黑洞的光锥。在视界上，光锥向外伸展的界线与视界平行，在黑洞内部的所有光锥都向内并指向奇点

　　图8-9描绘了一颗恒星坍缩成黑洞时不同阶段的光锥方向。垂直的虚线表示事件视界，这些线上的水平圆代表所谓的"被困表面"，在这些区域的光和其他物质都会不可避免地朝着中心坠落。图8-9中顶部垂直的波浪线表示黑洞中心的奇点，一切物质的密度在这里都会被压缩成无穷大，时空曲率也会变得无穷大。在奇点上，所有已知的物理学法则都将失效，或许最终由仍然未知的"量子引力"理论取而代之。"量子引力"理论融合了微观理论（量子力学）和制约宏观世界的理论（广义相对论）。我们期待着这两种理论能够说明为什么物质体积极小时会造成极强的引力场。近年来，尽管在量子引力学方面取得了一些进展，但实际上，我们还没有找到一种确定的理论。

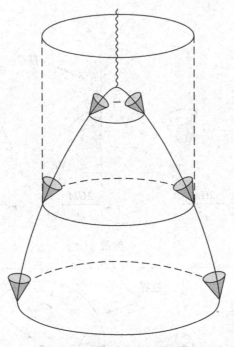

图8-9　引力坍缩不同阶段的光锥

　　从原则上讲，黑洞可以用于时间机器。如果我们能够乘坐飞船靠近一个黑洞（飞船引擎要保持运转，以防我们坠落），那么与远离黑洞的观测者的时钟相比，我们的时钟就会变慢。所以，我们可以想象这样一次前往黑洞的旅行：在视界周围飞行一段时间，然后再返回。因为在靠近黑洞时，我们的时间要比远处的时间慢一些，所以我们就会比没有进行旅行的同伴显得年轻一些。这种时间差距的大小，取决于我们的飞行与黑洞之间的距离，以及我们在那里停留的时间。你也许会怀疑，这种情况实际上很难做到。要想获得较大的时间差距，我们必须要接近视界才行，而可以使我们保持在轨所需的加速度，远非人类（或大部分物质）所能承受的。

　　不过，我们也不一定非要通过加速来利用黑洞进行时间旅行。我们可以沿着环绕黑洞的圆形轨道（例如进行自由落体运动）飞行。其实在距离黑洞三个视界半径远的地方，即 $6GM/c^2$ 处，就应该有一个十分隐秘的稳定环形轨道（我们暂且假设黑洞是静止、无电荷且不旋转的）。这个轨道的意义在于，在这里任何自由落体的东西都不会坠落到黑洞之中，或者被远远地抛出去。如果把一个在离黑洞最近的稳定半径轨道上做环绕运动的物体带入测地线等式，我们可以发现，时间膨胀的因数（仅仅）是2的平方根≈1.41。也就是说，在轨飞行的飞船上的时钟速度，是在远离黑洞的太空站的相同时钟的1/1.41。在太空站上度过一年，在飞船上仅过去了0.7年，这个差距虽然不大，但也是存在的。要想获得更大的时间膨胀因数，飞船就必须在临界轨道上飞行，并通过引擎获得更大的加速度，以防止坠落到黑洞里面去。

Time Travel and Warp Drives

A Scientific Guide
to Shortcuts
through Time and Space

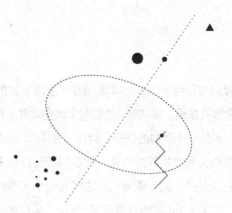

9
虫洞与曲速气泡

突破光障，使时间机器成为可能。

海面上没浪，也没有风吹，而船却行的如飞?

船首的空气被劈成两块，船的后面，空气又合拢起来。

——塞缪尔·柯勒律治《古舟子咏》

回顾历史是一码事，

而想返回到历史中去则是另一码事。

——查尔斯·凯莱布·科尔顿

9.1 虫洞

  在这一章里，我们将探讨一下，怎样利用非常手段形成的时空弯曲来逃避光速强加于我们的最大速度极限。本书第8章的那个真空弯曲的例子，讲的是一颗球形恒星的外部空间。另外一个类似的例子，就是"虫洞"。现在看一个类似的二维模型：在一张纸上面剪出两个相同的小孔，把这张纸对折起来，让两个孔互相重叠，再把这两个孔稍微分开一些，假设它们之间有一个光滑的管道相通。这两个孔分别标为A和B，在靠近A孔的地方确定某一点 a，再在靠近另外一个孔的地方同样确定一个点 b。假设纸上有一只蚂蚁想从 a 点爬到 b 点，有两种途径可供选择。如果这只蚂蚁不太聪明，那它就会沿着纸面上从 a 点到 b 点的线，走这条很长的路径。如果这是一只聪明蚂蚁，那它就能设法穿越A孔，沿着连通两个孔的管道爬出第二个孔，到达 b 点。在三维里面，两个圆孔会成为球体。如果你从一个球体里面走过去，外部的观测者会看到你很快从另一个球体走出来。如果一个人只是沿着正常的空间从一个球体走到另一个球体，也就是不进入任何一个球体的话，那么所走的距离就会非常远。这两个球体称为虫洞的"嘴巴"，连接它们的最窄部分的"管道"，称为"喉管"。图9-1所显示的是一个橡胶板上的二维模拟虫洞图示。

  虫洞所能够提供的空间穿越，实际上就是一种超光速旅行。假如有一个把地球与10光年以外的星球相连的虫洞。一束光在虫洞外面要走上10年才能从地球到达这颗星球（假定图9-1中上下两片橡胶板是相连的，可以把它们看成一块橡胶

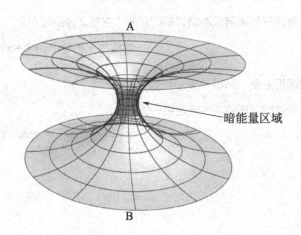

图9-1 虫洞。光线汇聚起来从上口进入，然后从下口传出并分散开来

板）。然而，一个观测者却可以通过虫洞，用更少的时间完成这次旅行。这可能违背了狭义相对论的光速极限，因为超越光速是被禁止的。通过虫洞旅行的人，比在虫洞外面传输的光还要提早到达那颗星球。

但是如果一个人与光线都走虫洞这一相同的路径，那这个人绝不会早于光线到达那颗星球。在弯曲的时空里，狭义相对论的速度极限是指相对于你的周围环境来说，你不能超越光速。

有关虫洞的理论是爱因斯坦和纳森·罗森（Nathan Rosen）在1935年提出的，但它与我们将要谈到的虫洞形式还有一些不同之处。在20世纪60年代，随着普利斯顿大学的马丁·克鲁斯卡尔（Martin Kruskal）以及罗伯特·富勒（Robert Fuller）和约翰·惠勒（John Wheeler）的研究，人们又开始重提虫洞。富勒和惠勒认为，这种形式的虫洞很不稳定——喉管会迅速坍缩，即使光线也来不及穿过。陷落到这种虫洞里面的光线或其他物质都会卡在被"掐断"的喉咙里面，这里的空间曲率会变得无限大。甚至有人认为，这样的虫洞会如同黑洞一样拥有"事件视界"。在外部的观测者看来，这就意味着你要花费无穷多的时间才能坠落到虫洞里面。而一旦进入虫洞，你将再也无法逃脱。这种"不可穿过"的虫洞，不太可能让人用于星际穿越。

因为这些原因以及其他各种原因，大多数物理学家并不认为虫洞能够存在于真实世界，或者即使虫洞确实存在，也并没有多大用处。

正如基普·索恩在他的名作《黑洞与时间弯曲》一书的最后一章所描述的那样，20世纪80年代末期，还在加州理工学院工作的他接到了他的朋友天文学家卡尔·萨根的电话，于是情况发生了戏剧性的变化。萨根那时正在撰写他的小说《接触》，这部书后来拍成由朱迪·佛斯特主演的电影。他希望为其中的角色找到一种可信的方法，能够通过某种时空穿越来进行星系间旅行。他在小说中首次利用了一种类似虫洞的黑洞达到这个目的，但是索恩指出，这行不通，因为这样的虫洞存在着我们前面讲过的一些缺陷。于是索恩开始思考怎样才能制造一个可穿越虫洞，一个没有视界，喉管也不会被卡住的虫洞，这样的虫洞有着良好的条件，允许人类很舒适地在宇宙中漫游。索恩知道，常见的虫洞会发生坍缩，但都是真空解，也就是只有不存在任何物质和能量的弯曲空间。但是如果某种物质或能量穿过虫洞会怎样呢？这会让虫洞产生我们所探讨的各种有利特性吗？

我们对爱因斯坦方程求解的前提通常是在等式的右边存在着"符合物理学原理"的物质和能量分布，例如一个球形恒星，或者电磁场或粒子的集合。这样就可以解出（懂得数学的人可以进行求积分）爱因斯坦的场方程，得到物质分布所产生的时空几何。这通常是一件很难的工作，除非是一些高维度的情况，如一个精确球型物体。索恩和他带的研究生麦克·莫里斯采取相反的方式，也就是称为"几何第一，物质-能量次之"的方法，建立了可以适合于星际旅行的虫洞几何结构，这种结构的虫洞没有视界，没有无限曲率，穿越过程时间合理，很适合人类旅行，是一种"可穿越虫洞"。莫里斯和索恩把他们的几何学定义引入了爱因斯坦场方程，以便发现能够形成这种几何结构的物质和能量分布，这比通常的方法要简单得多。

不过并不能保证这种方式所获得的质能可以有物理学上的意义。如果这确实有意义，那么爱因斯坦方程的预测力就丝毫不存在了。实际上可以写出来任何一种时空几何定义，并把它带入到爱因斯坦等式的左边，再在等式的右边得到能够生成这个几何定义的相应质能分布。爱因斯坦方程式的任何一个解都对应着某一种质能分布。既然没有限制，那么人们就可以通过合适的质能组合来得到想得到的几何定义了。我们把这些几何学称为"设计者时空"（designer spacetimes）。但是要想确定怎样构成"符合物理学原理"的质能，并非易事。就连爱因斯坦方程式本身也不能告诉你这一点，你还必须进行额外的假设，比如一些"能量条件"。

而这些假设中最为脆弱的部分，也刚好称为"弱能量条件"。大致来说，这意味着在所有观测者看来，质量密度（单位体积的质量）或能量不能为负数。这里负数的意思是低于真空中的物质或能量密度。在经典物理学中，也就是在不考虑量子力学效应的前提下，各种可以观察到的物质和能量形式，都必须遵守这个条件。能量条件可以告诉我们什么是"符合物理学原理"的质能分布。而这些分布又会形成我们认为符合物理学原理的时空几何。但是，能量条件本身却不能从广义相对论中推导出来。

也许爱因斯坦在谈论他的理论时，已经意识到这一点：

但这（广义相对论）就如同一幢建筑物，一边是精美的大理石（等式左边），另一边却是劣质木料（等式的右边）。对于物质的现象学表述，实际上只是一种粗浅的替代方式，这也是为了公平对待物质的已知特性❶。

莫里斯和索恩发现，他们所需要的让虫洞保持开放的要素，违背了弱能量条件（即出现了负的能量密度，至少在一部分观察者看来是这样的）。他们称之为"奇异物质"（exotic matter）的这种东西估计会对普通物质产生引力排斥作用。要想知道为什么会这样，可以回顾一下重力对光线的影响。正常的引力场更像一片透镜，可以使光线聚焦。这可以参考图9-1中的虫洞示意图。假设黑色线条是呈放射状下降（即朝着中心方向）到虫洞入口A的光线。光线起初会在接近虫洞喉管时聚集在一起，但随后在穿越喉管又分散开来（相互分离），从另一出口B射出。这就意味着有一种东西在抵消光线的运动趋势，不让光线在重力影响下发生会聚。这就是在虫洞咽喉附近的负能量（奇异物质），它对光线产生了一种引力排斥的作用，使光线发生分散。

关于物理学是否允许奇异物质存在的问题，是我们稍后一章要深入探讨的一个主题。现在暂时假设我们可以得到所需的奇异物质，并探讨一下若可穿越虫洞确实存在时可能出现的后果。

莫里斯和索恩所说的这种"可穿越"虫洞，必须适合人类旅行。也就是说，除了没有奇点和视界外，这个虫洞也不能存在能把人体撕裂的潮汐力，而且穿越虫洞所需时间也要比人类的寿命短。在莫里斯和索恩的论文里面，他们提出了具有这些特性的虫洞的一些特殊例证。他们的虫洞的一个缺点就是这些虫洞都呈对称球形，并含有会分布在喉管区域的奇异物质。这样一来，旅行者就必须穿过阻止虫洞坍缩的奇异物质。但是奇异物质对人体的影响仍然未知，所以这就出现了一个潜在的问题。莫里斯和索恩建议，要想避免出现这种问题，可以在喉管处插入一个真空管，以把奇异物质与人隔离开来。

现就职于新西兰威灵顿维多利亚大学的马特·维瑟（Matt Visser）给这个问题找到了一个解决的办法。他设想出的解决方法叫立方体虫洞，在他的虫洞里面，奇异物质只局限于立方体的边框。这样一来，旅行者可以穿过立方体的任何一面而不直接接触到奇异物质。在过去的二十年里，维瑟可能是自基普·索恩以来，对研究虫洞和时间旅行问题做出最多贡献的人。维瑟曾经为这方面的专家撰

---

❶ 参见阿伯特·爱因斯坦的《物理学与现实》（Physics and Reality）（1935年），收录于《概念与判断》（Ideas and Opinions）331页（New York：Crown Publishers，1954）。

写过一本著作《洛伦兹虫洞：从爱因斯坦到霍金》（Lorentzian Wormholes：From Einstein to Hawking）（1995年）。书中探讨了莫里斯和索恩的最初想法之外的多种虫洞解决方案。我们在随后章节里会再多谈一谈维瑟。

9.2　曲速气泡

　　1994年，米盖尔·阿库别瑞（Miguel Alcubierre）提出了曲速气泡（warp bubbles），接着在英国的卡迪夫大学，人们发现广义相对论也允许创造一种在《星际迷航》中看到的具有诸多特性的推动引擎——"曲速引擎"。这种引擎是包围在太空飞船外面，由弯曲时空形成的气泡。在阿库别瑞最初的模型中，飞船由其尾部的时空膨胀和前部的时空收缩所推动随后葡萄牙高级技术学院的何塞·纳塔里奥（Jose Natario）所做的研究表明，这并不是曲速引擎时空所必需的特性。在他的模型里，时空朝着飞船前端收缩，并沿着与飞船运动相垂直的方向发生膨胀。纳塔里奥的气泡是在时空中"滑过"，并"推开空间"。在气泡外部的观察者看来，这个气泡和它里面的一切都能够以高于光速的速度穿越时空。

　　而这似乎再次违背了狭义相对论所要求的光速终极极限。不过我们必须注意到，这个例子所涉及的是一个弯曲的、动态的时空，而狭义相对论所讲的时空则是平坦的、不变的。这仍然遵守禁止达到或超越光速的限制，只不过与你所期望的形式不同罢了。狭义相对论要求太空飞船的时间线必须处于其局部光锥之内，这实际上就是阿库别瑞的时空。但由于时空出现了异常的弯曲，曲速气泡中的局部光锥就会朝着气泡外的光锥倾斜成一定角度。阿库别瑞时空见图9-2。

　　图9-2中阴影部分代表"世界管"，也就是气泡在时空中的通道。假设飞船处于气泡中央，粗黑线就代表太空飞船的世界线。请注意气泡外边的光锥是位于平坦空间的光锥。当我们从图9-2的下面向上看，就能够看到气泡里面世界管中的光锥呈大于45°的倾斜角。但是正如你所看到的那样，太空船的世界线总是位于它的局部光锥之内，并且位于观测者所在光锥的外部。所以，相对于气泡之外的观察者来说，我们实际上所做的只是使气泡中的光"加速"而已。于是气泡中的观测者相对于外部的观测者来说，就能够以超光速旅行，但却仍然低于气泡中的局部光速。

117

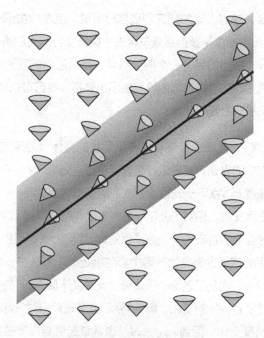

图9-2　阿库别瑞曲速气泡时空

[原载于詹姆斯·哈妥James B. Hartle所著的

《引力：爱因斯坦广义相对论入门》（2003年版）

San Francisco：Addison Wesley，145页，图7-2。

曲速气泡内的光锥与外面的光锥呈大于45°的倾斜角]

　　阿库别瑞模型中还有其他一些不错的特性。气泡里面的时空是平坦的，所以在里面的观测者可以进行自由落体运动。他们也不会感到撕裂性的潮汐力，时空的全部曲率都集中在气泡壁上。此外，这样的时空被设计成其内部时钟的走时与外部时钟相同，从而避免了狭义相对论所产生的时间膨胀现象。回顾一下我们前面探讨过的双生子悖论，也就是在普通的平坦时空中，乘坐火箭前往其他星球的观测者假如终其一生来进行旅行，当他返回地球时，可能已经过去了几十万年，这是由于他的时钟与地球时钟的走时速度不同造成的。而阿库别瑞的时空则避免了这个问题，所以如果你从我们这里前往参宿四（Betelgeuse，又名猎户座α星）附近的空间站，你的时钟和那里的时钟走时是一样的，所以不会产生相对的年龄变化。即使你要拥有一个真正的星际联盟，也是轻而易举的（一直好奇他们在《星际迷航》中是怎样做到的）。另外一个优点是，与虫洞相反，制造曲速引擎不需要在时空上戳出一个洞，尤其是没人知道怎样能戳出这种洞。

曲速气泡的最大缺点，正如阿库别瑞自己所说，就是像虫洞一样，都需要使用"奇异物质"。而最初由圣彼得堡普尔科夫中央天文台的谢尔盖·柯拉斯尼可夫（Serguei Krasnikov）指出的另外一个明显缺点，是气泡内的观测者不能驾驭这种气泡。这是因为气泡的前沿并不与内界发生因果联系。我们可以通过图9-3来看一下这个看似细微但却很重要的问题。

图9-3中的速度v，代表由外部观测者所测量的整体气泡速度，而c则像通常一样代表平坦时空中的光速。若要进行超光速旅行，必须$v>c$。外部观测者所测到的气泡内的光束速度$v_{光束}$就等于光速加上气泡的速度，也就是$c+v$。这是因为气泡内的一切，包括光束在内，相对于外部观测者来说，都在以$v>c$的速度前进。而在气泡外部，对于这些观测者来说，光速仍然是c。我们希望，当我们从气泡的内部走到外部时，光束的速度会根据离气泡中心的远近而不断改变。如果气泡内的光束速度为$c+v$，且$v>c$，而到了气泡外壳之外，光速又下降到c，在气泡内部就会有某一处的速度经过了$v_{光束}=v$的变化。图9-3显示出了光束相对气泡中心（径向）距离不同而发生的速度变化。但当$v_{光束}=v$时，也就是在气泡内壁位置时，光束的运动速度与气泡运动速度相同。也就是说，光束会与气泡一同运动，而绝不会超越

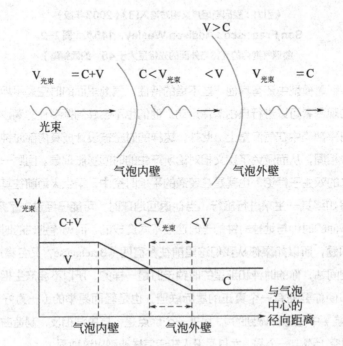

图9-3 气泡内部、气泡内壁及气泡之外的光束速度（气泡内部与气泡外壁没有联系）

118

气泡外部边缘。这样一来，气泡内部的观测者就不能向气泡外壁发出信号，于是气泡的这一部分就不在他的控制之内了。要想驾驭这种气泡，太空船船长必须能够联系到气泡的所有部分才行。因此寇克舰长才会惊讶地告诉舵手："左满舵，苏鲁先生，克林贡人开始进攻了！"

关于驾驭气泡的问题，我们可以说，在阿库别瑞曲速气泡里进行驾驶，就像赶上一辆电车一样，你根本不能掌控电车，只能任凭它把你载到你要去的地方。柯拉斯尼科夫也指出，像电车一样，你不能按需制造和控制曲速气泡，这些气泡都是在你使用之前就已经造好的。比如你要造一个曲速气泡，让它在某一天，例如2200年1月1日，把你从地球带到4光年以外的半人马座阿尔法星（实际上大约是4.2光年，为了简化计算，我们就先当作4光年）。但你却不能够在2199年12月31日才开始准备。那时阿尔法星在2200年1月1日的时空点，远在你的未来光锥之外，你所能影响到该星球所发生的任何事情的时间是在2203年12月31日。根据第4章的内容可知，你不能影响到在你的时间光锥之外所发生的事情。所以如果你想让曲速气泡在2200年1月1日到达那里，那么你要开始准备的最后日期应该是在2196年1月1日。从那时开始，你基本上可以准备好一个能够在2199年12月31日启程的曲速气泡，并在2200年1月1日到达那个星球。如果你真有这个想法，那么也可以在2200年1月1日之后，安排一种能每天前往阿尔法星的曲速气泡服务。当然了，所有这一切都基于一个小小的假设，那就是假定在2200年，人类能够制造出可以进行超光速飞行的曲速气泡。

当时在蒙大拿州立大学的纳塔里奥（Natario），以及查得·克拉克（Chad Clark）、比尔·西斯考克（Bill Hiscock）、沙恩·拉尔森（Shane Larson）所指出的另一个相关的问题是当曲速气泡的速度达到光速时，在星际飞船前部和后部所形成的视界。飞船后部形成的视界，会出现一个光线难以穿越并抵达飞船的区域。而飞船前部的视界也会形成一个区域，在这里接收不到来自飞船的任何信号。通过观察跟随飞船行进路线传播的光波行为这样的简单例子，就可以很容易地发现上述问题。当飞船速度达到或超过光速时，跟随在飞船后面的光波再也不能追上飞船。而在飞船前部，沿着飞船行进方向发射出的光波，会挣脱出气泡的前沿，于是没有任何光线会到达飞船前部的区域。西斯考克认为，这些视界很可能会破坏飞船周围量子真空的稳定性，对气泡产生极大的"反作用"，从而致使气泡难以达到光速。由斯蒂芬·费纳齐（Stefano Finazzi）、斯蒂芬·里贝拉齐（Stefano

Liberati）（来自迪利亚斯特国际高等研究学院）以及卡尔洛·巴塞罗（Carlos Barcelo）（来自西班牙安塔露琪亚天文物理研究所）等进行的研究都肯定了这一观点（我们随后会在有关虫洞时间机器的内容里再谈到量子真空反作用效应的问题）。

9.3 柯拉斯尼科夫管：超光速地铁

就在谢尔盖·柯拉斯尼科夫提出如何操纵阿库别瑞曲速气泡问题之后不久，他又提出了一个与曲速引擎不同的模型。与作为过渡的曲速气泡不同，他建议可以制造管状的可以让我们从地球前往半人马座阿尔法星的空间区域，在这个空间区域里，空间被永久性改变，以允许在单一方向上进行超光速旅行。他建议太空飞船的乘员先以亚光速前往一个遥远的星球，以改变飞船路径后面管状区域的时空结构。这种改变可让未来光锥朝后的部分，也就是指向飞船飞行相反方向的那一部分保持"打开"状态。这可以是一个因果过程，而与试图操纵曲速气泡不同。

在出发的旅程中，飞船乘员不会由于狭义相对论通常出现的时间膨胀效应而节省时间，因为飞船的这一部分飞行是处于亚光速的。但在返程中，根据未来光锥后部的空间方向（即顺着返程路径的方向）开放程度的大小，则可以随意以高速飞行，并可以按照地球时钟所显示的规定剩余时间返回地球。这样一来，整个往返行程所用时间就会显得非常短暂。

与曲速气泡只是短暂改变空间的情况不同，如果在气泡旅程中能制造出柯拉斯尼科夫管，它的内部空间会一直保持被改变的状态，于是沿着来时飞船的路径进行的返程旅行就有可能一直保持超光速前进。如果操控曲速气泡只是像赶上一班电车的话，那么在柯拉斯尼可夫的时空中旅行就像乘坐地铁一样了。因此我们称之为"超光速地铁"，或者像我们首次发表在《物理评论》（1997年）上的关于柯拉斯尼可夫最初论著的一些特性的文章中那样，把它称为"柯拉斯尼科夫管"。

图9-4描述的是柯拉斯尼科夫时空。图9-4边上的光锥是平坦时空的光锥，斜度近45°的粗灰线代表飞船的时间线，这也是柯拉斯尼可夫管在前进路途中形成的"隧道"。另外两条细灰线代表"管"的尾部。这三条灰线之内的局域就是"管"内的时空历史（因此中间的白色区域会向图的上方延展）。此处未来光锥的

120

后部向外打开，最大可打开至180°。请注意光锥朝向前方的部分在管内保持不变。它们与管外的光锥朝向前方部分保持平行。

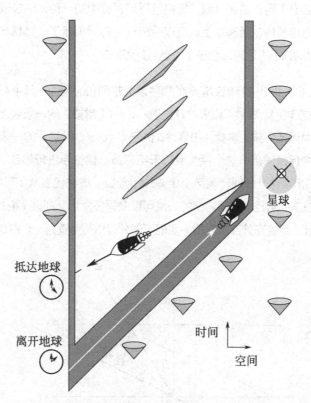

图9-4 超光速地铁：柯拉斯尼科夫管。管内的光锥朝着向过去的方向伸展，因此往返旅程可以变得很短

而在后一种有限的情况下，当飞船结束旅行马上掉头返回时，就可以沿着与来程逆平行的路线返回，并在剩余时间内回到出发点。可以在图9-4中看一下，假设世界线箭头代表返程旅行，它与粗斜线平行，但方向相反。如果你想在一个相当快的返回周期内让这两条线任意接近，那么你可以把地球时钟测量的往返时间间隔变得任意短暂。

但是正像你可能会对此产生怀疑那样，建造和维护柯拉斯尼可夫管和虫洞、曲速气泡一样，都需要奇异物质。肯·奥卢姆（Ken Olum）、芝加哥大学的高思杰（Sijie Gao）与鲍勃·瓦尔德（Bob Wald）所做的进一步研究认为，不仅是我们所谈到的方式，任何超光速旅行都需要有"奇异物质"。

9.4　虫洞、曲速引擎及时间机器

　　一旦你造出虫洞、曲速气泡、柯拉斯尼可夫管中的一种，你应该也能造出第二种。那么用这两种东西基本上就可以造出一台时间机器了。其基本原理类似于第6章所讲述的快子（超光速粒子）发射-接收系统。

　　图9-5描述了两个进行相对运动的惯性系的空间和时间轴（其中45°细灰线代表一束光线的路径）。事件C和事件D位于x=const（常量）的一条线上，并在不带撇的惯性系中保持同步。事件A和事件B位于x'=const（常量）的一条线上，在带撇的惯性系中保持同步，这个惯性系对于不带撇的惯性系进行移动。事件A和事件B、事件C和事件D分别代表两个虫洞的出入口。虚线代表从A到B，以及从C到D所穿过虫洞的路径。如果内部的长度可以变得任意短，那么A和B在虫洞内部就会十分接近，尽管在外部世界看来他们可能分开得相当遥远，C和D也是如此。

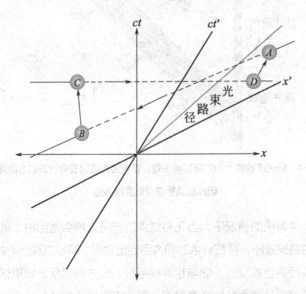

图9-5　超光速旅行可以导致前往过去的时间旅行

　　让我们看一下下面的情况。假设我们成功建立了一个能够连接事件C和事件D的虫洞，且这两个事件同时出现在没有撇的坐标系内。那么C和D在这个坐标系中的时间和空间坐标就分别是(T, x_C)和(T, x_D)。根据相对论原理，我们还可以建立一个类似的连接事件A和事件B的虫洞，这两个事件同时出现在带撇的坐标系，它们的坐标就是(T', x_A)和(T', x_B)。根据洛伦兹变换，由于一个惯性系中的某一事件的时间，取决于它在另一个不同的参照系中的时间和位置，所以事件A和事件B在不带撇的坐标系中的坐标就是（T_A，x_A）和（T_B，x_B），且$T_A \neq T_B$，如图9-5所示。

在A点进入虫洞口的观测者，可以在不带撇的参照系中较早的时刻瞬间（根据在他自己的时钟）出现在B点。如果他在一个类时性路径里继续旅行，穿过从B到C这一段正常空间并进入C点的第二个虫洞入口，那么他就会发现自己会瞬间出现在出口D。请注意D是在他出发点A以前的事件点。如果他接着沿类时性通道穿过正常空间从D前往A，他就会抵达他出发的那一刻。那么他也许会直接阻止自己出发。

这种情况的出现，是因为两个虫洞的相对运动，以及对于类空性通道来说，事件的时序是不变的，这一点不同于类时性或类光性通道。其结果是尽管事件A和事件B同时发生在带撇的参照系中，但在不带撇的参照系中，事件B却出现在事件A之前的时间里。顺便说一下，两条虚线的相交只是为了把我们的时空图限制在一维空间。这样的话，可以在纸上画出标有C点和D点不带撇的坐标系，再在另一张纸上画出标有A点和B点的带撇的坐标系，并与第一张纸保持平行。当把这两张纸重叠起来，我们就能够让BC和DA之间出现类时性通道，而又不让两条虚线相互重叠。

你可能已经注意到这种情况和第6章的一种情形很相似，在那里我们曾指出，快子（超光速粒子）可以用于向过去发送信息。事实上，我们刚才所说的制造时间机器这种情况，也可以用于进行另外一种形式的超光速旅行。但关键在于是否能够在时空中把几个点按因果关系联系起来，因为这些点也许会被类空性间隔所分割开来。在图9-5中，C到D之间的虚线可以代表曲速气泡中的通道。A与B之间的虚线则代表相对于第一个曲速气泡运动的第二个曲速气泡中的通道，这两个曲速气泡都沿着类空性轨迹运动。只要从一个曲速气泡跳跃到另一个就可以进行一次往返旅行（艾伦曾在1996年的一篇论文里首次指出这种情况）。

与之类似，点状路径可以代表两个做相对运动的柯拉斯尼科夫管，A和B是一个管的两端，C和D代表另一个管的两端。其中一个管的光锥朝着某一方向打开，另外一个管的光锥则朝着相反方向打开。在进行从一个管到另外一个管的旅行时，就可以一直沿着超光速方向前进（笔者曾经在一篇论文中论述过这一点）。还要注意的是，这些情况都要求超光速的双向旅行，这样才能进行一次在时间和空间上都接近于你的路径的往返旅程。

基普·索恩与麦克·莫里斯，以及索恩的另外一位学生乌尔维·尤尔特塞韦尔（Ulvi Yurtsever）又发现了一种更巧妙的办法，只使用一个虫洞来制造一台虫洞时间机器。这个办法就是先把虫洞的一个入口A放置在地球上，再通过火箭飞船把虫洞的另一端口B发射至接近光速，再把这个端口和火箭飞船带回到地球。这种情况利用了在第5章讲到的狭义相对论中著名的"双生子悖论"。在跳入到B口之后，就可以从A口出来，回到过去。我们来看一下是怎么做到的。

在图9-6中，灰色垂线代表地球上的虫洞端口A。灰色的弯曲线则代表端口B的世界线，这个端口被加速到极高的速度，并最终返回地球。请注意这个图示看起来很像我们的双生子悖论的时空图（图5-3）。因此，在虫洞端口之外的时钟，会感受到正常的狭义相对论的时间膨胀。虫洞的长度（也就是穿过虫洞所测量到

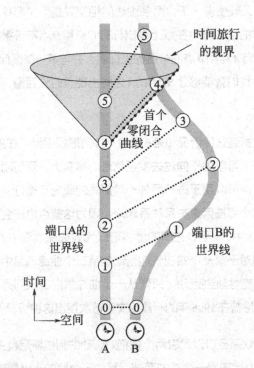

图9-6 莫里斯、索恩和尤尔特塞韦尔的双生子悖论式时间机器。时间旅行的视界把能进行时间旅行的区域与不能进行的区域分割开来

的距离）可以被认为是任意短的［在我们的讨论中，这并不很明显。更多内容请参看基普·索恩所著《黑洞与时间弯曲》（Black Holes and Time Warps）❶中的图14.6］。

由虚线相连的带有相同号码的圆圈，在虫洞端口的时钟所测量到的固有时间是相同的。所以，假如你处于端口 B，在标为事件"1"的飞船中朝着虫洞望去，在飞船里面、位于端口 B 之外的时钟指向 1∶00，那么端口 A 的时钟对于相应的事件，在其世界线"1"的位置，也是指向这一时间。由于虫洞的长度为任意短，所以这两个点可以看作同一个点。于是在通过外舱窗口望去，太空船上的时钟与地球上的时钟进行比较，会出现时间膨胀。但是在穿过虫洞望去时，恰好位于虫洞端口的时钟所指示的却是相同的时间。这就意味着当你一旦在事件 1 处踏入虫洞端口 B，你就会出现在端口 A 时间线上相应的事件 1 处。

请注意，这些连接着相同号码的虚线路径，最初在虫洞外界的外部时空中都是类空性的（即倾斜角大于 45°）。所以如果你在事件 1 处跳入端口 B，再出现在端口 A 相应的事件 1 时，你就会沿着外部空间的一条类空性路径旅行，并返回到端口 B 的事件 1。当我们朝着时空图 9-6 的上方运动时，虚线路径的类空性就会逐渐变小，直至我们到达粗虚线。这个关键的线条代表第一个可能封闭的类光性（零）曲线。进入端口 B 的一束光线可以沿着虫洞前进，并在端口 A 出现，然后在虫洞之外再沿着类光性路径在外部空间中（沿着粗虚线）传播，并在空间和时间上返回到出发点。这条零曲线代表了可能回到过去的时间旅行的时空区域边界。包含着这一部分的光锥就是"时间旅行视界"，也称为"柯西视界"（Cauchy horizon）或者"时序视界"（chronology horizon）。

一个观察者可以沿着外部空间的类时性路径旅行，比如在事件 4 处从端口 B 跳进去，并在与事件 4 对应的端口 A 出现，从而在时间和空间上返回到出发点。于是，那些标有号码 4 的事件便由一条封闭类时曲线（closed time-like curve）相连。时间旅行视界把没有封闭类时曲线的时空与有封闭类时曲线的时空分割开来。在视界之上的区域，从端口 B 跳进去的观测者就可以从端口 A 出现，回到过去。而从端口 A 跳进去的观测者会从端口 B 出现，到达未来。这种形式的时间旅行不能在通常的双生子悖论中完成，因为在那种情况下，两条世界线不是通过一个虫洞连接

❶ 基普·索恩：《黑洞与时间弯曲》（Black Holes and Time Warps）（纽约 W.W. Norton and Co. 1994 年版）501 页。

起来的。

值得注意的是，由于时间旅行视界的原因，时间旅行者并不能回到到时间机器启动前的时间点（即在首个零封闭曲线形成之前的时间点）。因此，如果首台时间机器在2050年首次启动，那么可能出现的时间旅行都不能回到2050年以前的任何时间。所以你不能利用这种时间机器回到过去，去捕杀恐龙（除非某种非常先进和更古老的文明已经造出了一种这类设备，并把它留在附近以便于我们使用）。

就在莫里斯、索恩和尤尔特塞韦尔的文章发表后不久，其他物理学家就提出了另外一些把虫洞转换成时间机器的办法。索恩的老友、目前在哥本哈根尼尔斯玻尔研究所（Niels Bohr Institute in Copenhagen）工作的伊戈尔·诺维科夫（Igor Novikov）建议，除了让虫洞的一个端口远离地球，然后再返回以获得所需的时间膨胀，人们还可以让虫洞在另一端口周围旋转一圈。阿尔贝塔大学的瓦莱里·弗罗洛夫（Valery Frolov）和诺维科夫还提出了另外一种办法，利用引力时间膨胀（gravitational time dilation）在两个端口之间形成时间改变。一个端口可以靠近强引力源，例如一颗中子星，另一端口则放置在离强引力源较远的地方。弗罗洛夫和诺维科夫指出，如果人们能等待下去，这种虫洞自然会变成时间机器。

在双生子悖论中使用的也是相同的效应，唯一不同的是引力时间膨胀代替了狭义相对论中的时间膨胀，并产生时间改变。他们的研究结果表明，虫洞很容易转变成时间机器。虫洞两个端口的引力场所出现的任何差异，会逐渐产生相对于对另一端口的时间膨胀效应，最终便会形成时间机器。但形成时间机器需要多久，则取决于两个端口之间引力场差异的大小。一端接近中子星表面的虫洞，会比一端位于地球表面的虫洞更快地成为时间机器。

9.5 "越发奇怪的"悖论

在提出用虫洞制造时间机器的理论之后，索恩与合作伙伴便开始探讨与返回到过去的时间旅行有关的悖论问题。为了简化这个问题，他们试图避免诸如人类自由意愿这类复杂情况，因为即使没有时间机器这也会非常麻烦。于是他们用台球取代了人类旅行者。人类作为一种极为复杂的系统，其行为是非常难以预测的。但是台球的行为则可以非常容易地运用经典物理学来预测。索恩和同事们用台球进行了外祖父悖论的研究。

在标准的外祖父悖论中，一个时间旅行者回到过去并杀死他的外祖父。这个行为的结果是，时间旅行者的双亲之一从未出生，所以时间旅行者也不能出生。但如果他从未出生，他也就不能造出时间机器并回到过去，再杀死他的外祖父。于是在这件事情上，我们看到一个逻辑上的不一致，也就是当且仅当外祖父被杀这件事不发生时，这件事才能发生。在通常的悖论中，有一种可能是时间旅行者改变了主意。而由台球扮演的时间旅行者则是不会改变主意的，所以也不会出现模棱两可的结局。在这种情况下所发生的事件（暂且称为事件2，例如时间旅行者返回到过去），会导致另外的第二个事件的发生（暂且称为事件1，如谋杀外祖父事件），而这个事件反过来又会导致事件2不能发生，这种情况通常称为"不一致因果循环"（inconsistent causal loop）。这种循环会导致出现逻辑性悖论，而物理学法则却不能出现这种事情。

只有可以进行回到过去的时间旅行，也就是有了时间机器之后，才可能出现这种封闭式的因果循环。常规物理学包含着一条"因果原理"，根据这个原理，按照时间顺序总是先有因后又果。所以如果事件1引起了事件2，事件2则发生在事件1之后，那么事件2就不能引起（或阻止）事件1的发生。一旦有了时间机器，这条原理就不再放之世界而皆准了，因为这样一来在2500年启动时间机器，也许时间旅行者会出现在2499年。

图9-7说明了用台球演示的外祖父悖论。在这个例子中，虫洞的两个端口联系着两个处于不同时间的地方。图9-7中所显示的时间，是虫洞以外的时钟时间。标注"年老"和"年轻"代表着台球上的时钟显示的时间。索恩和同事们所考虑的是以下的情况。在外部时间下午3∶50，一只台球从虫洞时间机器的端口B出发，见图9-7（a）。这只球在外部时钟指向下午5∶00时进入虫洞。在外部时钟显示下午4∶00时，有一只少许年老的台球（根据台球上的时间）从端口A显现［图9-7（b）］，随后撞击到年轻的自己（外部时间下午4∶30），见图9-7（c）。这次撞击确实会撞上年轻的那只台球，会把它撞开，使它不能进入虫洞［图9-7（d）］。于是我们便会看到这样的情况：一只台球在进入虫洞后出现在它的过去的一个小时前。

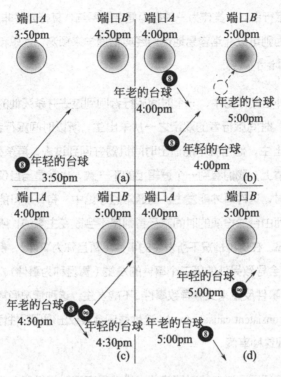

图9-7 虫洞版的外祖父悖论

然后它撞击了较早时候的自己,致使年轻的自己不能进入虫洞。可是如果年轻的台球从未进入虫洞,又不会有年轻的那个球出现并撞击到较晚时候的自己。如果没有什么让它改变方向,年轻时候的台球应该进入虫洞。然而如果年轻的台球进入虫洞,年老那只又会提前出现,并阻止其进入。所以只有当这只台球没有进入虫洞,它才会进入虫洞。于是我们就看到了台球式的祖父悖论出现了一个不一致的因果循环。在物理学公式中,如在制约台球运动的牛顿定律中,有时会把这种情况称为"非自洽解"(self-inconsistent solution)。

现在我们再从台球的角度来考虑这种情况。假设在一只台球上也设置了一只时钟,它所指向的时间,与台球在进入虫洞时外部时钟的时间相同(我们做了一个真实性假设,即台球的运动速度要比光速低得多,也就是说,狭义相对论所预计的运动中的时钟变慢效应可以完全忽略不计)。首先,当台球通过虫洞时,台球上的时钟走时会加快。如果我们用一位时间旅行者来代替这只台球,那么我们可以说,当时间旅行者相对于宇宙来说在返回到过去的时候,他的个人时间会一直向前走。这实际上也就是意味着回到过去。当他在外部时间的更早时刻从端口A

出现时，他会想起自己在过去曾经进入虫洞（他也会重复我们前面有或没有外部时间标识的台球的那一系列图示）。

此外，端口A到端口B之间的内部距离，即穿越虫洞所走过的距离，会比外部距离短很多（这也就是虫洞的关键所在）。这样一来，台球上的时钟所流逝的时间就会少于一小时。简而言之，我们实际上通常认为在虫洞内部所走的距离为零，虽然没必要这样做。按照这样的近似来看，穿过一个虫洞，就像穿过了连接两个房间的一扇门一样。但是两个房间中的时钟所指向的时间却是不同的。如果我们假设虫洞内部的距离可以忽略不计，那么可以看到当台球在端口A出现时，它的时钟指的是下午5点钟。如果虫洞更长一些，假设台球按照自己的时间花费了1分钟穿越虫洞，那么当它在端口出现时，它的时钟时间就会是下午5:01。

一个物体的起始位置和速度等物理量，被物理学家们称为"初始条件"。在台球的例子中，索恩和同事们还发现，在任何一组初始条件中，诸如球的起始位置和速度，似乎总是可以找到一个毫无悖论的自洽解。图9-8说明了这一点。

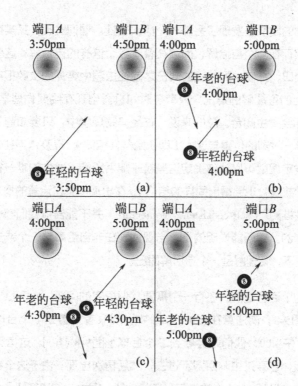

图9-8 对于悖论的自洽解

例如，在上面谈到的情况中，假设年老的台球撞击到年轻时的自己时，只是擦过，而不是直接撞击。如果在侧面碰撞的角度合适的话，年轻的这只台球仍然可以把年老的自己反弹一下，让它从入口B进入虫洞——但是它进入虫洞端口的位置则与上面的情况稍有不同。这只台球随后就会以不同的角度出现在端口A，而这会让它沿着一个路径刚好在侧面擦过较晚的自己，并将其反弹，使得它恰好在那一点进入端口B。这样就不会出现悖论，而这种情形是自洽的。

我们看到，在台球的模式中，台球的初始位置和速度相同（初始条件相同），尽管存在着一种不一致的情形，但是仍然存在着一种自洽的情形。这至少说明祖父悖论还是能够有解的。也许在初始条件相同的情况下，当不一致解和自洽解共同存在时，大自然总会选择自洽解。伊戈尔·诺维科夫则更支持这样的观点，即物理学法则只允许自洽解（非悖论解）。诺维科夫认为，在假定的悖论事件中，对于相同的初始条件而言，总是存在着至少一个自洽解。诺维科夫与同事研究了多种不同模型，这些研究表明以上是正确的。

索恩和他的团队还发现了另外一个惊人之处。他们发现，其实在相同的初始条件下，不仅存在一个自洽解，而存在着无数个这样的自洽解！这些解的数量与台球离开A端口、并撞击到较晚的自己之前在虫洞中循环的次数相符。这种出现超过一个以上的可能解的情况，只有在时间机器出现在经典物理学中才会发生，此时因果循环会发生闭合。总的来说，在经典物理学中，只要知道了某一系统中所有粒子在某一时刻的位置与速度（即初始条件相同），以及作用在这些粒子上的力，牛顿力学定理就可以让你确定这些粒子随后所能够发生的唯一行为（即使考虑到量子力学效应，也会得出同样的结论）。在出现多个自洽解的情况下，诺维科夫的"自洽性推测"（self-consistency conjecture）并不能告诉我们哪一个解是物理学定律所选择的。它所能说明的是，当观察到在非自洽解与一个或多个自洽解同时出现的情况下，物理解是一个自洽解而已。

在结束这个话题之前，还有一个需要我们探究的问题——能量守恒问题。让我们再回到图9-8。请注意在图9-8（a）中，观察者只看到一个台球出现在下午3:50，到了下午4:00，他们则会看到二个台球［图9-8（b）］。这第二个球是原来台球的年老版，它穿过虫洞回到了过去，然后再次出现。由于这个台球的能量为$m_b c^2$（已忽略台球移动时产生的微不足道的动能，因为它的速度要大大低于c），其中m_b为这只台球的质量，因此第二只台球的出现，似乎表明了一个严重违背能量守恒定律的现象。第二只球出现时，致使违背能量守恒定律的现象一直持续到下午5：00。此时在图9-8（d）中看到，年轻的那只球会消失在虫洞里，之后就像下午4：00之前那样，又是只有一只球存在。

我们的全部经验表明，违背能量守恒定律在实验上是不能被接受的。若要避免这种现象出现，我们必须假定在外部时间的下午4:00～5:00，第二只球的额外能量，因为一只台球回到过去的行为，而被相应的虫洞体积的缩小所抵消。所以如果虫洞的原始质量为M，在此期间它会减小为$M-m_b$。这样一来，虫洞和两只台球的系统总质量，在下午4:00～5:00，等于$2m_b+（M-m_b）=M+m_b$，即虫洞和一只台球的最初质量。在下午5:00之后，那只穿过了虫洞的年老台球会出现在虫洞之外。于是虫洞的质量恢复到原始质量M，该系统的总质量再次守恒，恢复到初始值$M+m_b$。这样一来，虫洞时间机器便遵守了能量守恒定律。这与威尔斯的时间机器形成对比，他那台机器只是突然在某一时刻消失，然后又出现在另一时刻，并没有在周围出现能量增加或减少的补偿现象。

Time Travel and Warp Drives

A Scientific Guide
to Shortcuts
through Time and Space

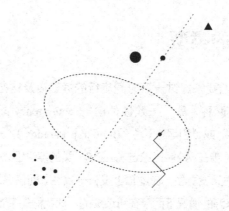

10
香蕉皮与平行世界

一个悖论，一个悖论，一个最巧妙的悖论。

——威廉·S·吉尔伯特《班战斯的海盗》

只有一种成就超越神的力量与仁慈。因为神也不能改变过去。

——埃斯库罗斯

10.1　悖论的类型

在本章中，我们要来探讨一下时间旅行的悖论以及这些悖论可能的解。我们要讨论的悖论有两种，即"一致性悖论"（consistency paradoxes）和"信息（information）悖论"或"引导悖论"（Bootstrap Paradox）。一致性悖论的一个例子就是外祖父悖论（曾在第9章讨论过）。在这一类的悖论里，一个事件（例如刺杀某人外祖父）既发生又没发生，在逻辑上没有一致性。而信息悖论则是信息（或是物体）在显然没有来源的情况下而存在所造成的。让我们先来看一下信息悖论。

10.2　信息悖论

信息悖论的一个例子是"数学家证明的悖论"。一位2040年的时间旅行者来到图书馆，从课本上拷贝了一份一个著名定理的证明过程。假设他返回到过去，去拜访证明这个定理的数学家，并回到数学家还没有证明出定理之前的某一时候。然后他对数学家说"你就要出名了"，再把证明过程拿给数学家看。数学家会认真地把这个推理过程抄下来，紧接着将内容发表，然后便会声名大振（当然时间旅行者不必亲自返回到过去，他也可以只把证明过程发过去）。但问题是，这个证明过程是哪儿来的？请注意，与外祖父悖论不同，这里的一切都是一致的，数学家从时间旅行者那里得到证明过程，时间旅行者又从图书馆的课本中得到这个证明过程。真正的问题是，这个证明过程中所包含的信息的来源是哪里？尽管这一切是一致的，但这种"免费的午餐"却似乎与我们深信不疑的世事发展的机理相违背。我们还不习惯于接受毫无来源的信息（糟糕，这又会是一个撰写博士论文的好办法！）

再来看一个例子。卡罗尔和拉尔夫相会于2040年，卡罗尔对拉尔夫说："你回到2020年，去告诉过去的我，你想在2040年与我相会。并让她在2040年见到你的时候把这些话告诉你。"拉尔夫利用时间机器返回2020年，见到了过去的卡罗尔。他对她说："未来的你告诉我，你会在2040年与我相见，还对我说：'回到2020年，告诉过去的我，你要在2040年见到我。告诉她在2040年当她见到你的时候，把这些话告诉你。'"随后卡罗尔又乘坐另一台时间机器来到2040年（或者只是直接等到那一年）来见拉尔夫。但问题是：是谁安排了这次会面？

10.3 "精灵球"与聪明的太空船

罗塞夫（Lossev）和诺维科夫在1992年的一篇文章中谈到了"自我存在物体（self-existing objects）"的可能性，也就是他们所说的"精灵球"（jinnee❶ balls），这种东西也许会与时间机器有关。举例来说，假设我们有一台虫洞时间机器。一只台球可以瞬间从虫洞的一个端口出来，并沿着正常空间到达虫洞的另一端口进入虫洞，然后再在第一个端口的过去时间里出现，如此往复。这类物体的行为通过时间机器形成了无休止的循环。于是这只球的历史既没有起点也没有终点，它"被困在"了时间机器之中。

但是正如罗塞夫和诺维科夫所指出的，这种物体是热力学第二定律所禁止的。若要让我们所描述的这个例子能够自洽，从第一个端口出现的球与从另一端口进入的球必须在各方面都相同。这只台球与其他宏观物体一样，有着高于绝度零度的温度，所以在它移动时会有热量辐射。所以当这个球从一个端口位置穿过正常空间到达另一端口时，它会失去热量形式的能量而变"老"。这样一来，在回到过去并从虫洞端口出现的这只球，就不会再是从另一端口进入虫洞的那只球了，因为它已经在移动过程中损失了能量。所以这种情况是不自洽的。

这种不一致的例子还曾出现在一部（蹩脚的）科幻影片《时光倒流七十年》（Somewhere in Time）里面。一位神秘的老妇人在观看了剧作家的新剧作之后，送给了剧作家一只古旧的怀表。数年之后当剧作家住进一家旅馆，发现了那位妇人的照片，一看就是她年轻时候的留影。他决定见到她，便让自己回到过去与她相见并（很自然地）相恋。最终他送给她一只怀表（这当然就是那妇人后来给他的同一只表），后来，他身不由己（也非常令人费解）地又回到未来。这只表就是一件"精灵"物品。不过你发现了问题所在吗？假设她给他表时，表已经是很旧的，然后他把这只表保存了十年，直到他开始进行时间旅行。那么当他回到过去，把表给她的时候，这只表就应该比他后来收到时又旧了10年（按照表的时间）。假设她又把这只表保存了40年，然后在未来当她上了年纪时，再次把表交给他。那么当她把表给他时，这只表与她一开始给他的时候，又旧了50年（同样按照表自己的时间）。于是我们发现了一个矛盾。问题源于以下事实，即按照怀表自己

---

❶ "jinnee"（或拼写为"jinni""jinn""djinn"）是许多阿拉伯神话中的精灵或者一类精灵。在西方语言中更常见的拼写是"genie"。

的时间来衡量，它是在逐渐变旧的。在怀表经历了这个时间循环之后，就已经不再是他们原来的那只表了。但是，要想这个循环能够自洽，这只表必须还是同一只表。

如果精灵球能够与虫洞外边的其他物体互动，并由此获得能量以回复其初始的内部状态（也就是它在过去时间离开虫洞端口时的状态），那么这种精灵球的情况是可以达到自洽的。如果这只球通过某种外部能量源与其他球相互撞击或互动，就可以出现这种情况。罗塞夫和诺维科夫把它称为"第一种精灵"❶，即物质沿着一个时间循环圈旅行。他们认为，从时间机器里出现的"精灵"的复杂性，可以由它所能够获得的外部能量的数量来决定。

物体越复杂，它恢复到初始状态所需要的能量就越多。如果我们在虫洞时间机器外部放置一个巨大能量源，我们就会看到有各种复杂物体出现，从原则上讲，也包括人。很像电影《太空仙女恋Ⅰ》（Dream of Jeannie Ⅰ）。但是，要想获得真正的自洽，必须在各方面完全重新恢复球的内部状态，也就是说包括球的微观状态，而不仅局限于宏观状态（如温度）。也许精灵的复杂程度越高，它出现的可能性会越低。如果这样的话，最为可能的精灵物体应该是基本粒子。

罗塞夫与诺维科夫还在同一篇论文里介绍了一个关于"信息精灵"的很有创意的例子（他们把它称为"第二种精灵"），这在图10-1中进行了阐述。假设我们知道在星系里有一个虫洞时间机器，但我们不清楚它的准确位置。于是我们在地球上建了一个自动生产太空船的工厂，并给工厂提供所需的原材料。在工厂开工后，我们便离开那里，耐心等待一切顺其自然地进行下去（这样一来，我们便可以避免出现自由意志导致的问题）。从天空某处的虫洞的一个端口飞出来一艘很旧的太空船（图10-1中的端口A），最后降落在工厂预设的平台上。到那里以后，这艘太空船就把它的电脑核心存储器转移到工厂的电脑里。

存储器里面包括建造太空舱的各种数据，以及此次旅行的航行记录，包括这个虫洞时间机器的两个端口的位置数据。利用这些信息就可以制造出一艘新的太空船，它可以使用旧太空船的存储器中的信息进行编程。接下来这艘新太空船便

❶ 参见罗塞夫和诺维科夫所著的《时间机器的精灵：非平凡自洽解》(The Jinn of the Time Machine: Non-Trivial Self-Consistent Solutions)，载于《经典与量子引力学》(Classical and Quantum Gravity)（1992）：2315。

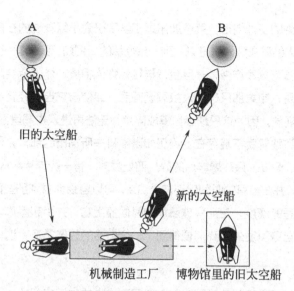

A

B

旧的太空船

新的太空船

机械制造工厂　博物馆里的旧太空船

图10-1　罗塞夫和诺维科夫的信息精灵"聪明的太空船"

自动发射，飞向虫洞的另一个端口（端口 B），这个端口的位置数据也存储在前面提到的信息存储器里。旧太空船随后便转入博物馆以供展示。

请注意，我们所做的一切只不过是建造了一座自动生产工厂，并给它提供原材料。而我们所得到的却是一台虫洞时间机器的位置以及太空船的设计，还得到一艘旧太空船。罗塞夫和诺维科夫强调说，这就是形成时间循环的信息。旧太空船已经终了在博物馆之中，它不能再沿着时间循环旅行了。

当然，我们并不清楚是否存在虫洞。假设在我们的星系里至少存在着一个这样的虫洞，我们也没办法计算出这种信息循环每年出现的概率。这种概率可能非常小甚至是零，也可能会非常大。我们认为这种概率很小，因为我们不习惯于这种毫无理由地出现信息的想法，毕竟我们又没有十全十美的办法来证明它。这种情形下的一致性并不能保证它一定会发生。即使不会发生，它仍然是一致的。如果出现一个以上的一致性解，就很难计算它们的相对概率。

10.4　对虫洞时间机器和一致性悖论的重新考虑

在1992年的另一篇论文里，诺维科夫探讨了除第9章提到的关于潜在的一致性悖论问题以外的多种情形。就像加州理工学院研究小组发现的在前面所探讨过的事例那样，诺维科夫认为是可以找到一致性解的。例如，我们假设第9章的例子中，那只台球含有一颗炸弹，一旦台球与其他物体相撞，炸弹就会起爆并把这只台球炸毁。于是，如果那只球穿过虫洞返回后，即使与它自己轻轻擦身而过，也会出现不一致现象，因为这只球会自爆成碎片，无法再进入虫洞里面。这样一来，我们前面的一致性解就不复存在。但正如诺维科夫所指出的那样，仍然存在着可能的一致性解。假设那只球爆炸后的碎片四处溅射，有一些碎片会从图9-8中的端口 B 进入虫洞，并在较早的时刻出现在端口 A。可以容易地看到那些再次出现的碎片刚好有着合适的速度，在那只球爆炸的时候撞上它，并引起爆炸。于是这种爆炸就成了由它自身引发的，我们便得到了一个自洽的因果循环，这样就又不会出现悖论了。

因此，我们知道了能够找到一些有关回到过去的时间旅行的一致性特例，但我们还想知道是否所有回到过去的时间旅行都存在着一致性。我们可以看到，如果我们有一台时间机器，便可以设定一些无法避免出现悖论的情形。在这些情形里，与诺维科夫所探讨的情况相反，可能会很难找到一个自洽解并避免出现悖论。如果存在着这样的情形，我们要么必须设法对付所出现的悖论，要么必须断定物理学法则不能够允许建造时间机器❶。

艾伦在2004年发表于《物理评论》（Physical Review）的一篇题为《时间旅行中的悖论，路径积分，以及量子力学中的多世界诠释》（Time Travel Paradoxes, Path Integrals, and the Many Worlds Interpretation of Quantum Mechanics）的论文中，介绍了一种不能避免出现悖论的情形。让我们再回到图9-8，一只台球在下午5:00进入虫洞的端口 B，然后在一小时之前从端口 A 出现。现在我们要增加一扇门，让这只台球必须在4:30的时候穿过这扇门才能到达端口 B（图9-8中没有画出这扇门）。我们假定这扇门最初是打开的，台球可以穿过门进入虫洞的端口 B，并在下午4:00在端口 A 出现。但我们要在端口 A 安装一台探测仪，比如一只光电管，用来探测要在此出现的台球。一旦台球出现，探测仪就会向那扇门上的接收器发出让门关闭的无线电信号。以光速传播的无线电信号会

❶ 有关（非自洽）时间旅行悖论更有趣的例子见于斯凯勒·米勒（P. Schuyler Miller）所著的短篇小说《从未存在》（As Never Was）[收于《时空历险》（Adventures in Time and Space），编者 Raymond J. Healy，J. Francis McComas（New York：Del Rey，1980）]。

比台球更早抵达那扇门，所以当台球到达时，那扇门便已经关闭，它就再也无法到达虫洞的端口 B。但如果它根本到不了端口 B，也就不能出现在端口 A。于是便出现了这样一个非一致性的因果循环：当且仅当台球不从虫洞里出现，它才会出现。

在这种情形下，那扇门或是打开或是关闭。对于台球撞击自身（这种撞击过程包括直接撞击或擦身而过）而言，并不存在一个概率范围。通过这些概率，吉普·索恩和他的同事们在台球现身于虫洞并撞击自身的案例中找到了一个自洽解。

然而，我们仍需慎重地确定确实还存在着非一致性解。事实上，正如艾伦的论文在最初投稿时，某位审稿人所指出的那样，存在能够找到一个一致性解的概率范围。假设台球在那扇门刚好关闭时到达那里，并试图挤进去，但又因某种原因而减速，这便取决于台球到达时刻与那扇门即将关闭的那一小段时间间隔。这样的话，台球的速度就有可能有足够的时间减慢下来，从而在下午5:30而不是5:00抵达端口 B。它将会提前一个小时即在下午4:30在端口 A 出现并被发现，给那扇门传送一个及时关闭的信号，刚好让入射球抵达那扇门并减速挤进去。

但是，其实可以通过调整初始设置来消除允许出现一致性的漏洞，这也是那篇论文正式发表版本中所提到的。在下面的探讨中，术语"年轻的""年老的"指的是根据台球自身的时钟时间来确定的。如图10-2所示，先让我们在下午4:20，也就是在年轻的台球抵达那扇门的10分钟之前，关闭端口 A 的台球探测器［图10-2（a）］。现在假定年老的台球在下午4:30在端口 A 出现，此时那扇门没有被关上，因为探测器已在台球从端口 A 出现的10分钟之前关闭了［图10-2（b）］。

于是，年轻的台球就会穿过那扇门，在下午5:00到达端口 B。它应该旅行了一个小时到达过去，然后在端口 A 出现，此时为下午4:00，而不是下午4:30，这时还在工作的台球探测器便会促使那扇门关闭［图10-2（c）］。年轻的台球会发现门已经关闭，它再也不能进入虫洞了，而在第一种情况下，这扇门是开着的。于是这样一来，就出现一个不一致的因果循环。我们再次发现了这个悖论，由此也发现了这样的一个系统，诺维科夫的自洽假设在此是不成立的。

所以由此看来，一旦制造出时间机器，就可以找到适当的体制，这样不可避免地会出现外祖父悖论。人们可能会认为探讨能否回到过去的时间旅行没什么意义。能量守恒原理认为，没有任何办法能够让宇宙的总能量增加（或减少）。据我们所知，任何未来文明，无论多么先进，都不能创造能量。也许返回过去的旅行也是如此。很多人都相信斯蒂芬·霍金所说的"时序保护猜想"（chronology protection conjecture）确实存在。而另一方面，像在第9章讨论过的那样，我们所知的有关广义相对论和量子力学，似乎至少为我们打开了可能制造虫洞以及时间机器的大门。

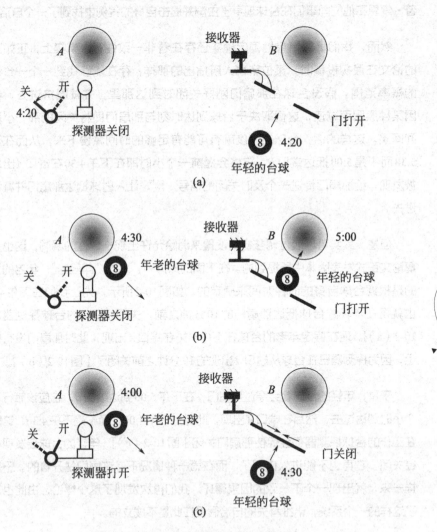

图10-2　关于无自洽解的台球撞击事件举例

如果回到过去的时间旅行成为可能，倒是有两种方法能够让人躲避各种悖论。尽管这些方法都在许多科幻小说中演绎过，但如果这些法则能够允许制造时间机器的话，无论是哪一种至少都应该基于现有的物理学法则。

10.5　香蕉皮

那些可能出现的情况之一，就是当你扣动扳机准备杀死外祖父时，物理学法则总会以某种方式阻止事件的发生，例如，你会踩到香蕉皮而滑倒 [我们称之为"香蕉皮机制"（Banana Peel Mechanism）]。这样你就不会杀死外祖父，因为你根本没那么做过。已经发生的事件是无法挽回的。当你走出时间机器以后，你的未来就会设法阻止你去做那件事，因为事实上确实出现了一件事来阻止你，在世界的其他人看来，那已成为历史。一位时间旅行者在造访过去时，他便成为历史的一部分。他必然会去做他曾经做的事情，无论他怎样设法避免那样做。对这种情形的最佳描述见于罗伯特·海因莱因（Robert Heinlein）的经典小说《自我复制》（By His Bootstraps），我们认为这是迄今为止写得最好的时间旅行故事之一。一位时间旅行者沿着虫洞进入未来，他感到这是个错误，为了不再回到原来的入口，他沿着虫洞按相反方向回到自己的房间。随之而来的争斗使他将自己锁在虫洞之中。我们推荐的其他出色的类似影视科幻作品还有《阴阳魔界》（Twilight Zone）中的一集《绝无仅有的过去时代》（No Time Like the Past），以及特里·吉列姆（Terry Gilliam）的电影《12只猴子》。

香蕉皮机制称得上是一种稍作修改的诺维科夫一致性假设。这种假设允许这样一些系统存在，即这些系统在没有时间机器时相当合理，而一旦有时间机器出现，则会导致出现悖论。但是香蕉皮机制则可以保证，当你在试图创造一个包含时间机器的系统时，这个系统在最终结束时会出现某种意想不到的"香蕉皮"来避免悖论。那么如何应用到我们这个包含了台球、门、虫洞、台球探测器和信号发射器的系统呢？举例来说，我们可以发现，当球出现于端口A时，信号发射器应该发出指令让门关闭，这就造成了悖论，从而形成一个意想不到的障碍（或者这只球也许会在香蕉皮上滑一下，再也不能进入虫洞）。

香蕉皮机制因此产生了一种逻辑上非常一致的理论。这多少有些（或者非常）乏味，因为物理学法则竟然总是让那块香蕉皮适时出现，实在令人费解。与此相关的还有一个难缠的事实。即假如要想维护那些已经被实验检验的量子力学法则，那么在遥远的将来所建造的时间机器，将会对现在所发生事情的概率产生影响。比如说，如果有人要在下周建造一台时间机器，将会使你今天要制作一台可以正常工作的无线电发射机（或者也许你吃午饭时并没有扔香蕉皮）的概率降到意想不到的低。换一种说法，如果没有人建造时间机器，那么你的无线电信号发射机正常工作，且你会向垃圾箱里扔香蕉皮的概率会很高。

10.6　平行世界

要想进行没有悖论的回到过去的时间旅行，还有另一种办法，即利用平行世界的想法。这一设想认为，存在着两个不同的"平行"世界，在一个世界里，你出生了，并进入时间机器；而在另一个世界里，你走出时间机器并杀死外祖父。这样一来，你同时杀死外祖父和未杀死外祖父并无逻辑矛盾，因为这两个原本互不相容的事件发生在两个互不相关的不同世界里。像香蕉皮机制一样，平行世界的观点也体现在很多以时间旅行为主题的科幻作品里面。其中的一个最佳范例（尽管这本书现在已经没有再版）就是莫娜·克雷（Mona Clee）的优秀小说《岐点》（Branch Point）。另一个是史蒂芬·巴克斯特（Stephen Baxter）所著的《时间船》（The Time Ships）。这称得上是威尔斯的《时间机器》的续篇，连写作风格都刻意模仿威尔斯本人，这一点绝对令人信服。

你可以说："这种理论在逻辑上是一致的，不过平行世界的观点确实很独特，它似乎只是局限于科幻小说之中"。然而令人惊讶的是，物理学上真有一种学术上被认可的类似观点，它就是"量子力学的多世界诠释（many worlds interpretation of quantum mechanics）"。这是休·埃弗莱特（Hugh Everett）于1957年发表在《现代物理评论》（Reviews of Modern Physics）的文章中首次提出的观点。按照休·埃弗莱特的观点，不仅有两个平行的世界，而是有无数多的平行世界，并且会像兔子一样不断繁衍[1]。

要想理解这一原理，我们必须谈一谈量子力学。这种理论可以只预测一个实验可能出现的各种结果的概率，但不能确切地告诉你到底会发生什么。所获得的概率来自所谓的物体的波函数，以及决定某个物体的波函数如何在不同的物理环境中随时间变化的量子力学的方程式（我们还不必注意这些）。

我们所知的一切告诉我们，量子力学是一种决定所有系统行为的物理理论，不管这些系统是大是小。在宏观范围（涉及的是日常普通尺寸的物体），量子力学认为物体的行为方式是非常确定的，这可以通过经典（牛顿）力学来进行预测。所以在对待日常事物时，我们可以忘记烦琐的量子力学理论，而只依靠我们所知的对这类物体行之有效的牛顿运动定律。但是一旦涉及原子或者亚原子尺寸的物体，要想预测符合实验观测的结果，就必须使用量子力学理论了。

让我们以一个电子为例来看一下。电子除了有着位置和速度之外，一般认为它还在沿着某种轴旋转或自旋，就像扔出的一个曲线球一样。按照量子力学理论原理，电子的旋转速度只有一个可能的值，而不像一只棒球那样存在着无数个旋转速度（电子的旋转速度如同许多其他可观测量一样，是"量化的"，只会是某些可能的值，这就是这种理论被称为"量子力学"的原因）。电子的自旋只有两种可能性，即顺时针的或是逆时针的。假设我们最初看到电子时，由它所处的状态的波函数可知，它沿着顺时针方向自旋或逆时针自旋所出现的概率是2/3或者1/3。再让我们把这个电子放进一种叫作斯特恩-革拉赫（Stern-Gerlach）的装置，它是用来测量自旋方向的。假定这个装置上带一个指针最初指向0的刻度表。在测量之后，当自旋方向为顺时针时指针指向1，若为逆时针则指针指向2。假设我们进行了这样的测量实验，并观察到在这种情况下，在2/3的时间里，指针都指向1。根据通常对量子力学的诠释，或称作"哥本哈根"诠释，在进行测量之后，波函数会立即发生变化，并指出一个电子顺时针自旋的概率为1，逆时针自旋的概率为0。我们会发现自己正在观察的这只刻度表处在包含了一个顺时针自旋电子的宇宙中，

---

[1] 享誉极高的《自然》杂志在2007年7月号一期中刊登了一些文章，其中很多篇幅都以恰当的非专业方式探讨了近年以来对休·埃弗莱特作品的观点。

指针指向1。

在哥本哈根学派的理论中，被测量的微观物体（电子）是一个用波函数来描述的量子力学系统。但是，大型测量装置则被认为是一个经典系统，完全可以用牛顿经典物理学来描述其行为。在实际应用中一切都很正常，可以很容易地区分我们在观察系统的哪一部分，我们一般都以经典理论来对待这些实验仪器。然而，从原则上讲，却没有一个令人满意的办法来对此进行区分。只要我们有一个好用的理论，能让我们做出符合实验结果的预测，物理学家就会感到满意。我们还是把这些原则性问题交给哲学家去考虑吧。不过休·埃弗莱特在1957年的论文中认为，在一种真正正确的量子力学理论里面，也应该像对待被观测物体那样用量子力学的方式去对待实验仪器。为了做到这一点，他发展出一种称为量子力学的"多世界诠释"理论。

在这种多世界诠释理论中进行测量，会发生以下现象：在测量了电子的自旋之后，测量仪器以及进行观测的观测者会处于两个不同的状态。你会发现自己有2/3的概率处于刻度表指针指向1的状态（或者"世界"），且电子做顺时针自旋。而还存在着第二个"世界"，在这里的观测者看到的刻度表指针会指向2，此时的电子做逆时针自旋，你会有1/3的机会存在于这个世界里。

一般来说，在多世界诠释理论中，无论在何时进行测量，宇宙都会出现一些分支，从而在量子力学法则所允许的条件下，每一种可能出现的实验结果（通常都会多于2个结果）都存在于各自的世界之中。在每一个世界里，实验仪器都会显示一种可能的实验结果，所测量的量也会存在相应的值。在每个世界里都会存在一个查看刻度表的观测者的翻版，他会看到刻度表上所显示的对应那个特定世界的数值。我们的同行莱瑞·福特（Larry Ford）就喜欢这样说："来自多世界诠释的好消息，就是他们总会意外获胜。而坏消息则是按照量子力学来测算的话，最终出现一个特殊世界的概率，会与测量之后所获得的相应结果的概率相等。"因此，成为那个"幸运"的你，并出现在你中了头彩的那个世界里的概率，与真正中头彩的概率是一样的。所以先别急着打点行李准备进行环球旅行吧。

请注意我们谈到的只是多世界诠释，而不是多世界理论。也就是说，如果没有时间机器，哥本哈根诠释和多世界诠释——至少在多数物理学家看来——都会出现相同的实验预测。在这两种情况下，当你在进行某项测量时，同样的数学计算也会得出一个特殊结果的概率，而这也是量子力学法则所规定的。所以我们很难通过实验检测来对两种理论进行选择（就像在相互矛盾的两种理论中进行抉择那样），因为如果没有时间机器的话，它们所做出的实验预测是相同的。只不过它们对事物发展做出的解释或者描述方式有所不同。

按照哥本哈根诠释，在某些给定的情形下，你可以算出一个可以观测到的量具有某个特定值的概率，就如同测量仪器所显示的那样。而在多世界诠释中，在测量之后，所观测的量并不只有单一的值。你可以算出你处于特殊状态或"世界"中的概率，在这里所测量的量就像测量仪器上所显示的那样，会有一个定值。不过还会有其他的世界，在这些世界里你的"翻版"会发现他们自己所进行的测量也会获得不同的结果。无论你采用何种描述方式，在观察所测量的量的给定值时，都会得到相同的概率——这是量子力学法则所预测到的。

既然难以依据实验来取舍哪种诠释是正确的，那么选择哪一种方式只不过是一种选择喜好而已。因为这个原因，有人也许会说，关于多世界诠释的讨论只不过是物理学家餐桌上谈论的话题。多数物理学家可能会更偏爱哥本哈根诠释，这也是我们几乎一直在量子力学入门课程中给学生讲授的内容。这样可以避免复杂的多重平行世界。但是从学术角度来看，可以说多世界诠释会更显示出内部的一致性。无论如何，大多数物理学家也许会勉强同意这样的观点，即如果你想要接受多世界诠释，你大可以去那么做。不过很多人感到，引入数目无穷多的平行宇宙，只是为了解释电子的行为，这会造成太多的形而上学包袱。

不过请注意，上述讨论的前提是你不能制造一台时间机器。这种假设当然会是正确的。但是我们更想探讨的是，到底能否制造出时间机器。牛津大学的戴维·多伊奇（David Deutsch）在1991年的《物理评论》中的一篇文章指出，如果多世界诠释是正确的（多伊奇相信它是正确的），就会出现一种非常有趣的可能性。如在祖父悖论中，一个时间旅行杀手会发现自己又到了一个不同的埃弗莱特"世界"，所以当他实施了卑劣行为之后并不能产生任何悖论[1]。

根据多世界诠释，你一旦处于一个特殊的世界，就不能感知到其他世界的存在。就像我们上面的思想实验，你只能存在于指针指向1或2的那一个世界。在前一种世界里，测量后的电子进行的是顺时针自旋，你不会知道它进行逆时针自旋的那个世界。而在电子逆时针自旋的那个世界里，会有你的另一个翻版，看到刻度表的指针指向2。

你也许会问自己，"我能不能把指针从1推到2，这样就可以在另一个世界里发现我自己？"情况要比那复杂得多。测量仪器属于宏观物体，要想完全地描述它的状态，你不仅要确定它的指针读数，还要确定它的内坐标，也就是构成它的那些大量的每一个原子和分子的坐标。所以要把测量仪器处于埃弗莱特两个世界之一的状态转变成另一个世界的状态，就必须对那些数量极大的坐标中的每一个都进行重新调整。换句话说，测量装置在两个世界的全部宏观态与微观态都要相同。而在实践中，测量仪器的两种状态随着时间发生转变的发生概率非常小，基本上是零。对于这种情况，物理学家的说法是，测量仪器在两个不同世界中的量子态是"退相干"的。

现在让我们以多世界理论的观点来看一下外祖父悖论。我们假设有一台在图9-8中所描述的虫洞时间机器，且端口 B 的时间是2260年，端口 A 的时间为

[1] 实际上我们还没谈到另一个复杂问题。完全说清楚这个问题太专业化了，我们只能做一个简单概述。其实如果在时间机器存在的情况下，多伊奇的观点需要对量子力学法则进行重大修改。这就必须使用称为"密度矩阵"（density matrices）的术语来描述系统状态，而不能使用标准量子力学里面的波函数。那其实也属于普通量子力学的一部分，但却是用来描述相互没有影响的一大批相同系统可能出现的平均性态。如果要采用多伊奇的方法，就必须使用密度矩阵来描述一个单一的系统。如果真的使用了波函数，就会发现这样会出现一个突兀的变化——其数值会发生跳跃，就像一个人穿越了虫洞一样。这在前面提到的艾伦在2004年《物理评论》的一篇文章中进行过探讨。这些不连贯的跳跃属于非物理性的，在量子力学里面，波函数的这种行为表明所描述的系统拥有无限的能量。那么大自然是否会改变业已建立的量子力学法则，以允许多伊奇教授实现返回到过去的时间旅行计划呢？这个问题实在难以回答，除非我们拥有时间机器来进行实验验证。量子力学的一般法则是非常完善的。但是，这些法则从未经过时间机器的验证，我们必须慎重推断物理学定律，因为在新的情况下这些定律还没有得到验证。

2200年，这样虫洞两端的外部时间差异要比前面所说的大得多。但要记住，这与虫洞的内部长度无关。所以我们还可以假设，你作为时间旅行者从B端口进入虫洞，在60年之后再从端口A出现，从自己的手表上看，你只度过了极短的时间。再想象一下，因为某种特殊原因，你回到过去并杀死了自己的外祖父。在一个宇宙中，你作为一个成年人走出时间机器并杀死自己的外祖父。你也可以在这个宇宙中继续活下去（要是你外祖父生活的时代还施行死刑的话，可能你也活不多久）。在那个世界里，你没有出生，所以你也不会是一个孩子或者青年人，因此你也不会进入时间机器。那个世界的观测者就会感到有些迷惑不解，因为他们的记载里面显示，有人在2200年出现于端口A，但他们却看不到有人在2260年进入端口B，因为你进入了另外一个艾弗莱特世界的虫洞。而这并不会构成逻辑上的矛盾，因为我们没有在同一个世界里出现一个既发生又没发生的事件。

在这个艾弗莱特的第二个世界里，历史再次如同曾经那样展开，根据你的记忆或者其他记录，你也很清楚这段历史。直至你进入时间机器为止的这段过去的历史，已经发生在这个世界里，并且不能被改变。比如你可能会出生在2230年，在这个世界里，并没有在时间机器里出现一个成人版杀手的你自己，并回到过去杀死外祖父。于是你会像既成的那样享尽余生，甚至可能在2260年进入虫洞的端口B，从此消失，不再出现在这个世界里。和以前一样，这个世界也不会产生逻辑矛盾，虽然人们会看到令人迷惑不解的现象。在这种情况下，人们在2260年会看到时间旅行者进入端口B，可是却不会有任何历史记载曾经有人在2200年走出端口A来到这个世界。这样一来就成功地避开了外祖父悖论，就如同许多基于"平行世界"概念的科幻小说那样。

所以，在时间机器存在的情况下，多世界诠释就变成了多世界理论。实际上，可以通过利用时间机器前往过去来验证这种理论，你可以去观察一下是否进入了一个新的世界，在这里所发生的事情是否与你的记忆不同。例如，你也许会遇见一个还没有进入时间机器的年轻的你。如果最后这个理论是正确的，而且有高级文明能够造出时间机器，那么就可以进行没有悖论的回到过去的时间旅行。

　　再让我们简要介绍一下在多世界框架里，信息悖论是以什么方式解决的。以本章前面所提到的数学家证明定理的悖论为例。从多世界观点来看，数学家从时间旅行者那里得到了证明方法，而这个时间旅行者来自于一个不同的艾弗莱特宇宙。在时间旅行者出发的那个宇宙，这位数学家因其独自证明出了某一定理而出名。于是这条定理得到公开发表，时间旅行者便从一本教科书中把它复印下来，交给了另一个宇宙中的数学家。因此，多世界原理对于信息悖论的解决是这样的：这段信息是以正常方式产生的，但却是在与时间旅行者到达的宇宙不同的另一个宇宙。

　　艾伦于2004年发表在《物理评论》的论文中更详尽地阐述了多世界观点，多伊彻的论文最初也是在这本刊物发表的。我们在图10-2中用虫洞代替了时间机器，并且用台球代替了人类时间旅行者。在使用该模型进行探讨时便出现了悖论。先来回顾一下，我们的一只台球准备穿过一扇打开的门，进入虫洞的端口B，再出现在端口A。我们称这个球为"入射球"，当然也可以称它为年轻的球，因为按照球上面的时钟来看，如果这只球要穿过虫洞进行回到过去的时间旅行的话，它会更年轻一些。在虫洞端口A外部，设有一个探测器，可以发现台球是否从虫洞出来，一旦台球现身，探测器就会发出无线电信号并关闭那扇门，于是一开始台球就不能进入到端口B中。

　　这种情形很像按照两种概率进行自旋的电子。在某一设定的时刻，台球或者从端口A出现，或者不出现。我们可以假设端口A的探测器上面有一个刻度表，就像测量电子自旋的仪器上的一样。在这个例子里面，指针最初指向0，一旦台球从虫洞中出现，指针就会指向1。在下午4：00以后，就会出现两个艾弗莱特世界。在其中之一，即我们称作0世界的世界里，虫洞外部的观测者认为没有球出现，指针仍指向0。在这个0世界里，因为没有球出现，所以就不会发出无线电信号，门是打开的，于是在下午5：00时，入射球到达端口B并进入到里面。这个世界与图10-2（b）中的右侧所描述的内容相符［这与图10-2（b）中的左侧所描述的内容不同，因为没有发现从端口A出现的球］。而在另一个世界里，球在下午4：00从端口A出来，并被检测到，于是指针便指向1，也发出了让那扇门关闭的无线电信号，因此这枚入射球就不能到达端口B。我们把这个世界称为1世界。这个世界与

图10-2（c）中描述的内容相符。这一切都是在模拟我们所探讨的外祖父悖论。只不过这里是用台球代替人，用一扇门的关闭代替杀死外祖父的行为。

有人或许会对这种多世界的方法提出异议。正如我们所说的那样，一旦进行了测量，并开始进入多个不同的艾弗莱特世界，这些世界之间彼此是毫无所知的。由于退相干现象，人们不能从一个世界进入到另一个世界。那么台球又是怎样在那扇门打开的0世界进入虫洞，最后到达1世界的呢？而它在此出现又会让指针指向1，并导致那扇门关闭。问题的关键是探测器只用了极少而又非零的时间让指针从0指向1。球刚在出现的那一刻，还没有被检测到，在两个艾弗莱特世界里，指针都是指在0位置。因为这只球是进行返回过去的时间旅行，它刚好是在测量即将结束前出现的。用物理学家的术语来说，这两个世界还没有进行退相干，是测量过程导致了突然出现不同的两个世界。在那一点上，测量仪器发现了台球出现在两个世界中的一个世界，在这个世界里指针自然是指向1的，而且门也会关闭。于是，当测量过程完成并出现了两个世界之后，这只球在0世界进入了虫洞端口B，又在端口A出现，最终到达指针指向1的世界。这恰好是多伊彻所设想的两个艾弗莱特世界之间的交叉关联。这一点之所以能够成为可能，是因为这只球在进行回到过去的时间旅行，并在虫洞端口A出现时，检测器还没有因为观测到球的出现而发生内在状态的突变。正是这种突变把0世界和1世界联系起来。

再看一下对于不同的观测者来说会是怎样。首先来看0世界中外部的观察者。他们会看到入射球在端口B进入虫洞。对他们来说，这只球消失了。于是在这个世界里，没有球会从端口A出现。实际上这只球并没有丢失，它只是回到了过去，并在1世界出现。不过在0世界的观测者对此一无所知。

再来看一下1世界的观测者看到了什么。在这个世界的观测者会看到，在下午4：00时，球出现在端口A。但那扇门却因此而关闭，入射球在到达端口B之前就被阻止了。于是这个世界的外部观测者就会发现，没有球进入端口B。因此，在1世界的观测者就会看到无缘无故地从端口A出现了一只球。这只球其实是来自于0世界，而在1世界的观测者则对此毫无所知。

我们在上述内容里描述了外部（即虫洞外部）的观测者所看到的情景。现在再让我们从一只假想的聪明小虫的角度看一下这个问题，它带着钟表，附在台球上面进行时间旅行。在小虫的钟表到了下午4:00的时候，开始发生世界的分歧，最终会出现两个艾弗莱特世界，每个世界出现的概率为50/50。在第一个世界里，附在入射球上的小虫没有看到有台球在下午4:00从虫洞现身，于是刻度表的指针一直指向0，那扇门也是打开的。这其实是小虫的翻版，它应该处在0世界。然后它在下午5:00顺利抵达虫洞的端口B，这个时间在小虫和外部观测者的钟表上都是一致的。小虫进入了虫洞，并在其钟表的下午5:00、外部观测者钟表的下午4:00之后不久从端口A出来，因为它穿越虫洞回到了外部时间的过去，在它的钟表上看，所用时间很短，但在外部观测者的钟表上显示是一个小时之前。它刚一出现，就听到了探测器发现它所发出的信号，并看到刻度表的指针从0指向1。其实也就是它已经进入了1世界，虽然它觉得并没什么突然的变化。

接下来，小虫会注意到门已关闭，它会在下午4:30的时候看到门阻止了另一只球，使这只球不能到达端口B。另外那只附有小虫的球也与它的另一个自我非常相似。不过它记不得曾经撞过那扇门，因为当它从那扇门穿过时，门是开着的。假如这只小虫与另一只小虫交谈，它们会发现，直到下午4:00以前，它们的经历是相同的。这样一来在1世界里就出现两个版本的小虫。年轻的（按照它自己的时间）那只小虫就是在1世界里、最初前往端口B的那只小虫的翻版，而此时外部时间为下午4:00，刚好开始分化出两个世界。而另一只小虫按照自己的时钟则是年老的小虫（年长1小时）。这就是我们一直跟踪者的那只小虫的翻版。这只小虫通过穿越虫洞进行了回到过去的时间旅行，进入了1世界。与它的年轻自我相遇之后，这只年老的小虫便沿着我们没有提及的某个路径前往未来了。

小虫的第二种可能性，就是当它在下午4:00朝着那扇门和端口B前进时，会看到在端口A出现了另一只球。于是指针便从0指向1，它会看到它路径上的那扇门关闭了，这使它在下午4:30一下子撞到了那扇门上，也就是说，停止前进了。然后它会看到另一只球，上面也有一个旅客，看起来很像有点年老的自己，这只球沿着另一个路径跑掉了。如果这只小虫再次与另一只相互交流，就会发现直到下午4:00之前，它两个有着相同的经历。

因此，在这两个世界的任一个世界里，每只小虫——或者更准确地说，最初的单一体的两个艾弗莱特翻版中的任何一只下午4:00之前的小虫——都看到了以完全一致的方式所进展的事件，其中并没有悖论式的矛盾，只是发生了见到另一个自己的怪事。但是这并不自相矛盾，也就是说，这并没有导致逻辑上的矛盾。从这种可能性来看回到过去的时间旅行是很有可能的。

综上所述，似乎多伊彻的量子力学多世界诠释观点为回到过去的时间旅行提供了一种一致性的理论。它不再需要那些看似几乎不可能出现的事件，比如由唯一的这类理论（香蕉皮机制）所产生的结果。

10.7 "切碎捣烂"

我们迄今为止所介绍的理论，对于单一的点状物体来说，是非常适用的。我们认为电子和其他各种基本粒子都是这类物体。但是，我们还对另一种复杂情况一无所知，就像艾伦在他的论文里所写得那样，在多世界理论中，回到过去的时间旅行可能会严重损害人的健康。像人体或台球这样的宏观物体，都包含着许多原子和分子的这一类个体成分。所以从原则上讲，他们都可以被分成小块。这些物体在走出虫洞或其他时间机器时，都会花上一定的时间。比如台球的前部离开虫洞时，其后部还没离开（从它自身的时间来看）。如果是台球的话，它离开时所需的时间，等于它的直径除以它的运动速度。

总体来说，问题是怎样能造出一种足够敏感的探测器，能在台球完全出现之前就探测到它。假设探测器发现台球出现所用的时间少于台球全部从虫洞出来所用的时间。例如，当球仅仅现身一多半时就被探测到了。再假设探测器的灵敏度使其只有在球现身超过一半的时候，才可以被触发。那么我们所讨论过的两个艾弗莱特世界，即球从虫洞出现的那个世界和球没有出现的另一个世界，应该是在台球尾部离开虫洞之前分裂产生的。

这会对我们前面的探讨产生什么影响呢？对于台球的前一半球体来说，没有发生任何变化。当指针指向0时，它从虫洞中出现（分化成两个艾弗莱特世界之前），再被检测到，当然就进入了1世界。但球体的后半部分出现时，已经开始分化成两个世界了。球体后半部分出现的那个指针指向0的世界，就会与1世界失去联系。于是两个世界会变成退相干状态，它们之间就不能发生转变了。这样一来，我们的1世界只有球体的前半部分。在这个世界里，那扇门已经关闭，阻止了入射球到达端口B。但是，这个世界里不包含球的后半部分，这一部分在两个世界进行分化时进入了端口A。这样一来它就被留在了0世界。而球的后半部分只是球的小半部分，所以不能引起触发动作。于是，在0世界里，球的这一部分将会从虫洞出来，但又没有触发探测器。所以在这个世界里，指针仍然指向0，那扇门仍然是打开的，那只年轻的台球就会通过这扇门到达端口B并进入虫洞，再被分成两半。球体的前一半会进入两个世界中的1世界，后一半会待在另一个世界里。

实际上这个问题会更加严重。探测器灵敏度越高，情况就越糟。假设我们提高了探测器的灵敏度，让它能检测到相当于从端口A现身的台球球体1/50的一小片。我们再做一些改动，让探测器在检测出台球出现的一小片球体时，不仅让指针指向1，还能记录观测时间。我们现在就可以发现能够在50个不同的艾弗莱特世界里检测到台球现身的那一小片。这些世界应该都是不同的世界，因为每个世界的观测者都会看到不同的时间显示。在每一个世界里，因为检测到了出现的那一小片球体，那扇门就会关闭，所以在任何一个世界里，入射球都不会穿过虫洞端口B的那扇门。而且这些世界中的每一个，只包含入射球的一片球体。

所以，如果我们使用了一台足够灵敏的探测器，那么台球（人、飞船，以及其他任何通过虫洞进行回到过去的时间旅行的物体，依此类推）就会以很多碎片的形式出现，而且每一碎片都对应着一个艾弗莱特世界。

你也许会对自己说，"那么，我自己也许不能从通过虫洞进行的回到过去的时间旅行活下来了，我还打算在华尔街干点什么出格的事并引发下一次金融危机之前，把我的401（k）退休储蓄账号的钱从股市取出来呢。不过，我倒是可以向过去的我自己发一条提醒信息来达到同样的目的。"但不幸的是，这个办法同样会遭遇我们前面谈到的问题。

你可以用莫尔斯电码的一些点和线来编写一条信息。如果多伊彻是正确的，你就会发给你自己一条只包含一个点的信息。这很像向虫洞发出一个单一的电子。但是只包含一个点的信息不能承载很多内容，而且想要在一直存在的随机静态背景里面找出那个点信号会十分困难。要想传送很多信息量，一条信息里必须要包含许多点和线。但是你会发现这种结构的信息和一个扩展的实物一样，会遭遇到相同的问题，信息里包含的文字会进入到不同的艾弗莱特世界。最后在你的那个特定"世界"里，你只能收到传来的一条支离破碎的毫无意义的信息。

多伊彻的量子力学多世界诠释观点，可以避免在回到过去的时间旅行中出现悖论，他通过一种聪明的方法从物理学角度实现了科幻作品中"平行宇宙"的概念。我们假设某种高级文明解决了制造时间机器的技术难题（这将在第11章和第12章里进行讨论）。乍看上去，多世界理论好像能够避免那些与返回到过去的时间旅行有关的悖论。但不幸的是，正如我们已经看到的那样，这种理论似乎意味着只有微观物体（比如电子）才能够利用时间机器完好无损地完成时间旅行。而更复杂的系统（包括人类在内），在通过时间机器时可能会被分解成其自身的更基本的成分。这一点应该是真的，因为如果使用灵敏的探测器来观测这一系统，那么当该系统自时间机器现身时，其单独的组成成分就会被"切碎捣烂"，并进入到不同的艾弗莱特世界。因此，我们可能会得到这样的结论，人类或飞船等宏观系统，只能利用香蕉皮机制，才有可能进行返回到过去的时间旅行。这意味着物理学法则认为，这样的时间旅行者会遇到随手扔在路面上香蕉皮（只是一个比喻），即便这也是一种极不可能发生的巧合的结果。

Time Travel and Warp Drives

A Scientific Guide
to Shortcuts
through Time and Space

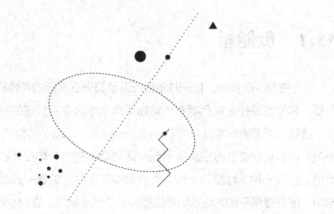

11

"别总是负面"：奇异物质

"你的引力消失，负面消极也帮不了你……"

——鲍勃·迪伦《好像拇指汤姆的布鲁斯》

（Bob Dylan，"Just Like Tom Thumb's Blues"）

你要保持积极向上，消除负面影响。

——强尼·莫瑟《积极向上》

（Johnny Mercer，"Ac-Cent-Tchu-Ate the Positive"）

11.1 负能量

我们在第 9 章看到，有关时间旅行以及超光速旅行的各种机制都涉及使用奇异物质。它到底是什么东西呢？奇异物质这个术语在它所在的物理学领域里的含义是：违背了所谓的弱能量条件（weak energy condition）的物质/能量。弱能量条件规定，所有观测者在时空里所测到的局部能量密度（单位体积中的能量）不应是负值。这是一种"局部"条件，也就是说它在时空的每一点都适用。在经典物理学中，所有被观测到的物质和能量都服从于这个条件。在第 9 章中，已经谈过相对论要假定这类能量条件的原因。我们再简单总结一下几个要点。

从原则上讲，如果已知在物理上合理的物质和能量分布，就能够解出爱因斯坦广义相对论方程式，从中获得源自这种物质与能量的时空几何结构。问题是爱因斯坦的方程式本身并没有告诉我们"物理上合理的"物质或能量是由什么构成的。没有另外假设的话，你大可以用另外一种方法。你可以先按照需要的特性来勾画出时空几何结构，再以此反向推导出你用于生成这个时空几何结构的物质与能量分布。要是真能如此的话，那么爱因斯坦的方程式就会毫无预测力了。既然任何一种几何结构都是由某种物质与能量分布所产生的，那么你可以按照这个过程来得到你想得到的任何东西。相对论所规定的能量条件，是可观测物质和能量要遵守的条件，这也让物理学家推理出了广义相对论中的某些重要数学结果。其中就包括彭罗斯和霍金著名的"奇点定理"（singularity theorems），该定理证明了黑洞之内以及我们的宇宙之初都存在着奇点。

"负能量"应该是违背弱能量条件的能量（或物质）。我们以后会交替使用负能量和奇异物质这两个术语。我们先纠正一个常识性错误。就像我们曾在第 9 章谈到的那样，《星际迷航》中"企业号"星舰的曲速引擎估计就是使用物质-反物质反应来作为动力的。我们在第 9 章说过，阿库别瑞曲速引擎也需要奇异物质。所以，奇异物质就是反物质吗？错了！我们可以肯定地说，奇异物质不是反物质。一个粒子与它的反粒子相撞（比如电子与正电子），会产生伽马射线束，而这种射线是有正能量密度的。正电子携带的电荷与电子相反，但它们都有正质量。因此当它们相互湮灭时，所产生的是正能量而不是负能量。所以《星际迷航》的物质-反物质反应并不能为我们提供曲速引擎所需要的那种能量。

我们在使用"奇异物质"或者"负能量"这些术语时，没有按照具有"负质量"的传统粒子进行对待。假设你突然发现了"负质量棒球"，那这些球的行为是怎样的呢？如果存在着这样的物体，那么世界就会变成一个十分奇怪的地方。具有正质量的粒子会具有吸引力，而具有负质量的粒子则具有排斥力。如果具有正质量的粒子会朝着地球的引力场落下来，那么也可以认为负质量粒子会飘上去。这样一来，似乎就有可能区分出局部的重力与加速度了，而这正与我们迄今为止所看到的相反。

假设我们有两艘飞船，一艘在真空中以恒定的1g在进行加速，另一艘停在地球表面。每艘飞船上都有两个粒子，一个具有正质量，另一个具有负质量。两艘飞船上的两个粒子一旦被释放，每艘飞船里的观测者都会看到什么？在外部观测者看来，在那艘加速的飞船里，两个粒子释放出来，地板会加速前进并接近这两个粒子。而在飞船里面的观测者则会看到，两个粒子以相同的速度，也就是以1g的加速度朝着飞船地板"落下来"。而那艘静止于地球表面的飞船，按照我们前面的分析，两个粒子被释放之后，具有正质量的粒子会坠落下来，而那个具有负质量的粒子则会"朝上"飘去。这意味着两个内部观测者会看到不同的情形，而根据等效原理，他们应该看到相同的情形。负物质粒子在地球重力场中真的会向上飘吗？这让一些著名物理学家也感到迷惑不解。

再让我们仔细分析一下这种情况。我们把正物质粒子的质量记为m，把负质量粒子的质量记为$-m$（我们假设$m>0$）。上面所描述的情形包含着一个隐性假设。为了得出结论，我们私下假定，尽管负质量粒子的重力质量是负值，但它的惯性质量仍是正值。我们另外再假设等效原理也适用于负质量物质，包括物质的正负符号。也就是说如果一个粒子的引力质量是负值，那么它的惯性质量也是负值。于是，如我们将展示的那样，上面所描述的看似矛盾的情况就可以得到解决了。

我们可以运用牛顿的万有引力定律来确定作用于每个粒子上的地球引力的方向。先回忆一下万有引力定律的方程式：

$$F = -\frac{GmM}{r^2}$$

式中，M假设为地球的质量；G为牛顿万有引力常数；r为粒子到地球（中心）的距离。对于正质量粒子而言，所受引力正如上述等式所示，负号表示引力方向是向下的。对于负质量粒子而言，我们得到的引力是$F=-G(-m)M/r^2=+GmM/r^2$；正号表示引力方向是向上的。但要想知道粒子加速度的方向，我们不得不运用牛顿第二运动定律：$F=ma$。对于正质量粒子，我们可得出 $F=+ma$，且 $F=-GmM/r^2$。我们把这两个表达式进行等量代换，两边消掉 m，便得到 $a=-GM/r^2$，所以加速度的方向与我们所期待的一样，也是向下的。这是因为正质量粒子的加速度方向与其所受的引力方向是一致的。而对于负质量粒子，我们可得到 $F=-ma$，（因其质量是 $-m$），且 $F=+GmM/r^2$，再把这两个表达式中的 F 进行等量代换，并消去 m，得到 $a=-GM/r^2$，于是实际上负质量粒子的加速度也是向下的。这是因为尽管负质量粒子所受的引力是向上的，但引力与它的加速度方向是相反的，而不是像正质量粒子那样，引力与加速度方向是一致的。所以不能通过负质量粒子来区分局部的引力与加速度。

假设有一颗质量为 $-M$ 的负质量星球，我们在这个星球的附近释放了一个正质量粒子。会有什么事情发生呢？它们之间的引力会产生相斥作用（$F=+GmM/r^2$）。于是正质量粒子所受到的引力是向上的。对于正质量而言，引力与加速度的方向是一致的（$F=+ma$），因此，正质量粒子便会被负质量星球排斥出去。而在这个星球附近释放的一个负质量的小粒子，则会感到一股引力把它吸向这个星球。因为在这种情形下，$F=-GmM/r^2$，两个质量前面的负号已经相互消除了。但是，对于负质量粒子来说，它所受引力与加速度的方向相反（$F=-ma$），所以负质量粒子也会加速离开这个星球。

再让我们看一个更特别的例子。假设一个正质量粒子和一个负质量粒子的质量分别是 m 和 $-m$，它们处于空中且远离任何引力物体。当这两个粒子从静止开始运动时，会发生什么呢？这种情况可参见图11-1（图中力和加速度的正方向为向右）。负质量粒子用1来表示，它因粒子2所受的力为 F_1；同理，粒子1所获得的加速度为 a_1。同样的条件也适用于粒子2。

由图11-1可知，正质量粒子会被负质量粒子所排斥，从而加速离开它。而负质量粒子也受到正质量粒子的排斥，但是因为负质量粒子所受的力和加速度方向相反，所以它朝着正质量粒子的方向加速。最终的结果就是两个粒子相互追逐，而又保持一定的间距，且速度逐渐增快。事实上，前面谈过的正质量粒子悬浮在负质量星球上也会发生相同的情况。在那里，星球产生的朝下的排斥力会使星球向上加速。但是由于星球质量巨大，根据牛顿第二定律的方程 $a=F/m$，星球的加速度极小，难以被发现。

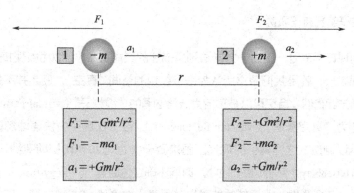

图11-1 正质量与负质量，负质量会追逐正质量

乍看起来，这似乎违背了能量和动量守恒定律。在这种情况下，能量守恒定律要求，两个粒子所构成的系统的动能（因运动所具有的能量）+势能（位能，位置不同产生的能量）应保持恒定，因为这两个粒子构成了一个孤立的系统。同样，动量守恒定律也要求这两个粒子的质量总和乘以速度（运动的快慢及方向）保持恒定。粒子的动能（按照牛顿物理学）为$KE=1/2mv^2$，v即为质量m的速度。粒子的势能则是它的质量乘以速度，即$p=mv$，在这个等式里面，同样也要考虑到运动的方向。因此对于这两个粒子而言，所得到的能量守恒定律公式就是：

$$总动能 = KE_1 + KE_2 = \frac{1}{2}(-m)v^2 + \frac{1}{2}mv^2 = 0$$

我们此处省略了势能。两个粒子的相对位置是恒定的，所以它们的势能也是恒定的。同理，动量守恒公式是：

$$总动量 = p_1 + p_2 = (-m)v + mv = 0$$

于是我们在此得到了一个特殊的结果，它符合能量和动量守恒定律——实际上总动能和总动量都等于0，而这两个粒子却在不断地加速来相互追逐。我们肯定会感觉到这里还是有什么不对的地方，因为这简直就是一顿"免费的午餐"。在真实的世界里，我们根本看不到会有这样的事情发生。关于上述结果，更形象一点的说法是，如果有人向你投来一只负质量的棒球，由于所受的力与加速度的方向相反，你必须顺着球的方向去击球才能把它拦下❶。而就我们所知，我们的世界里

---

❶ 经典物理学对负质量的更多深入探讨请参看理查德·普莱斯（Richard Price）发表在美国物理杂志（American Journal of Physics）61期（1993年）216-217页的一篇趣文《负质量也有正面的趣味》（Negative Mass Can Be Positively Amusing）。

所有的粒子都具有正质量。

我们现在再来看一下量子力学法则所描述的负能量概念。20世纪物理学最惊人的发现之一，就是我们通常所认为空空如也的空间"真空"，其实并不是空的。量子力学告诉我们，真空可以被形容为波涛汹涌的"虚粒子"（virtual particles）海洋，或称为"真空涨落"（vaccum fluctuations）：粒子在真空中快速地忽闪忽灭，以至于难以测量。这幅真空的现代图画来源于20世纪20年代初期韦纳·海森堡（Werner Heisenberg）所提出的"能量-时间不确定性原理"（energy-time uncertainty principle）。若要测量一个系统的能量以获得某一准确值ΔE，就需要一定的时间，这段时间称为ΔT。而若要探测一个极小空间，就需要在极短的时间内进行测量，也就是需要更小的ΔT值。但是根据能量-时间不确定性原理，测量所用时间越短，所测到的系统能量的不确定性就越大。两者的乘积永远不会小于某一个自然常数，即$\Delta E\, \Delta T \geqslant \hbar$恒成立，其中$\hbar$为普朗克常数除以$2\pi$。普朗克常数是以马克斯·普朗克（Max Planck）的名字命名的，他是20世纪初期量子力学的创立者之一，这个常数像光速一样是一个自然恒定量。该常数用于描述极小的尺度，就像光速用来描述极快的速度。如果按照日常的普通单位（如公斤、米或秒这些术语）来表达的话，普朗克常数的数值非常小。所以我们按照日常事物的尺度，就根本注意不到量子力学的效应。根据能量-时间不确定性原理，如果在极短时间内测定某一空间的能量，所测能量的不确定性就会很大。这种不确定性使得真空中的粒子在这段极短的时间内忽闪忽灭，难以被直接观测到。

我们说过，虚粒子或真空涨落发生得极快，根本不能被直接观测到。不过你会说，我还以为物理学是研究能测量到的事物呢。确是如此。其实真空涨落的间接效应是可以测到的。氢光谱的兰姆移位［Lamb shift，以首个测量者威利斯·兰姆（Willis Lamb）的名字命名］就是一个例子。与所设想的位置相比，"光谱线"（每一种化学元素的原子所发出的光的特定波长都是独一无二的，光谱线由此而来）的位置会稍有移位。人们发现这些线条的位移，是由于真空涨落造成的。

再来探讨一下量子力学中更多有关负能量的例子。第一个是卡西米尔效应（Casimir effect），这是亨德里克·卡西米尔（Hendrik Casimir）在1948年发现的。他认为两片平行的不带电金属板在相互靠近时，会由于真空涨落而受到吸引力。在很多场合都测到了这种力，其中最近的一些测量都与卡西米尔的预测有几分吻合。从这种力的表现形式可以计算出金属片之间的能量密度。值得注意的是——

这也与我们的目的有关，测出的能量密度为负值。也就是说金属片之间的能量密度要比没有放置金属片的真空的能量密度低。能量密度减少了$-1/d^4$，这里d是金属片之间的距离，这意味着随着两片金属片相互靠近，负能量会随之增加。虽然已经测到了金属片所受到的力，但其能量密度极小，还难以进行直接测量。可以看到，要想在卡西米尔效应下获得大量负能量，必须把金属片之间的区域限制在极小的范围。

第二个效应是黑洞的"蒸发"，它是斯蒂芬·霍金在1975年预言的。霍金指出，当量子场论（即量子力学应用于场理论）应用于黑洞时，便可以推测出黑洞会泄漏出粒子与辐射，从而在这个过程中黑洞的质量有所减少。可以通过多种方式来思考这个过程。其中一种设想就是黑洞的存在干扰了它周围的真空，导致负能量流入黑洞并补偿了正能量的"霍金辐射"，遥远的观测者便根据黑洞的质量减少来看到这种效应。这种辐射的速度与黑洞质量的四次方成反比。其结果是，这种效应对于具有恒星质量的黑洞来说非常微小。不过也有可能存在一些质量相当于一座大山而只有一个基本粒子大小的迷你黑洞，这些黑洞也许是在早期极密集的宇宙中形成的。对于这些迷你黑洞来说，霍金辐射的速度极大，可造成强烈的爆发。尽管霍金辐射（目前）未被观测到，而且这种效应对于我们可能发现的黑洞来说也十分弱小，但是霍金的研究却有着深远的意义。他的研究成果使黑洞物理学法则符合热动力学原理，对广义相对论、量子理论和热动力学等三个物理学领域产生了深刻的影响。而负能量则在其中起到了关键作用。

量子理论中负能量的第三个例证是量子态，也就是所谓的光的"压缩态"。在传统的电磁波里面，电（或磁）场在时间和空间上都有明确的定义。但在量子力学中，由于受制于不确定性原理的量子波动的缘故，只能对这些场进行大致的时间和空间定位。例如，我们可以在一张纸上画出一条正弦曲线，用来表示一个在空间某一点随时间发生变化的传统电场。量子电场由于存在着作为叠加在通常传统时间变化上的随机波动，于是就被描述为一种模糊的正弦曲线，而不是像传统电场那样的一条清晰的正弦曲线。

另外，可以通过"欺骗"不确定性原理，以便能够在波的某一特性方面（比如在相位上）降低波动，使其处于不确定性原理的极限值以下，同时在其他方面（比如在振幅上）增强波动。振幅可以显示出波峰的高度，我们可以认为当相位确实沿着时间轴延伸时，就会出现波峰。更准确一点，相位决定了$t=0$时的电场值。

在不同时间产生波峰的两个波，可以称为是"异相"的。这在图11-2中进行了说明。当然实际上并没有让不确定性原理失效，只不过是把量子波动从一个变量"变换"到了另一个变量。

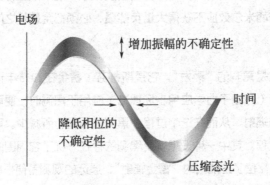

图11-2　呈压缩态的光。降低光波相位（位置）的不确定性
以增加振幅的不确定性（波峰的高度）

真空状态是传统上不存在电场的状态，但是量子真空却存在波动，使得电场的值接近于0。我们也可以"挤压"量子真空以产生一个所谓的压缩真空态。可以把量子真空想象成一个长的装满水的气球（它会有一种"模糊"的不明确的表面，就像我们前面谈到的模糊不清的量子电场波一样）。制造一种压缩的量子态可以比拟为沿着水气球的长度在各个位置上进行挤压。这样的挤压会使得受挤压处变窄，并让其他部位变大。对量子真空进行压缩，会降低某些空间的波动，而又会增强另外一些空间的波动。现在可以在量子光学实验室常规制造压缩真空态，它的技术应用包括对引力波探测器进行降噪，以及研究更为有效的量子信息处理及算法。

对于我们而言，压缩真空态的有趣之处是它与负能量相关。图11-3显示了随时间变化的压缩真空态中的能量密度简图。我们可以看到被正能量密度（较大）区域包围的周期性负能量密度凹谷。这些状态也像卡西米尔效应一样来自于实验室。因为这些状态的负能量密度极低，所以难以被直接测量到。

在20世纪60年代，爱因斯坦（Epstein）、格拉泽（Glaser）和杰夫（Jaffe）在数学上证明了任意一种量子场理论都包含一些量子态，在某一点上其能量密度会是负值。他们的论证随后被推广到能够让人发现一些在某一点的能量密度为任意负值的状态。所以量子场理论本身就允许违背弱能量条件。

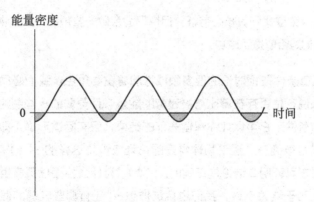

图 11-3　压缩真空态中的能量密度。压缩真空态中存在着正、负能量的振荡区域，
请注意正值区域总是大于负值区域

这样我们就可以看到，量子理论让我们必须严肃对待负能量的观点。在另一方面，如果物理法则没有对负能量做出限制，那么任何事情皆有可能。其中就包括虫洞及曲速引擎、时间机器、违反热动力学第二定律（例如无源电冰箱），以及黑洞的瓦解。这类事情是好还是坏则取决于每个人的观点。

11.2　平均能量条件

在这种能量条件的情形中，理论物理学家认识到如果确有这些限制条件，就必须要证明出几项有力的结论，例如创造了我们的宇宙的大爆炸是否存在，以及黑洞中心如何形成奇点。这些限制条件除了看似合理之外，实际上也可以在实验上符合物质与能量的传统形式要求。然而，后来却发现量子物质与能量会违背所有已知的能量条件。那么到底该怎样做呢？

我们物理学家主要还是与大自然进行周旋。我们可以对所设想的自然界活动进行猜测和假设。这些猜测可以出于多种不同动机。人们也许会说，"嘿，要是世界真能这样该多棒啊！"或者"如果这是真的，那我也可以证明其他有趣的事情也是真的。"有时也许会是相反的语气："这事要是真的，那这个世界可太疯狂了，肯定发生了我们根本看不到的事情。"像后一种说法，我们一定是想要知道为什么世界没有按照这种或那种方式来运行。而对我们的猜测的最终评判，则一定是要与真实存在进行较量，也就是要进行观察和测量。理论物理学家可以建造简单的世界模型，以希望找到其核心特征，但也只适合做一些预测。实验物理学家则会检验理论家们是否取得了成功。

鉴于能量条件在相对论的很多领域扮演着重要角色，我们必须要看一看对于负能量来说，是否存在着比与被违背的能量条件更弱的一些制约。也许你会发现这样的条件：它可以让你保留先前的结果，但实际情形确是即使这些较弱的限制也没有被遵守。理论物理学家的论证应该是这样的：（1）"指出 A 是正确的，然后方可证明 B 结论是正确的"；（2）"为什么会相信真实世界已经满足条件 A？"对于能量条件，我们也会这样想："还有哪些较弱的假设，可以让我们证明出相同的结果，同时还可能是正确的？"在时空的某一点上，已经违背了普通的条件，但还从没测量到时空中的单一点上的任何数据。那些测量都是在空间的某一区间内，利用了最短时间完成的。按照这样的想法，会存在着这样一种可能性，即量子场论虽然允许在局部（例如在某一点或者有限的区间）违背能量条件，但却可能有一种平均能量密度（如沿着某一观测者的世界线上的平均能量密度）总是非负值。"平均能量条件"（averaged weeke energy condition）是在 20 世纪 70 年代由弗兰克·提普勒（Frank Tipler，现任教于杜兰大学）首次提出的。他指出，广义相对论中的很多已知结论都可以利用这些弱能量条件得以证明。

许多人提出了各种形式的平均弱能量条件，这些人包括迈阿密大学的格里格·盖洛威（Greg Galloway），以及长岛大学的阿尔温德·博尔德（Arvind Borde）和汤姆。这种条件对某个测量线（如自由落体运动）的测量者世界线上的能量密度进行了平均。如果这种条件是属实的，尽管这个测量者在他的世界线的某一点会遭遇负能量，但他仍然会在此前或此后发现具有补偿作用的正能量。还有一个条件尽管是独立的，也在这个研究领域起到了重要作用，那就是"平均零能量条件"（averagcd null energy condition）。大体上讲，它很像平均弱能量条件，不过却是从零或类光性测量线上进行平均所得到的。这种条件对我们的探讨非常重要。约翰·弗里德曼（John Friedman）来自威斯康星大学密尔沃基分校，而克里斯汀·施莱克（Kristen Schleich）及唐·维特（Don Witt）都来自不列颠哥伦比亚大学，他们证明了所谓的拓扑审查定理（topological censorship theorem），更广泛地说明了若要保持一个适于旅行的虫洞，一般都会违背平均零能量条件。正像我们随后所看到的那样，斯蒂芬·霍金也指出，必须违背这种条件，才能在有限时空内建造时间机器。

虽然在大多数情况下可以满足平均弱/零能量条件，但是已经发现，在其他情况下这些条件都被违反了。在没有界限的平直时空里（例如卡西米尔金属片），平均弱能量条件是适用的。而平均零能量条件在平直时空里也是有效的，甚至最近发现它在有界限的平直时空中同样有效。但是，目前提出的这两种条件，在某些弯曲时空中却是不适用的。其中的一个问题就是，即使这些条件是正确的，但若想利用负能量来创造奇迹，仍然遥遥无期。例如，假设一个观测者的世界线使他穿过了负能量区间，根据弱能量条件，他随后必将遇到补偿性的正能量区间，但是对于在什么时候才能出现正能量，却没有一个确定的时间框架。假如正能量在25年之后才出现，那么在这25年期间，观测者就必须确实能够操纵负能量以产生强大的效应，比如可以违背热力学第二定律。

11.3 量子不等式

对于平均能量条件的研究，曾经存在着平行且紧密相关的两种方式。人们再次试图发现是否在扩张区域里（例如在观测者的世界线上，而不是仅在某一点上）存在着对负能量的制约❶。如果存在的话，那么这些制约条件必然允许违背我们所知的能量条件，但仍然强大到能够防止出现混乱。这项研究是莱瑞·福特（Larry Ford）在1978年发起的。他认为量子场论应该给负能量"通量"（也就是负能量流）和密度设定界限，就像海森堡的能量-时间原理的关系式那样，但只是一个带有相反方向符号的不等式：$|\Delta E| \Delta T \leqslant \hbar$，其中$|\Delta E|$代表负能量的数值（即绝对值），$\Delta T$代表时间，$\hbar$为普朗克常数除以$2\pi$。图11-4所示的就是这种具有物理意义的界限。假定一位观测者穿越了一段数值为$|\Delta E|$的负能量。这种界限要求他不仅要遇到补偿性的正能量，而且还要在不迟于$\Delta T \leqslant \hbar|\Delta E|$的时候遇到。这种限制的意义在于，观测者最初穿越的负能量能值越大，正能量出现的时间间隔就越短。

---

❶ 我们在此讨论的量子不等式是沿着观测者世界线上的平均值。最近克里斯·福斯特（Chris Fewster）和加尔文·史密斯（Calvin Smith，当时在约克大学）已经证明了一些量子不等式，这些不等式不仅沿着世界线有效，也在一些时间和空间内有效。这是一个正在进行研究的领域。

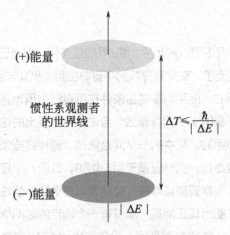

图11-4 量子不等式的物理学描述

福特指出，这种限制只能被某一类有限的量子态所遵守，他推测这种情况通常应该是正确的。福特在1991年提出了一个正式的证明，认为这种限制适用于某些量子场理论中的任意量子态所出现的负能量流，这是一个极其有力的结论。在1995年，福特和汤姆把这一证明推广到了负能量密度。自此以后，这些限制逐渐被称为"量子不等式"。鉴于其对虫洞和曲速引擎的意义，我们应该更详细地谈一下这些限制（更准确）的形式。

我们在这里要讨论一下应用于那些称为"开放场"（free fields）（比如平直时空里的电磁场）的量子不等式形式。这样便可以简化一些理论问题，因为在这些理论中，我们还不清楚自然界产生的各种场之间所产生的相互影响。"相互作用场理论"（interacting field theories）的一般问题都更加难以通过数学手段来处理。

假设在平直时空中（无重力），有一个存在负能量密度区间的量子场和一个任意惯性系（匀速运动）观测者，他的世界线刚好穿过这个区间。假如该观测者有一台仪器，可以按某一时间长度（比如T_0）来对能量密度进行取样，我们称这个时间长度为"取样时间"。在数学上，我们可以用"取样函数"来表达这个过程。为了这里的讨论，暂且先把取样函数想象为定时开、关的测量仪器。打开的大部分时间长度都是T_0。我们可以随意选定T_0的值。再让我们把"取样的能量密度"设为$|\bar{\rho}|$，于是能量密度的量子不等式的形式就是：

$$|\bar{\rho}| \leqslant \frac{C\hbar}{c^3 t_0^4}$$

式中，c 为光速；C 为一个常数，它一般小于1，但其数值取决于取样函数的特殊形态。取样函数都应该是平滑的，也就是不应该出现跳跃和弯曲，一般要有较好的数学表达形式。能够有这种形态的函数是很多的，这其中每一种都可能代表测量仪器的细微差别。例如，某一取样函数代表一种需要5秒钟才能达到全部灵敏度的仪器，这样一来它的平均测量时间就是10秒钟，另外的5秒钟用来关机。另一个函数则可能代表另一种仪器，它仅用1/100秒就可以达到最高灵敏度，接着在1/10秒之后逐步关机。

让我们来看一下量子不等式的右半部分。分子中的 $\hbar$ 按照通常的单位来看是一个很小的数值，而分母中的 c^3 则非常大，C 为小于1的常数。于是 $C\hbar/c^3$ 就是一个很小的数字。原则上讲，我们可以随意选择取样时间 T_0。而如何能够获得较强限制的取样时间，有点像金发姑娘在三只熊的家里选择哪一碗粥一样麻烦。如果取样时间选择的比较短暂，那么我们的取样函数在负能量区间的中部就会是非零值，而且会是一个负值，并迅速下降。所以这样的选择会为我们提供一个很弱的限制。而更长的取样时间也能够发现正能量，但却因此不能更好地检测负能量。只有与负能量延续时间相等的取样时间才能获得最佳结果。

因此，要想获得对负能量更强大的制约，我们所选择的时间 T_0 必须是负能量密度所持续的时间段。这样我们就可以得到 $|\bar{\rho}| \leq \dfrac{C\hbar}{c^3} \cdot \dfrac{1}{T_0^4}$，其中 $\dfrac{C\hbar}{c^3}$ 是一个极小的数。我们看到，T_0 越大，即负能量密度持续的越久，负能量密度（在量级上）就越小。如果我们换一种方式，让负能量密度在量级上更大，那么从量子不等式的限制上来看，其持续时间就不会很久❶。如果在我们的区域内，负能量和正能量密度在时间上被分割开来，那么我们要选择的取样时间最好与这个时间间隔相等。在这种情况下，在负能量初始密度为某一数量时，我们便可以约束正能量所出现的时间，这与图11-4所描述的情形更加相像。要是我们把取样时间定为0，那么我们所进行的取样就只在一个点上，而能量密度在时空的单一点上可以为任意负值，这与先前的结果相符合。要是我们把取样时间定为无限长，那么我们就是在沿着观测者的全部世界线取样，于是这个量子不等式的制约就会减小而成为平均弱能量条件。因此，在平直的时空里，平均弱能量条件总是来源于量子不等式的限制。

---

❶ 对所能获得的最大正能量没有限制。

量子不等式的影响力在于这些不等式已经被证明适用于所有量子态以及所有惯性观测者（在不存在任何限制的平直时空里——对于卡西米尔效应将做另外讨论）。这包括本章一开始讨论过的压缩真空态。我们至少可以得到这样一个暗示，即图11-3是正确的，正能量峰值大于负能量的凹陷部分。

另外还有一点值得强调。虽然量子不等式很像能量-时间不确定性原理，但不能说后者是由前者推导而来的。量子不等式是严谨的数学限定，都是直接由量子场理论所衍生的，其推理过程应用了几种不同的数学方法。假如量子不等式在实验上被验证为错误的，那肯定是量子场理论有什么差错，然而这个理论已经经受住了上千个实验室试验。

最初由福特和汤姆所推导的对能量密度的量子不等式限制，所取的是一个特殊的取样函数。几年以后，英国约克大学的克里斯·福斯特（Chris Fewster）和西蒙·伊夫森（Simon Eveson）提出了更为简洁的量子不等式的推导式。与使用特殊的取样函数的福特-罗曼分析（Ford-Roman）相反，福斯特和伊夫森的方法的独到之处是适合于任意取样函数（这里再次假设函数曲线都是光滑的，另外数学过程都很正常）❶。除莱瑞·福特外，克里斯·福斯特与其学生及合作者在此领域所做出的贡献，可能比其他人所做的更多。他高度严谨和高超的数学技能使得量子不等式得以推广，其中有一些不仅适用于平直时空，也适用于曲翘时空。量子不等式已经证明适用于自然界已知的一些场，如电磁场和电子的量子场（所谓的狄拉克场），以及其他一些可能存在的场。但是有一个例外，这些不等式只被证明适用于自由场理论。要想概括二十年来对量子不等式的研究成果，可能需要另写一本专著了。

11.4　所有完美的物理学都用过镜子

量子不等式本身并不妨碍负能量的存在，这些不等式只是高度限制对正、负

---

❶ 应该注意的是每一个取样函数都会对负能量密度产生一个正确的限制，但并不一定是合适的。一个糟糕的取样函数会造成极弱的限制，而更准确的选择则会产生较好的限制。其实两种限制都是正确的，只不过后一个会比前一个的限制力大。例如，假设我们一年可以花在汽车上的费用为 x。如果我们的年收入为50000美元，则 x 明显应 ≤ 50000美元。假设从月工资中扣除各种支出以后，我们确定最高月储蓄额为1000美元。于是我们得到 x 的限值为 ≤ 12000美元。这两种限制都是正确的，但是后一个限制值则比前一个更能够说明 x 的可能数值。

能量的任意分割。否则的话，可以想象取一束包含正负能量区域的射线，然后设法把正能量分离出去，再让这束射线照到宇宙深处，然后再把单独的负能量传回到你的实验室里。保罗·戴维斯（Paul Davies）就曾在他的著作《如何制造时间机器（How to Build a Time Machine）》（2001）中提到了这样的情形。正如当时都在伦敦皇家学院的戴维斯和斯蒂芬·菲林（Stephen Fulling）在1970年所提出的理论那样，可以通过改变运动中的镜子的加速度，来产生正、负能量脉冲。实际上，除非加速度相当大否则辐射的量都极为微小。然而，我们可以考虑以下的情形。先产生一个初始负能量脉冲，然后是一段没有射线的阶段，紧接着是下一个正能量脉冲（通过镜子的照射轨迹来完成）。再利用第二面镜子（或一组镜子）沿着一个方向反射负能量。在两次脉冲的间隔内，把第二面镜子转变到一个新位置，以使到达的正能量脉冲按较小的不同角度发生偏离。在远离第二面镜子的地方，正能量与负能量就会相互分离得越来越远。多次重复这一过程，就能够获得分离出来的大量负能量，你便可以用它来制造虫洞、曲速引擎、时间机器或者别的什么。

但是，想象一下一个远离任何一面镜子的惯性观测者，他的世界线刚好与负能量相交。由于正能量已经偏离到别处，因此这位观测者看到的就只有负能量，而没有补偿性的正能量。而这会违背适用于所有量子态的量子不等式，可这又确实会发生在所有平直空间的惯性观测者身上。所以，量子不等式会排除这种情形的出现。而所能预计的是，转动镜子的过程中，产生了正能量，并对负能量进行了补偿（我们刚才说过，转动镜子可以产生又可以反射正、负能量）。于是远方的观测者便会遇到负能量和补偿性的正能量。如果想要通过把负能量捕获到镜箱里来分离脉冲的话，也会发生相同的情况。如果在正能量到达之前关闭镜箱的门，那么这个门就如同移动的镜子，可以产生补偿性的正能量。

作为例外，我们要说一下，在戴维斯-菲林分析所选用的二维时空（一个时间维度和一个空间维度）里面，只有一个空间维度可用于镜子的运动。其结果是，发射出最初的独立负能量脉冲的镜子会撞到截获这个脉冲的惯性观测者，除非在相撞之前让镜子停止。而阻止镜子的动作又会产生一个（更强的）正能量脉冲。我们可以看到，在后一种情况下，对于任何与第一个脉冲相遇的惯性观测者，两个脉冲之间的时间间隔 ΔT，以及负能量的数值 $|\Delta E|$，受制于这样的关系：$|\Delta E|\Delta T \le \hbar$。所以，初始负能量脉冲越大，正能量到达前的时间间隔越短。

在四维中，情况更加复杂，也很难得到一般精确解，所以戴维斯和菲林选择在二维时空进行研究。这也是第6章中所提到的情况的一个例证，它可以让我们从一个二维的"玩具"模型中获得对复杂的三维空间有价值的预测。

11.5　量子利息与卡西米尔效应

数量纷繁的量子不等式中的另一个例子，是预测一种被称为"量子利息（quantum interest）"的效应。假如我们把负能量看作是一种能量的"借贷"，那么可以看出，大自然是一位精明的银行家。正如我们看到的那样，这种借贷不仅要在某一有限时间内用正能量来偿还，而且实际上正能量还必须对负能量进行超额补偿。也即是说，这种借贷要连本带利一起偿还。此外，这种超额补偿还随着负债时间的延长和负债额的加大而增长。例如，我们最初给定某一固定的负能量值。在量子不等式限定的时间内，距离正能量随后出现的时间越久，届时所出现的正能量就应该越大。

再让我们回到卡西米尔效应，它是迄今为止所谈到的平均弱能量条件及量子不等式的一个反例。因为两个金属片之间的负能量与时间无关，因此可以随意延长。但是，我们也发现负能量值的变化等于1除以金属片距离的4次幂。这意味着要想获得更大的负能量密度，就应该局限于在一个很薄的空间区域内，即两片金属片之间的距离要非常小（当然从原则上讲，金属片的面积可以按照我们的意愿做的很大）。但是，实际上金属片之间相互接近的距离还是有一个极限的。卡西米尔能量密度的计算认为，我们可以把金属片处理的相当光滑并使其不断延展，也就是说，我们可以忽视金属片是由单个原子组成的这个事实。一旦金属片之间的距离接近于金属片原子间的距离，距离的近似性就会被打破。这样一来，我们也不能期望依靠卡西米尔表达式来准确地模拟出能量密度。这意味着我们不能在实验室中使用卡西米尔效应来产生任意大的负能量密度。

我们可能会问，有没有别的办法，比如通过改变一个场的量子态，来增强金属片之间的负能量呢？换言之，把两个金属片之间通常的"卡西米尔真空态"转变成另外一种量子场态，是否能够把负能量降低到卡西米尔真空的负能量水平以下，而又让金属片之间的距离保持不变呢？其实答案是否定的。如果我们注意到卡西米尔状态与其他状态的能量密度的差异就会发现这种差异也要遵守量子不等式。这种"差分不等式"的影响是，人们不能在任意长的时间里任意降低能量密度，使之低于卡西米尔真空能量密度。所以要想让能量随着时间处于负值且保持静态，就必须把负能量限制在一个狭窄的空间区域内。

在外，美国米德伯理学院的肯·奥卢姆（Ken Olum）和诺亚·格雷厄姆（Noah Graham）已经建立了平直时空中两个相互场的一个例子，其中的一个场模拟了一个约束区域（类似于卡西米尔金属片），另一个为受限于这个区域内的场。他们发现，像卡西米尔效应一样，可以获得静态的负能量区域，且可以随意保持到很久。在这个模型中，平均弱能量条件是无效的（对于卡西米尔效应也是无效的），因为总是可以选择永远位于静态负能量区域的观测者的世界线来平均取值。与卡西米尔的情况不同，在这里证明一个不等式类型的差异，从概念上来讲就有点困难，因为形成限制区域的界限，与被隔离起来的场之间并非分得很清晰。因此可以说，他们的这个简化模型，只是适用于二维空间，而不是通常认为的三维。奥卢姆和格雷厄姆利用这个假说，可以很容易地处理计算过程。但是他们获得的结果，却意味着量子不等式（至少它们的初始形式）在某些相互作用场是不适用的。

需要指出的是，奥卢姆-格雷厄姆范例的重要性在于它很近似于卡西米尔效应。他们的模型的特性是，负能量密度的量值与其空间范围是成反比的关系，也就是说，大量的负能量都被局限于狭小的区域内。此外在负能量外围还存在着更大的正能量区域，所以根本不能把负能量分离出来。因此他们的范例不能说明可以获得没有正能量陪伴的大量负能量 ❶。

有趣的是，奥卢姆和格雷厄姆却指出，他们的模型是符合平均零能量条件的。这是因为任何一束穿过能量为负值区域的光线，都必须穿过存在着更大正能量的相邻区域。他们模型中的这种负能量，应该不能用于制造虫洞，因为制造可供穿越虫洞的必要条件，就是必须违背平均零能量条件。

这对于卡西米尔效应也是一样的。在那种情形下，对于在两片金属片之间穿过且与之保持平行的光线实际上（出于技术原因）是符合局部零能量条件的。而

---

❶ 但是，他们分析的情况是其系统中的最低能量态，它类似于卡西米尔真空态。因此如果要考虑这种态与系统中其他任何一个量子态的能量差异，应该也要证明该系统的"差分不等式"。

在金属片之间垂直穿过的延长光线却会违背这个条件。但是，对于平均零能量条件而言，我们不得不沿着整条光线路径来取平均值，当然也包括与金属片相互作用的部分。金属片的正能量远远大于它所能抵消的存在于它们之间的负真空能量。我们能想到的一个解决办法是在金属片上钻出细孔，以便让光线穿过金属片，而不与之产生相互作用，这样的话，光线就可以只接触负能量了。正如格雷厄姆和奥卢姆在后来的一篇论文中所提到的那样，金属片上的小孔边缘，对于平均值产生的影响是正的，而且还超过了金属片之间所产生的负能量。这个结论近来得到了推广，已经涵盖到一般类型的界限，这可以见于福斯特、奥兰姆和米奇·芬宁（Mitch Pfenning，美国西点军事学院的一位文职教员）的研究成果。

这个结论非常重要，因为它说明不能使用卡西米尔能量来保持一个可供穿越的虫洞。在莫里斯、索恩和尤瑟弗所提出的最初的虫洞时间机器模型中，他们将一副卡西米尔片安置在靠近虫洞喉部的位置，并使用卡西米尔真空能量来获得足以维持虫洞开放的负能量。但是在这个模型中，一个穿越虫洞的观测者必须穿过那些卡西米尔片。如果我们想要在卡西米尔片上面开洞，让观测者穿越过去，就会打破维持虫洞开放的那种精细的负能量平衡（其结果参见上节所述内容）。

尽管在某些时空中会违背平均零能量条件的原初形式，但这个条件在一种经过适当修改且保有相同物理学意义的形式下，至少还是有可能被遵守的。这些物理学意义会包括没有可供穿越虫洞和时间机器的存在。另一方面，福斯特、奥兰姆和米奇·芬宁以及奥卢姆和格雷厄姆最近的更多研究也对此进行了证明。

但是，道格·厄本（Doug Urban，任教于塔夫斯大学）和肯奥兰姆的一些最新研究表明，总是可以设定一些平均零能量条件被违背的情形。我们提及这个研究成果主要是为了介绍的完整性。还要指出的是，这仍是一个处于研究中的领域。如果有一条类光性测地线，则沿着这条测地线的某些部分存在着负能量。要想证明这一点，需要沿着这条测地线使用一种在数学上被称为"共形变换"的方法，这种方法主要是为了把负能量区域的水平提高到测地线整体的平均值。其技术细节已然超过了我们在此的讨论范围。这些新近发现的违背平均零能量条件的情况是否适用于虫洞和曲速引擎的时空仍不得而知。

厄本和奥卢姆指出，平均零能量条件的各种变量公式都适用于一些"试验场"，这些场都非常弱，不足以改变所在的背景时空几何（想象一下一只弹子球在中间放了一只保龄球的橡胶垫上滚动的模拟过程。这小球可以当做一个"试验粒子"，与保龄球对橡胶垫压迫所形成的弯曲相比，小球的压力可以忽略不计。"试验场"就是这个意思）。他们推测，一种"自洽的"平均零能量条件在正常考虑到"试验场"中的引力效应时，是可以成立的。不过，这会是一个非常棘手的数学问题，截止到本书写作之时，我们仍然不知道答案（一些简单的事例除外）。

11.6 负能量与经典场

在本章中，我们主要探讨了量子场条件下的负能量。所有可观测到的经典场都遵守我们前面谈过的能量条件。但是，还是有一些理论上的经典场（这些场可能会存在）在其他一些物理学领域（如在粒子物理学和宇宙学领域）是违背弱能量条件的。其中一个经典场被称为非最小耦合标量场（nonminimally coupled scalar field，NMCSF）。这个名字可是相当绕口。与其搞清楚这些词的技术含义，不如让我们先来描述一下这样的场对于负能量是怎样表现的，毕竟这才是我们在这里探讨的主要目的。

既然是经典场，就不会直接受到量子不等式制约，因为这些制约只适合量子场。那么也许就可以利用这样的场来产生较大的负能量流和密度，从而形成强大效果。在20世纪90年代末期，当时都在圣路易华盛顿大学的卡洛斯·巴塞罗（Carlos Barcelo）和马特·维瑟（Matt Visser）指出，从原则上讲，这样的场会违背所有能量条件。他们提出了如何利用NMCSF作为保持虫洞开放所需负能量的来源来建造虫洞。不幸的是，用来描述这种场要达到那样的程度所需的参数似乎非常大，甚至可以说是超过了物理限度❶。他们的虫洞存在的另一个令人十分困惑的特点是，虫洞两端外围空间区域的牛顿引力常数的符号竟然是不同的（巴塞罗和维瑟认为，要想修复这个问题，就要在混合物质中增加一些正常物质）。他们提出假设需要的场参数其实也会像黑洞那样导致违背热力学第二定律，尽管这并未得到证明。

然而，当时在约克大学的福斯特（Fewster）和鲁茨·奥斯特布林克（Lutz Osterbrink）的研究表明，在平直的时空（以及某些种类的弯曲时空）里，NMCSF

---

❶ 具体来讲，这种场必须能呈现出反普朗克值（也就是超过猜测的量子引力尺度）。

并不遵守平均弱能量条件及平均零能量条件。此外，他们还指出，与这些经典场相关联的负能量也表现出量子性的利息特征，就像一个负能量脉冲必须获得正能量脉冲的过量补偿那样。他们的研究结果也说明，只能通过非常巨大的（也可能是非常不现实的）场来获得大量且长久持续的负能量。这个结论与巴塞罗和维瑟在试图建造其虫洞模型所需要的场参数是一致的。

尽管这一节探讨的是经典场，我们最后还是要提一下量子NMCSF的最新成果。福斯特和鲁茨·奥斯特布林克在他们的第二篇论文中表示，那些量子场并不符合量子不等式，至少不符合这些不等式的一般形式。如果你再回过头去看一下本章前面提到的量子不等式，你就会发现，不等式的右边并不依赖场的量子态。福斯特和鲁茨·奥斯特布林克指出，量子NMCSF会遵守一个比较弱的量子不等式类型，在这个不等式类型中，它的右边部分并不依赖量子态。能量密度可以在任意大的时空区域里变为任意负值，但前提是要有总量更大的正能量。他们的结论表明，制造负能量比制造正能量要难得多，而且负能量越大难度越高。截至本书写作时，这些都是很新的成果，我们还有待于完全理解它们的影响。

在没有限制的平直时空里，平均弱能量条件是有效的。平均零能量条件在平直时空中也是有效的，而且根据最近的研究，它甚至在某些有限制的平直时空里也同样有效，但是在某些弯曲时空中是无效的。另外，也有推测显示，经过适当改变，平均零能量条件（即"自洽的"）在这些弯曲时空的情形下也是有效的。

正如我们已经谈到的那样，量子不等式在某些已知的平直时空自由场（非相互作用场）中得到了证明，这些场包括电磁场和狄拉克场（电子场），以及一些可能存在的场。最近又有一些相似的限制在弯曲时空中得到了证实。量子不等式的最初形式并不适用于卡西米尔效应或奥卢姆与格雷厄姆的相互作用场范例。然而，在卡西米尔的案例里（可能在奥卢姆-格雷厄姆的案例里也一样）是可以定义不同的不等式的。这些限制限定了系统的最低能量态（即系统的基态）与任意量子态之间的能量差异。有多个差分类型的量子不等式也在弯曲时空中得到了证实。这些差分不等式显示，不能把负能量调到任意低于系统的负能量基态以下。

　　奥卢姆-格雷厄姆的结论表明，量子不等式的最初形式至少不适用于某些相互作用场。与自由场相比，对相互作用场的分析是一个更为困难的数学问题。所以，总的来说，我们对于量子不等式涉及相互作用场方面的知识水平还处于初级阶段，而这正是目前的研究领域。对于可能存在于大自然中的NMCSF，常见的量子不等式并不适用，但还是有其他适用的公式。那些量子不等式的限制取决于能量的大小，在能量较高时，限制便会加强。

Time Travel and Warp Drives

A Scientific Guide
to Shortcuts
through Time and Space

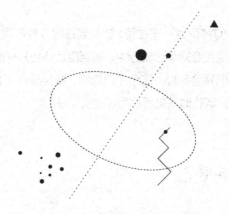

12
勇敢地航向……

"舰长，我不能改变物理学法则。"

——斯考特《星际迷航》

在这一章里，我们将探讨一下在第8章谈到过的几种不同的时空穿越方式的可行性。物理学法则是否会限制这些行为，甚至阻止这些方式的出现呢？在附录6里，还会谈一下著名的霍金定理，这个定理表明，在某些非常合理的假设条件下，在某一限定的时空区域制造时间机器总是需要负能量的。

12.1 弯曲与平直

从前一章的探讨来看，虫洞和曲速引擎所需要的负能量的最合适选择应该是与量子场的某些状态相互关联的。在这些场态下，量子不等式对于虫洞和曲速引擎可能出现的结构有着极强的限制。适用于平直时空的量子不等式也同样适用于弯曲时空，只要我们把时间取样所在的弯曲时空区域限制到足够小便可以在进行时间取样时把它当作平直时空。时空曲率可以用数学值来表述，这个值就是"黎曼曲率张量"（Riemann curvature tensor）[波恩哈德·黎曼（Bernhard Riemann）是19世纪的著名数学家，他在弯曲空间几何方面的研究为爱因斯坦的广义相对论理论开辟了道路]。

任何光滑的弯曲空间都可以被认为是"局部平直的"，也就是说，它在足够小的区域内是平的。例如，我们并不能立即注意到地球的曲率，因为我们日常生活所遇到的许多距离，与地球的半径（即它的曲率半径）相比，都极为渺小。我们可以在实验室地板上画出一个三角形，根据通常的欧几里得几何，它的内角之和为180°。这是因为我们的实验室与地球的曲率半径相比要小得多。但是如果我们在地球表面画出一个巨大的三角形，让它的两条边长沿着经线延长，另一边沿着赤道延长，于是我们就会发现它的三个角之和会大于180°（这种三角形的特性不同于平面，是球面性质之一）。对于一般的球体来说，体积越小，它的曲率就越大。曲率半径越小，表面越"弯曲"，能够被视为平面的区域面积就越小。而对于一个足够小的、可被视为平面的区域，它在各个方向上的尺寸必须要比这个球体的曲率半径小很多。

在四维弯曲时空里，狭义相对论只适用于那些在时间和空间上足够小的区域，这些区域在我们进行各种测量的时间区间里，可以被视为是平的❶。与用一个单一

---

❶ 也就是说，这个区域必须足够小，以便能够在测量时间内忽略潮汐力作用。

178

的曲率半径来表述的球体不同，普通的弯曲时空会有很多个曲率半径，因为在多个空间维度以及时间维度上，都会存在不同的曲率半径。这些曲率半径可以用黎曼时空曲率张量来确定。

量子不等式的优点在于包含了取样函数，我们可以任意设定其中的取样时间。虽然我们所取的平均值，在技术上覆盖了惯性观测者的整个世界线（"测地线"，或在弯曲时空中的自由下落过程），但对平均值最为重要的区域，只有我们选择的取样时间中所包含的观测者世界线上的那部分区域。这样一来，只要选择的取样时间大大小于最小的时空曲率半径，我们就可以把平直时空的量子不等式应用于弯曲时空（我们在此测量取样时间的单位是ct，这也是长度单位）。在取样区域内，时空可以被视为是平直的，因此必须用到狭义相对论法则。如果时空中包含一些界限，例如那些镜片（如卡西米尔效应的情况），道理也是一样的。假设一个（极小的）观测者处于两个卡西米尔片之间，如果按照观测者的参照系来测量，我们所选择的观测取样时间（还是以ct为单位）与两片之间的距离相比非常小，那么原来的量子不等式也可以用于卡西米尔效应。假如我们要用"负能量密度的空间限度"来代替"与一个界限之间的距离"，那么也可能同样适用于上一章讲到的奥卢姆-格雷厄姆范例。

12.2 虫洞与量子不等式

1996年，福特和汤姆按照上面介绍的方法，把平直时空的量子不等式应用于莫里斯-索恩的虫洞时空。他们通过比照最小曲率半径或者与界限的距离来选取最小的取样时间，能够证明对于可能形成的虫洞结构的非常强的限制。如果虫洞是宏观可见的（例如可以允许人类或飞船穿过），那么描述虫洞长度的尺度就会出现极大的差异。否则，这个虫洞的长度几乎不会大于所谓的"普朗克长度"，也就是不超过10^{-33}厘米。普朗克长度决定了虫洞尺度的大小，如果小于这个尺度，目前未知的量子引力法则就会显得十分重要，而我们迄今已知的理论所做的预测会变得不再可靠。

我们所说的"描述虫洞长度的尺度"，是指诸如虫洞喉管的半径以及接近虫洞喉管的负能量区域厚度（沿着半径方向）等。在一些典型例子中，福特和索恩发现，对于一些宏观虫洞（即较大喉管的虫洞），负能量必须被限制在环绕虫洞喉管的一层极薄的区域内。例如，莫里斯和索恩假定的一种虫洞就称为"绝好的"（absurdly benign）虫洞。这是因为他们对虫洞的尺寸结构进行了调整，以便让陷落进去的观测者不会感觉到潮汐力。福特和索恩在把量子不等式运用到这个虫洞时发现，对于一个喉管半径为1米的虫洞（大小差不多只够一个人挤过去）来说，负能量必须集中在环绕虫洞喉管周围的区域，且其厚度不能超过一个质子尺寸的约百万分之一（一个质子的尺寸为约 10^{-13} 厘米或一个原子的 1/100000）。马特·维瑟先前曾认为，让一个1米大小的虫洞保持打开状态所需的奇异物质的质量大约等于一颗木星的质量，只不过符号是负的。而根据能量公式 $E=mc^2$，这个能量大约等于一百亿颗恒星一年所产生的能量总和，只不过符号也是负的。所以要想维持一个虫洞，就必须慢慢爬行，还需要像木星大小的负质量，并让其聚集在厚度不超过质子半径的百万分之一的区域内。如果我们还想要一个尺寸更大的这种虫洞，情况也不会好到哪儿去。喉管半径为1光年的虫洞所需的负能量也必须局限于厚度小于一个质子半径的区域里。

蒙大拿州立大学的布莱特·泰勒（Brett Taylor）和比尔·西斯科克（Bill Hiscock）以及维克森林大学（Wake Forest University）的保罗·安德森（Paul Anderson）大约在同一时期进行的一些其他研究，对几种量子化场的物质/能量曲线进行了分析，企图发现这些场是否可以用于支持可穿越虫洞。在他们研究的所有虫洞模型中，发现与这些场相关联的质量与能量，根本没有可以维持虫洞结构所需的特性。

我们在第9章里曾提到维瑟的"方形"虫洞，其中的负能量都聚集在立方体的边缘，以便让穿越虫洞的观测者不与奇异物质发生接触。如果正方体的边缘很薄，那么这种结构就可以满足量子不等式的限制。许多种粒子物理学和宇宙学理论所预言的、也可能会存在于现实世界中的一种物体，就是人所共知的"宇宙弦"。这是一种密度极大但又非常薄的超长物体。这种宇宙弦的密度之大，即使只有几公里长短，其质量也会为地球质量的几倍。尽管宇宙弦是有负压力的，但仍然服从于弱能量条件，没有负能量密度。所以这种弦不是此处能使用的奇异物质[1]。若要支持一个维瑟立方体虫洞，就需要一些像负能量密度宇宙弦的东西。不过，所有已知的预言宇宙弦的理论都只允许宇宙弦具有正能量。

----

[1] 需要指出，吉姆·阿尔-卡利里（Jim Al-Khalili）所著的普及读物《黑洞、虫洞以及时间机器》（London：Institute of Physics Publishing，1999；214，227）提出了相反的、不正确的说法。

那么首先怎样才能得到一个虫洞。要是在平直时空里，就必须在时空中"凿洞"，来形成一个虫洞。还没有人知道怎样才能做到这一点，甚至都不清楚这是否有可能做到。目前各种最新的量子引力理论，都提出了在最低水平上（例如普朗克长度）的某种空间"微粒"。已故物理学家约翰·惠勒认为存在着一种可能性，即这样尺度的空间会类似于海洋波涛的泡沫。如果在飞机上往下看，海洋表面是平坦安静的。如果我们再在更小的尺度上观察，例如以波峰上的一个波浪的尺度为单位，我们就会看到更加复杂的结构，包括各种大小的气泡、泡沫和细沫。惠勒把这种小尺度的空间结构称为"时空泡沫"。莫里斯和索恩认为，或许极为先进的文明生物能够从时空泡沫中拉出一个超微型虫洞，再把它扩展成为一个可以穿越的虫洞。当然，仍然没有人知道怎样能做到这一点。几年以前，汤姆曾随意地想到，早期宇宙发生的迅速扩张"膨胀"，也许就能把那种小型虫洞扩展到宏观尺度。然而由于各种不同原因，其结果是这种机制看上去并不令人赞同。

在2003年，马特·维瑟和印度理工学院的赛延·卡尔（Sayan Kar），以及印度校际天文学及天文物理学中心的纳莱士·达依奇（Naresh Dadhich）认为，也许能够使用任意少量的奇异物质来制造虫洞。尽管他们得出了这个推论，但并没有设想出能够获得奇异物质的任何来源。如果有人认为这个来源就是与量子场相关联的负能量，那么也就可以把量子不等式应用于这些虫洞。这也正是福斯特和汤姆后来利用更强大的量子不等式所进行的研究。他们发现，维瑟-卡尔-达依奇（Visser-Kar-Dahich，VKD）虫洞还会与量子不等式发生冲突，这些宏观尺度的VKD虫洞既被排除在外，又不受严格限制。这与福特和汤姆先前的结论相近。这样一来，我们可以认为奇异物质的来源，就像先前的巴塞罗-维瑟虫洞那样，是一个经典的非最小耦合标量场，但是我们看到，这些虫洞需要巨大的场参数值。

12.3　曲速引擎与量子不等式

在量子不等式最初应用于虫洞以后，米奇·芬宁和莱瑞·福特对阿库别瑞曲速引擎时空进行了类似的分析，他们假定的所需负能量来源为一个量子场。他们发现，对于曲速气泡的一些限制甚至要严于虫洞。这意味着气泡的厚度受到以下关系式的限制：

$$气泡壁厚 \leqslant 10^2 \frac{v_b}{c} L_{planck}$$

式中，v_b 为曲速气泡的速度；c 为光速；$L_{planck}=10^{-33}$ 厘米，即普朗克长度。所以，除非曲速气泡的速度远远大于光速，否则曲速气泡的厚度就不能超过普朗克长度。至于所需的负能量数量，芬宁和福特的计算结果是，对于一个半径大约为100米的气泡（足以容得下一艘飞船），所需要的负能量值 $|E|$ 可用以下等式表达：

$$|E| \geqslant 3 \times 10^{20} M_{galaxy} v_{bt}$$

式中，M_{galaxy} 为我们星系❶的全部质量。所以，对于一个半径为100米的曲速气泡，需要大约 10^{20} 个星系的（负）质量，这几乎超过全部可见宇宙质量的 10^{10} 倍。

艾伦和汤姆也对柯拉斯尼可夫管进行了类似的分析，发现情况更糟。我们看到即使想要制造一个实验室尺寸的柯拉斯尼可夫管（长、宽各1米），也得需要大约 10^{16} 个星系质量的负能量。而要想制造一个能延伸到最近恒星的管，得需要大约 10^{32} 个星系的（负）质量。而且对于管壁厚的限制，也类似于所发现的对于曲速气泡管壁厚度的限制。

12.4　凡·登·布洛克的"瓶子里的飞船"

克里斯·凡·登·布洛克（当时在比利时的鲁文天主教大学）提出了一个独特的观点，认为可以把曲速气泡需要的负能量大幅度低降低到（仅仅）数倍于太阳质量。我们把这种方法称为"瓶子里的飞船"。我们可以用接下来的橡胶片示意图来看一下这个设想。假设有一个吹胀的气球，把它用一根细管或短管与一张平整的橡胶片相连接。短管的外半径代表曲率气泡的半径。再在涨起的气球底部（二维）表面画一艘飞船（要记住在这些图示里面，橡胶片本身代表空间。胶片内部和外部的区域都不具有物理学意义，只是为了让我们能够看清橡胶片的弯曲状态）。在凡·登·布洛克的模型里面，曲速气泡的外部半径只有大约 3×10^{-15} 米，差不多是一个质子的尺寸。但是，一旦进入气泡，它的内部就会开放为一个巨大的宏观尺度的"弯曲空间"口袋，靠近中心是一个平直的区域，飞船就位于这里。这个区域由一个狭窄的管道与曲速气泡相连。

----

❶ 我们的星系质量大约为太阳质量的一千亿倍。

12

勇敢地航向……

183

与 10^{20} 个星系的质量相比，凡·登·布洛克修改后的曲率气泡把所需的负能量数值减少到只有数倍于太阳质量的大小。然而，量子不等式所要求的巨大负能量密度，仍然是个问题。也就是说，曲速气泡的壁厚受到像阿库别瑞最初的模型一样的限制，不能超过几个普朗克长度。再者人们也不知道怎样才能先把空间弯曲到足以把飞船装到"瓶子"里的状态，又要怎样把弯曲的空间"展平"，把飞船放出来。而且最初的模型还有一个问题，就是没办法在曲速气泡内部来对它进行操控。加拿大皇家军事学院（College Militaire Royal du Canada）的皮埃尔·格拉威尔（Pierre Gravel）和让-吕克·普朗特（Jean-Luc Plante）后来根据凡·登·布洛克关于阿库别瑞曲速引擎的论文，也对柯拉斯尼可夫管做了类似的修改，并得出了相同的结果。

12.5 更多关于曲速引擎的问题

葡萄牙里斯本大学天文及天文物理学中心的弗朗西斯科·罗博（Francisco Lobo）和马特·维瑟对阿库别瑞和纳塔里奥的曲速引擎进行了详尽的分析。他们并没有假定任何奇异物质的来源，也就是不管其本质是符合量子理论还是符合经典理论，所以他们的结论很有普遍性。罗博和维瑟指出，对于气泡的任意低速度，会违背弱能量条件。这意味着对奇异物质的需要并非只与超光速相关，似乎更与曲速引擎实际上是一种"无反作用引擎"的机制相关，这种机制已出现在科幻作品之中。

这意味着什么呢？所有推进系统，例如常规火箭，就是利用了牛顿第三定律的作用力和反作用力原理（也就是动量守恒原理）。这一定律认为，对于任何作用力，都存在着一个相等的反作用力（作用力与反作用力作用在不同物体上，所以不能相互抵消）。火箭会向后进行喷射（物质或辐射）。火箭强迫燃料向后喷出，而燃料又对火箭施加了相等的反向作用力，推动火箭前进❶。而曲速引擎的工作原理则不同，它没有向后喷射的物质来推动飞船前进。飞船只是停在气泡里面，气泡便把飞船带走了。我们所谈到的可以进行自我加速的两个粒子的正、负质量系统（在第11章讨论过），应该也是这样的。在这个例子里面，也不存在燃料喷射以产生让系统前进的反作用力。如果按照这个方式来看，即使曲速气泡的速度再小，

---

❶ 通常在观看太空发射时很容易产生一种错觉，就是火箭是在"推动"地表。如果真是这样的话，火箭就不能在太空飞行了，因为在太空中没有可供"反推"的东西。

也需要负能量,这也许并不令人感到吃惊。

罗博和维瑟还指出,曲率场的全部负能量应该与气泡中飞船的正质量成合适的比例。他们发现,为了让曲率场的全部负能量不超过飞船的质量,气泡的速度就得非常缓慢。还必须提一下,罗博和维瑟的结论全部都独立于任何应用量子不等式的假说,他们对负能量的特性没有做任何假设。

12.6 出路在哪?

再让我们回到对虫洞和曲速引擎进行限制的量子不等式这个题目上来。对我们已经得出的结论不太满意的各位,可能会想到怎样才能避开这些问题。现在我们就来谈一谈。有一种可能,就是设法把与负能量有关的多个不同的场进行叠加(以增强其效应)。虽然这些场单独存在时会受到量子不等式的限制,但是把这些场放在一起,或许就有可能突破限制。不过,你可以设想一下,需要多少自然界最基本的场,才能打破对建造可穿越虫洞的限制。例如,计算结果表明,对于一个1米的虫洞来说,可能需要10^{62}个基本场(如果你是一位弦理论者,又相信自然界真的存在10^{62}个或更多的基本场,那可太难堪了)。

其他的一些可能性,包括一些含有大量负能量的经典场,比如非最小耦合标量场。但是,正如我们在前一章所看到的那样,要想用这些来建造可穿越虫洞,要涉及巨大的场参数值。正如福斯特和奥斯特·布林克最近所指出的那样,这种场的量子化形式不遵守通常的量子不等式(尽管它遵守一种弱化的不等式形式,但有何意义目前仍在研究中)。

还要回忆一下,量子不等式在自由场中已经得到证实。我们从奥伦姆和格雷厄姆的研究中得知,相互作用场不大可能遵守通常的量子不等式。也许这些场会遵守其他一些形式的量子不等式,比如在量子化的NMCSF情形下。对相互作用场进行的计算,在数学上要比对自由场进行的运算复杂得多,因此目前的情况并不明朗,尽管很多人现在仍在对这个问题进行研究。

我们最后再谈一个可能性,那就是近来发现的驱使宇宙膨胀加速的"暗能量",可能会违反弱能量条件。多年以来,天文学家们曾经认为,各个星系之间的相互引力会随着时间推移而逐渐令宇宙膨胀速度减慢。然而，在20世纪90年代末期对遥远星系的观测，令大部分人十分惊讶，因为人们发现宇宙的膨胀正在加速。

问题是，这是由什么引起的呢？因为我们对此一无所知，所以只将其称为"暗能量"，因为它的唯一表现就是看起来类似于引力。不管它是什么，都会有一种引力排斥效应，可以通过几种方式来对它构建模型。其中最为知名的就是"宇宙常数"，它是爱因斯坦引力场方程式里面的一个额外项（但在数学上是允许的）。它最初是爱因斯坦为了保持宇宙的静止而引入的，因为当时认为宇宙是那样的，但在1927年埃德温·哈勃发现宇宙在膨胀之后，这个常数便被抛弃了。爱因斯坦曾称其为他所犯的"最大错误"。而按照目前的情况，也许他说错了。

宇宙常数的作用，是在遥远距离上的一种排斥力。它虽然具有负压力，但却具有正能量密度。所以它不是我们一直使用的术语意义上的奇异物质（更不必说它并不奇异了）。有关暗物质的其他的一些模型，包括一些新型的可能有些奇异的、具有负能量密度的场。在本书写作之时，这些违背弱能量条件的场并不与观测数据相左。目前，暗能量之谜仍是宇宙学领域最备受研究的课题之一，而答案仍遥遥无期。

如果要我们在这些可能性中赌一下，看看什么方式才能逃过量子不等式的结论，以我所见，可以选择相互作用场，或者某种奇异暗能量。但在这一点上，我们的这次打赌还只算是个小赌。

12.7　时间机器的毁灭与时序保护

在20世纪90年代初期，基普·索恩前往芝加哥大学访问时做过一次演讲，谈到了他对虫洞时间机器所进行的研究。他的同事鲍勃·杰拉奇（Bob Geroch）和鲍勃·瓦尔德（Bob Wald）指出，一旦形成了时间旅行的视界，就会有一束射线反复环绕虫洞，出现的次数可达到无数次，并在虫洞上累积起来，直至由此产生的强大能量密度摧毁虫洞。这着实令索恩担心了一阵子，直到他意识到，对于每一个可穿越的虫洞而言，因为虫洞对于光线的离散效应，那些环绕虫洞的辐射射线束也会逐渐离散（参见第9章所讲到的这种效应）。最后，他发现这种离散特性会随着每一次辐射线的穿过，稀释掉辐射线的能量，从而避免出现能量积累。于是虫洞就会很安全。真的是这样吗？

索恩和韩国梨花女子大学的金顺元（Sun-Won Kim）在1992年发表的文章，提出了一个令人惊讶的结论：尽管索恩早期的结论认为环绕虫洞的传统辐射束不会导致虫洞的毁灭，但是现在，他与金却又把注意力转向了在环绕虫洞里旋转真空漂移的效应。他们发现了完全出人预料的事情。与传统的辐射不同，真空漂移不会被虫洞所离散。金与索恩的计算表明，真空漂移会在虫洞里往复出现，并自我叠加，直至摧毁虫洞，而且随处可见，不能被终止。所以看起来虫洞时间机器一旦形成，就会自我毁灭。

但是这也存在着一个潜在的漏洞：所积累的能量密度会在无限小的时间内变得无穷大，随后便又消退了，它只在虫洞最初变成时间机器那一刻才达到峰值。金与索恩应用弯曲时空的量子场理论方法对这个问题进行了分析。这也被称为半经典引力理论。这种理论根据量子力学法则来研究物质与能量，但却根据经典广义相对论理论来研究引力。尽管我们知道这种理论适用范围很宽，但却不是一种完整的理论。我们希望它最终会被一种量子引力理论所取代。麻烦在于一旦的能量密度大到足够摧毁时间机器时，量子引力法则就会失效。问题的关键就是，这些法则能否在造成的能量密度增大到摧毁时间机器之前，就阻止其增长。在索恩与斯蒂芬·霍金三番五次的探讨之后，所得出的结论很可能是：不能。不幸的是，只有我们完全掌握了量子引力法则，才能够真正了解一切。所以，就目前而言，答案还未完全揭晓[1]。

霍金随后提出了他的"时序保护猜想"：物理学法则会阻止建造用来前往过去的时间机器。他最初以为，这种机制是由于在时间旅行视界上所累积的能量密度所致，金与索恩所发现的也是这样。霍金认为，这个过程是对虫洞式以及其他方式的时间机器所施行的时序制约。然而，自从他提出这个设想以来，却发现了一些反证。也就是说，人们可以设计出特殊的模型时空，在这样的时空里面可以形成时间旅行的视界，当人们接近这个时间旅行视界时，在此处所形成的能量密度也不会把视界摧毁。所以，即使大自然想保护时序，也不会总是使用那种机制。

1997年，同在纽约大学的伯纳德·凯（Bernard Kay）和马莱克·拉兹科夫斯

---

[1] 有关这一问题的更多内容可参见基普·索恩的《黑洞与时间弯曲：爱因斯坦的幽灵》（Black Holes and Time Warps：Einstein's Outrageous Legacy，New York：W. W. Norton，1994），第14章。

基（Marek Radzikowski）同鲍勃·瓦尔德一起提出了一个强有力的数学论证，以支持霍金的时序保护猜想。他们用的是弯曲空间的量子场理论方法，也就是半经典引力理论。凯-拉兹科夫斯基-瓦尔德的研究结论表明，一个量子场中表示物质/能量大小（以及其他东西，如压力和流量等）的数量，即所谓的量子应力-能量张量❶，或者当它处于时间旅行的视界上的时候，对于任何物理学上敏感的量子场状态❷而言，既可能爆发（如对于金-索恩的虫洞时间机器），也可能是不确定的。如果它爆发，我们可以设想，时空中所产生的逆反应（back-reaction）会摧毁时间机器。如果这个量是不确定的，那也就意味着，某种敏感的量子场理论对于时间旅行视界的描述是难以实现的。那么也就是说，必须使用量子引力理论来确定所发生的事情。凯-拉兹科夫斯基-瓦尔德的研究结论，似乎是时序保护的有利证据。

但是，维瑟指出，若想确定量子引力论何时失效，并不只取决于量子应力-能量张量何时爆发，还取决于不确定性原理所预测的时空量子波动何时会变得非常大。他指出，这两种形式并不一定非要相同。

维瑟认为，在他称作"可靠性视界"的这个视界上，我们可以依赖半经典引力法则，但一旦超过这个视界，就会需要量子引力法则以决定下一步的行为。他认为，如果时间旅行的视界处于可靠性视界之外，那么凯-拉兹科夫斯基-瓦尔德的研究结论就是可靠的。但是，如果时间旅行视界处于可靠性视界之内，那么在到达时间旅行视界之前，半经典引力法则就会失效。在这种情况下，凯-拉兹科夫斯基-瓦尔德计算所依据的法则，在你到达时间旅行视界之前就已不起作用了，所以凯-拉兹科夫斯基-瓦尔德的研究结论所预计的未来事件值得怀疑。如果真是这样的话，我们就需要用全部量子引力法则来解决这个问题。

例如，在你的时间机器的时空里，当你接近时间旅行视界时，量子应力-能量张量开始迅速增长，但在你抵达可靠性视界时还未发生爆炸，如果没有量子引力法则的话，你就难以确定超过这一点之后会发生什么。可能量子引力法则会阻断爆炸的发生从而拯救这一天，也可能没办到，于是时间机器便被摧毁了。如果没有这些法则，你就无从知晓这一切。维瑟后来又提出了一个令人信服的观点，即时间旅行视界实际上是处于可靠性视界之内的（参见图12-1）。因此，如果要想解

---

❶ 技术性说明：在这里更准确地说，我们的意思是"应力-能量张量"的期望值。

❷ 前面提到的反证具有奇特的特性，即应力-能量张量只会接近时间旅行视界，而不是刚好处于视界之上。

决宇宙是否保护时序，从而禁止时间机器这个问题，应该需要量子引力法则的相关知识。维瑟谨慎地强调，他的研究结论并不意味着可以成功地建造时间机器，它更意味着我们现有的知识还不足以最终回答这一问题。另一方面，凯-拉兹科夫斯基-瓦尔德的研究结论则意味着难以用半经典引力论来描述时间机器的时空。很难想象在只用量子引力法则描述的时空区域中"旅行"，会是什么样子，又意味着什么。当然，考虑到时间旅行的悖论，可以仅仅向这样的区域发送信号，而不必亲自去那里旅行。但是，即使是这样，如果时间和空间没有呈现它们通常的形态，仍然会有问题。

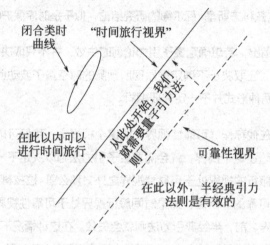

图12-1 时间令旅行与"可靠性"视界。在超越可靠性视界以后，时空就不再适用半经典理论，我们需要量子引力法则来确定即将发生的事情

例证之一就是维瑟精巧的"虫洞环"空间，在这个空间里，可以在时空结构上形成尽可能小的"逆反应"。假设我们有处于环中的 N 个虫洞。维瑟给他的模型设定了一些参数，即每一个虫洞个体本身并不是时间机器。观测者穿过一个虫洞，途经正常的空间，再进入一连串虫洞的下一个虫洞咽喉，等等。维瑟随后继续指出，从这样的一个子群不是时间机器的虫洞系统开始，可以将其变成时间机器。另外，他对于这样的虫洞环所进行的细致计算表明，可以通过把虫洞数量 N 变成任意大，使量子涨落的逆反应足够小。虫洞数量增加得越多，逆反应就越小。维瑟的结论并不意味着他已经成功地建造了时间机器，而是若想解决这个问题，还需要量子引力法则。这是由于前面谈过的可靠性与时间旅行视界之间的问题。

霍金也曾在他的最初建议中提到，能量密度将一直是一种保护时序的机制。在那之后，他还提出了一些其他可能禁止建造时间机器的方式，但这些都太过技术性，难以在此进行描述。直至本书写作之时，霍金仍然认为某种时序保护形式应该是对的。

如果真是这样的话，那么也许现在的情况就像是人们在发现热力学定律之前，试图建造永动机一样。对永动机的仔细分析表明，这些机器无一不因这样或那样的原因而宣告失败，但是每一种个别的原因都因机器的不同而不同。现在我们知道，这些永动机违背的根本原理，是热力学第一或第二定律。或许也存在着一个类似的永远保护时序的原理，但却不一定总是相同的机制。但是，至少到目前为止，霍金的说法还是一种猜测——尽管在我们看来，这不失为一个合理的猜测。

由于狭义相对论的缘故，本书的主题之一，是超光速旅行与回到过去的时间旅行之间的关系。一想起这种关系，我们就不禁要问，假如时序保护猜测是真的，那它会不会也禁止在空间里进行超光速旅行。假设你建造了一个虫洞或是曲速气泡之类的东西，它可以进行超光速旅行。那么，根据第6章和第9章所谈到的情况，相对论原理可以让你设置两台那样的机器，以相反的方向运行，每一台处在两个不同的惯性系中的一个，并保持静止状态，而且有以下的特征，即沿着穿过两个连续运动的物体的世界线的物或人，会返回到自己在时空中的始点。也就是说，这条世界线是一条封闭类时曲线，而这种曲线的形成，刚好是时序保护猜测所禁止的。

然而，即使这种猜测是真的，也并不意味着不能建造虫洞。它只是意味着你不能让虫洞（或者曲速气泡、柯拉斯尼可夫管）具有可以形成封闭类时曲线的结构。只要这种结构能让可能的时间旅行者在出发后又返回到出发点，那么他的世界线就不是一条封闭类时曲线。然而，超光速旅行还是可以进行的。我们认为，尽管可以调控超光速旅行让旅行者返回到他的出发事件，但却没有必要那样做。时序保护猜测机制可以排除前一种可能性，但不能排除后一种。不过正如我们所看到的那样，必须慎重选择虫洞或曲速气泡的路径。

人类在将来肯定想要或需要走出太阳系。一个有着曲速引擎，但却不能进行返回到过去的时间旅行及其各种悖论的世界，可能预示着一种最好的图景。不幸的是，尽管时序保护似乎不禁止制造曲速引擎，但也并不能排除我们曾经探讨过的量子不等式造成的有关虫洞或曲速引擎的令人沮丧的前景。

Time Travel and Warp Drives

A Scientific Guide
to Shortcuts
through Time and Space

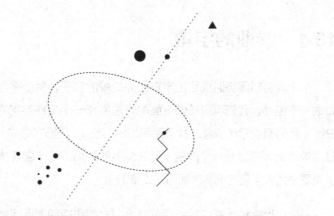

13
圆柱体与弦

新的观点要想被人接受，必须经得住最为严格的实证和验证标准。

——卡尔·萨根《宇宙》

13.1　卷曲的宇宙

一个具有封闭类时曲线的宇宙最为简单的例子，就是平直时空的时间维度卷曲成一个圆筒。我们可以按照下面的方法制作一个这种宇宙的二维模型。拿一张白纸（我们假设它代表着一片无限平坦的时空），再把它卷成一个圆柱形纸筒。让时间轴环绕纸筒形成一个圆圈（请注意虽然我们的这个圆柱体是三维的，但在这个模型中代表宇宙的纸筒表面则是二维的）。

一个以世界线为时间轴的观测者会在时间和空间上返回原位。沿着这个圆柱体与时间轴平行的线（在这个二维模型中）代表着类空表面。一个处于运动中的观测者的世界线会环绕着这个圆柱体延伸，就像在平直时空中那样，与时间轴成小于45°角。实际上，这个筒状体的时空是平的，因为这个圆柱体的几何尺寸与那张白纸完全一样。可以通过以下内容了解这一点：一张白纸上画出的三角形内角之和等于180°，即使把这张纸卷成纸筒以后，还是这样。再来回忆一下，如果空间是弯曲的，那么三角形的内角之和便会大于180°或小于180°。

发生变化的是这张白纸的"拓扑结构"，大致来讲，就是一个圆柱体上面的不同点相互连接起来的方式发生了改变。你可以把一张白纸上画的任何一个圆圈逐渐缩小成一个点，但它还是在这张纸的表面上。但是，在圆柱体上面，环绕圆柱对称轴的圆圈，却不能被缩小成一个位于圆柱体表面上的点。因此，我们仅仅通过调整时空的拓扑结构，就可以列举一些具有封闭类时曲线的时空例证。但这并不是说要把这样的模型当做我们宇宙的真实模型，因为我们并没有理由相信我们的宇宙是柱状的。这些模型只不过为物理学家和数学家提供了更多的例证，以用来检验爱因斯坦的方程式。

要知道，在实践中，我们上面所建造的圆柱形宇宙，并不是始于一个时空的有限区域。我们的宇宙也许是以那种"结构"诞生的，也许不是。这是我们这一章所探讨的所有含有封闭类时曲线的时空的一个特性。

我们这种圆柱体宇宙具有一些有趣的特点。要记住，这个圆柱体实际上是没有"终点"的。那个模型所演示的，只是无限的圆柱体上有限的一部分。再来看一下运动中的观测者环绕着圆柱体的世界线。我们会有疑问，在某一段特定的类空片段里，究竟有一位还是多位观测者？在无限的类空表面的某一特定"时间"

段（即某一个类空片段）里，会存在这个观测者的多个（实际上是无限多）副本。在世界线与类空表面相交的每一个点上，都会存在一个副本。这位观测者会在时间上返回到同一点，但在空间上却处于不同点。从另一方面来讲，按照观测者的固有时间来看，观测者的每一个副本的年龄都不相同。所以在一个特定的类空片段里，到底有很多观测者还是只有一位观测者，则取决于你的提问方式。

既然圆柱体是无限的，我们便可以谈一下在类空表面的单位长度上（在我们的二维模型中）有多少个观测者副本。在圆柱体的某一特定长度上，观测者副本的数量取决于观测者的运动速度。奇怪的是，观测者运动速度越慢，则单位长度上观测者的副本就越多。单位长度上的观测者副本的最少数量，取决于与时间轴成45°角的光线与类空表面相交的次数。我们可以认为，这是一位以无限接近光速运动的观测者的一个极限事例。而这个时空更为古怪的特点之一是，你的运动速度越慢，你在单位长度上的副本就越多。但是，在另外一个极限事例中，比如你的运动速度趋于零，那么在类空片段上，就只会有你的一个副本存在。这是因为时间轴只与类空表面的一个点相交汇。

13.2 一个"旋转"的宇宙

还有一个更为复杂的例子，缘于一位名为库尔特·哥德尔（Kurt Godel）的非常著名的德国数学家。哥德尔在1949年提出了一个由旋转尘埃❶组成的无限宇宙。他发现，在这样的宇宙中，任何半径足够大的圆环都可以成为一个封闭类时曲线。这样的环的半径有多大，则取决于这个宇宙的旋转速度有多快。这样的宇宙当然会是一个很有趣的生存空间。广义相对论公式也似乎可以明确地显示，要想让这样的一个宙存在，它就不能与我们已知的物理学法则相矛盾，这一点我们都知道。然而，或许我们是幸运的，因为这并不是我们所生存的宇宙。哥德尔的宇宙中除了具有封闭类时曲线以外，并没有奇异物质。但这并没与违背霍金定理，因为这个宇宙在尺度上是无限的，所以（很明显）不能够在有限的时间里形成。宇宙的初始结构也许就应该是这样的。对遥远星系的观测有力地说明，宇宙实际上并不按照哥德尔所设想的方式在旋转。

----

❶ 实际上，在广义相对论里面，"尘埃"具有技术含义。它指的是随意流动的电荷为中性的粒子云，其相对速度也比光速低。如果与可以被看作0的压力相比，这些尘埃粒子的质量-能量是非常大的。

13.3　圆柱状时间机器

在这一章余下的部分里，我们要谈一下几种含有旋转物质或能量的无限长弦状或柱状系统中的一种情形（我们在这里说的是在空间中存在的无限长的圆柱，而不是我们本章开始所谈的无限长圆柱状宇宙）。我们对无限长圆柱的了解要比有限长圆柱多，因为只有在无限长的情况下，才能够容易地解出难度很高的爱因斯坦方程（你不必考虑这圆柱的终点在哪儿）。在这种情况下，这个方程的解并不取决于圆柱的对称轴 z，因为不管你沿着 z 的方向处于什么位置，你都会看到这个圆柱朝着正、反两个方向无限地延伸。换一种说法就是，无论你沿着圆柱的轴走到何处，环绕圆柱体的时空看起来都是一样的。

在某些情况下，如果沿着正确的方向（比如顺时针方向）顺着环绕这个圆柱体的环形路线跑一圈，就可能返回到你出发之前的空间始点。要想这样做，你必须要跑得很快，但是你的速度又不能超越相对于你周围环境的光速。这样一来，你就能够回到自己的过去。即使如此，你仍然可以在这个过程中看到，在你周围的时间在以通常的方式向前"流淌"。转了一圈以后，如果你想在起点停留片刻，比如坐到沙发里读一本科幻小说，那么你就会发现，你已经在时间和空间上都返回到了起点，并且见到还没出发的比较年轻的自己。换句话说，这些圆柱体都被封闭类时曲线缠绕着。所以，如果你能发现一个这样的系统，那么你实际上也就发现了一台时间机器。

然而，这些系统都不能提供可以建造时间机器的实用方法，因为你不能希望在有限的时间或空间区域里造出无限长的圆柱体。在电磁理论中，我们会经常研究无限长的物体，因为这些物体能给我们提供一个很好的接近于有限长物体的情形，只要你离这个物体的距离比它的长度小就行。比如，你想象把眼睛以 1/8 英寸的距离贴近到一根直尺的中间点，你就会感到那种情形确实是真实的。你会感到这根尺子一直朝着两端延长下去，尽管与足球场的一端相比，这根尺子看起来非常短。

我们的这种无限长圆柱状时间机器没有负能量密度区域。对于无限长的圆柱来说，因为时间机器不能建造在一个有限的时空之中，所以并不违背霍金定理。然而，如果我们把时间机器造得很长，但又不是无限长，霍金会告诉我们，那样不会有封闭类时曲线，也就是说不会有时间机器。根据霍金定理，如果一个无限长的圆柱没有负能量密度，那么用它来进行时间旅行的话，它仍然与那种具有一定的有限长度的圆柱有着本质的区别。

所以，我们在这一章所探讨的各种模型，也不能给我们提供任何制造时间机器的指导，尽管它们为我们提供了一些在广义相对论范围内有关时间机器的更多信息。但我们最后看到的那种模型还是很吸引人的，因为它涉及了一些因无限长而难以建造的物体，也许这些物体是在宇宙的早期（比如在大爆炸发生一分钟之后）随即产生的。不过我们还要再看一些涉及无限长的物质或能量组成的旋转圆柱所形成的时间机器的例子。

第一个例子可以一直追溯到1937年，荷兰出生的物理学家斯托库姆（J. Van Stockum）在当时提出了一种无限长的旋转尘埃柱。斯托库姆认为，这个尘埃柱的密度和旋转速度，可以让尘埃颗粒的相互吸引力支持住这个柱体，根本不需要容器来装这些尘埃。在很久以后的20世纪70年代，法兰克·提普勒（Frank Tipler，当时是马里兰大学的研究生）指出，只要这个尘柱整体的旋转速度足够高，就可以在距离尘柱中心一定距离处出现环绕尘柱的封闭类时曲线，而只要知道尘柱的旋转速度，就可以计算出这个距离。一位沿着这个封闭类时曲线以足够高、但低于光速的速度运动的观测者，确实会返回到他出发的始点。

我们看到，斯托库姆的例子里没有出现奇异物质。尘柱的能量，来自于粒子总质量（即爱因斯坦的公式 $E=mc^2$）以及由于进行运动所拥有的动能。这两种都是正能量，并没有出现负能量密度。正如我们所看到的，这并不能让霍金满意。由于柱体的无限长度，因此不能够在有限的时空区域里建造这样的时间机器，而不使用奇异物质建造这样的时间机器，也不违背霍金定理。但也恰好是这个原因，斯托库姆的时间机器才在理论上和数学上显得极为有趣。要想建造这样的一个时间机器，需要无限长的时间，从而限制了它的实用性❶。

---

❶ 提普勒在1976年认为，基于斯托库姆无限长圆柱的解，有限长度足够长的旋转圆柱也会为时间机器提供依据。不过在一年以后，他证明出的一条普遍性定理表明，实际上并不是那样。他的定理显示，要想用一种有限长度的圆柱获得时间机器，就必须违反弱能量条件（也就是要有负能量）或者要有一个奇点。提普勒的定理与霍金在1992年证明的另一个更为强大的定理相关，我们将在附录6中对此进行探讨。

13.4 马雷特的时间机器

更近一些的旋转圆柱式时间机器的例子是罗纳德·马雷特（Ronald Mallett）提出的。他曾经在 2003 年发表在《物理学基础》（Foundations of Physics）的一篇论文以及他的自传体著作《时光旅人》（Time Traveler）（2006 年）里面探讨过这个问题。其中的那本书曾一度引起了大众媒体的兴趣，我们接下来再广泛地探讨一下这个话题。

马雷特在一个无限长的、确实含有封闭类时曲线的旋转光柱体之外，发现了爱因斯坦方程的一个解。他认为，也许一个由螺旋光管沿着 z 轴传输的有限长度的激光圆柱，可以作为一种可建造、且可运行的时间机器的基础。然而，马雷特的模型从根本上就存在着缺陷。

马雷特的解独立于柱体轴上的坐标 z 之外，这也就意味着这个解适用于无限长的圆柱体。像前面的斯托库姆和哥德尔的解决方式一样，马雷特的解也不包含负能量密度区域。因此它与其他的解决方式都存在着相同的问题。根据霍金定理，不可能指望旋转光线形成的有限长度圆柱可以作为建造时间机器的依据，而从定义上来讲，也不能在有限时间内建成无限长度的圆柱体。无论在他的论文里还是在他的著作里，马雷特教授都没有提及霍金定理。不过在他的著作里，他谈到了使用循环光形成的有限长度柱体来制造时间机器的可能性，并假定其行为能够接近他的解对于无限柱体所得到的预测结果。他还谈到了用这样的时间机器来进行一些可能的实验，用来探寻返回到过去的时间旅行。但所有这一切，只有在以某种方式回避正确性已得到普遍认可的霍金定理的情况下，才会具有物理学意义。而无限长的柱体就回避了霍金定理，因为并没有生成时间旅行的视界（见附录 6）。对于有限的柱体来说，能够回避这个定理的唯一明显方式，就是加进去某种负能量密度区域。我们在研究其他系统及量子不等式限制所获得的经验显示，即使有可能，我们也很难轻易地获得成功。总之，如果我们能够接受霍金定理的假设，那么霍金定理便可排除利用激光形成的有限柱体来制造时间机器，毕竟我们在附录 6 中所谈到的那些假设还是很合理的。

肯·奥卢姆在 2004 年与艾伦合写了一篇论文，这篇论文发表在《物理基础通讯》（Foundations of Physics Letters），对马雷特模型做了进一步的分析。他们认为，这个模型为爱因斯坦的公式提出了一个解，并预测存在着环绕在柱体外部的封闭类时曲线（在马雷特发表的这个解决方案中，柱体内部的空间里并不存在封闭类时曲线）。围绕着其中一个封闭类时曲线运动的人或物体，会返回到出发前相同的时间点和空间点，这就出现了可以遇到年轻的自己的可能性。换言之，如果柱体是无限长的话，这个模型中确实会存在时间机器。然而，除了与霍金定理相关的问题以外，奥卢姆和艾伦还发现，这个模型仍然存在着实践与理论上的双重问题。

实践上的难处在于，这个模型还预计了封闭类时曲线半径R与循环光线半径R_0的比率。按照马雷特的论文所得出的结果就会发现模型本身对于这个比率的数值预测完全排除了这个模型可以用于制造时间机器的任何可能性。根据对激光强度和系统尺寸的某些合理的假设，这个比率符合以下的不等式：

$$\frac{R}{R_0} > 10^{(10^{46})}$$

而且这个数字在存以下假设：激光的强度为1千瓦，光柱的半径为0.5米，激光所通过的光管口径约为1毫米（可参见示意图13-1）。这些都是奥卢姆和艾伦分析马雷特模型的那篇论文中所用到的数值，我们也将继续使用这些数据。1兆瓦（即10^3千瓦）才更能够代表我们现在的激光技术水平。然而，我们可以看到，这些数字的特定值却是完全不靠谱的。

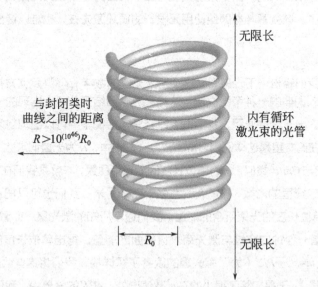

无限长

与封闭类时
曲线之间的距离

$R > 10^{(10^{46})} R_0$

内有循环
激光束的光管

R_0

无限长

图13-1　马雷特的循环光柱时间机器。在这个模型里，只有在与柱体的间隔距离大到难以想象的超过可见宇宙的尺寸时，才能产生封闭类时曲线。即使增大激光的强度也难以解决这个问题

上面的不等式右边的数值简直是不可思议的巨大。自从2008年的经济危机以来，我们已习惯于听到万亿这样的数字，也认为这就是相当大的数字了。但是万亿也不过是10^{12}。而这个不等式右边的数字由于含有超过了10^{12}的10^{46}已经足够大了，但这个10^{46}还并不是R/R_0本身，它只是个指数，必须要乘上那么多次的10才能得到相应的数值。换句话说，我们可以得出$10^{46}=\lg（R/R_0）$。你应该还记得，我们在第7章谈过与熵的定义有关的对数，当时我们曾说，如果N是一个极大的数字，那么$\lg N$尽管也很大，但却要比N小得多。也就是说，$\lg（R/R_0）$要比R/R_0小得多。

假设我们让R值等于可见宇宙的半径那么大，即大约10^{10}光年，也就是10^{10}年前宇宙诞生时发出的一个光信号，在今天到达我们这里所走过的最大距离。1光年约为10^{16}米，那么可见宇宙的半径约为10^{26}米。另外，再假设我们非常聪明，造出了马雷特时间机器，它的循环光线的半径等于一个原子半径，大约为10^{-10}米。这样就可以得出我们想要得到的最大R/R_0值，尽管这台时间机器还只是理论上的东西，但这个值可以让R/R_0有一个比10^{46}小的指数36（即得到的$R/R_0 \approx 10^{36}$）。

而这仍然是10^{10}的因数，或者是可见宇宙尺寸的一百亿倍。因此，所谓的封闭类时曲线，以及时间机器本身的关键特征，就因为这个极大的因数而存在于可见宇宙之外了。这就意味着即便使用无限长的循环激光柱，也难以造出这种时间机器。

现在让我们轻松一下，来看看这个巨大无比的数字$10^{(10^{46})}$是何方神圣。作为最近才被收入词典的一种夸张说法，这种大数字归结于分母上出现的一系列大数字或小数字。出于种种原因，我们不想深究马雷特模型中可以出现封闭类时曲线的条件，他在论文里是这样说的，$K/\lg R/R_0=1$，式中，K为无量纲常数（即没有单位的数），它与Gm/c^2类似，m为单位长度的激光束质量，G就是我们在第8章介绍的万有引力定律里的常数，G/c^2大约为每千克10^{-28}米。我们也可以把m写为ε/c^2，这里的ε是单位长度的光束所含的能量。我们通常所知的激光量（即激光的强度）为P，它是指一秒钟内穿过与激光束垂直平面的能量。得出单位长度的能量为：$\varepsilon=P/c$，以及$m=\varepsilon/c^2=P/c^3$（为了感兴趣的读者了解详情，我们将这些公式在附录7中进行了推导）。于是，除了很小的G/c^2数值以外，在K的分母中，我们又获得了$1/c$的另外三个因数。与10所有的负幂数相反，10^3有一个很小的因子，因为我们设定P=1千瓦=10^3瓦，于是最后便由奥卢姆和艾伦的论文中提出的几何参数推导出这个额外的极小的10^3（这也在附录7中进行了推导）。它对m，也就是环绕z轴的激光束单位长度的质量进行了转换，使之变为沿着z轴的循环激光束单位长度的总质量。把这些都放到一起，就得到了$K \approx 10^{-46}$，或者$1/K \approx 10^{46}$。

这个很小的数值显示了2个因子的组合效果。首先，引力比较弱意味着G/c^2的值也很小。其次，即使P值非常大，但是由于P/c^3很小，所以与一般的物质相比，非常强的激光束，其质量也极小。鉴于这两个因数，以及制造封闭类时曲线还会造成时空的极度扭曲，即使没有详尽的计算，也可以直观地预测出循环光线柱所产生的效应会非常小。

然而，与$1/K$这样的大数值同样重要的令人难以置信的大数值R/R_0，却不能直观预测，除非知道了马雷特的解答细节。把这个R值从较大的数值变成无比巨大的原因，不仅仅是因为K值很大，还因为马雷特方程式中不是R而是与$1/K$成正比的R的对数。这意味着R/R_0不仅等于$1/K$，而且还等于大得出奇的$10^{1/K}$。

似乎让人感到惊奇的是，很小的光束质量所产生的效应，显示了与光柱之间的极大（而不是极小）距离。原因在于我们所涉及的是一种无限长柱体的非物理学问题，不管你离得多远，这个柱体总是那样长。其实有时候在距离变得无限大时，这样的物体所产生的场会增加得很缓慢。实际上，这就是上面谈到的斯托库姆-特普勒尘柱模型所出现的情况。在这个模型里面，引力场除了取决于距离的因素以外，还取决于旋转的速度。人们发现，当尘埃旋转较慢时，不会出现封闭类时曲线。随着旋转频率增大，以及由此产生的动能和造成的质量增大，就会出现封闭类时曲线，这些曲线最初是在无限远的地方形成的。

我们曾经说过，在很多物理学领域，用无限的事例来模拟有限的事例是一种惯例。这样可以看作比柱体长度小得多、又远离其终点的径向距离的更好的近似处理。不过在广义相对论中，用无限事例来推断有限事例的行为是很危险的。因为在爱因斯坦的理论中，物质与能量所卷曲的是时空的结构。一个无限的事件卷曲大尺度的或者"整体"时空结构的方式，是有限事件所不能做到的。

所以，有限长度的时间机器会怎么样呢（假设我们暂时不考虑霍金定理因为没有奇异物质而禁止制造这些时间机器）？类似这样的机器，只能是径向距离R

远小于柱体长度 L 的无限长的物体（也就是说，从这种设备的径向距离处来看，它是无限长的）。尽管存在着霍金定理以及可能的广义相对论难题，但我们还是可以这样假设：一个很长、但有限的循环激光束，在某些情形下是可以近似于无限长的。这样的话，所预计的封闭类时曲线就会只适用于长度超过预测的马雷特模型中封闭类时曲线半径的循环光柱。那我们就会需要一种尽管长度有限、但仍大于 $10^{(10^{46})} R_0$ 的设备。很明显，制造这样的设备是不可能的。即使我们放宽对无限长度的要求，而只去建造一个可以产生马雷特时间机器的"有限长度"的设备，在物理学上也是不可能的。

在结束这段讨论的时候，我们还要强调一下，这个问题涉及的数值如此之大，以至于在技术上是无法解决的。例如，仅仅靠增大激光强度就可以吗？实际上，把 R 值从 1 千瓦变成 4×10^{23} 千瓦（即太阳本身输出的总能量），也只能够把结果改变为 $R / R_0 \approx 10^{(10^{20})}$，这与我们得出的可见宇宙半径与 R_0 的比值 10^{36} 相比，仍然是一个匪夷所思的大数值。就算是我们把激光强度增加到大约 10^{35} 千瓦，就是几乎等于银河系 2000 亿颗恒星所释放的能量总和，我们也只能得到 $R / R_0 \approx 10^{(10^{11})}$。

上面所谈的内容，虽然排除了所有的利用循环光束建造地球上的时间机器的可能性，但从原理上讲，也说明这样的设备还是可以产生封闭类时曲线的，虽然由于距离的关系，观测不到任何相关现象。尽管如此，理论上的可能性还是非常有趣，毕竟我们对是否或何时可以产生封闭类时曲线还所知甚少。

不过，正如前面提到的，马雷特的解决方案还有另一个值得质疑的问题。当你为了调节 P 而关闭激光而使 K 等于 0 时会发生什么呢？你将希望得到 $R > R_0$ 时的平直时空。举例来说，这正是斯托库姆解决方案中，在柱体的质量/能量变为 0 时的结果。另一个例子是史瓦西的解决方案，它描述的是在星球质量变为 0 时的球体星球的外部时空。这样的话你所得到的又是平直时空。这正是我们希望从一个真实的物理素材中获得的行为方式。在马雷特的解中，当把激光关闭后，你会看到很有趣的现象。艾伦估计这是因为马雷特所用的是一个非常规的坐标系。如果你这样做的话，则会完全符合广义相对论法则。

与艾伦相比，肯·奥卢姆称得上是一位计算机专家，他的想法更为彻底。奥卢姆在进行了一些编程之后发现，当他把 P 设定为 0 时，并没有获得通常的平直时空。他所得到的是爱因斯坦方程式除了在 $r=0$ 时的一个解。这是坐标轴上的一个奇点，此处的时空曲率会变得无限大。实际上，无论有没有光束出现，这个奇点是一直出现的，只不过在光束被关闭后，更容易被发现。而这也并不是一个用来选择特殊坐标的利器。此外，这是一个裸奇点，也就是说，它并不像黑洞那样，被一个事件的视界所环绕。正如在附录 6 中所谈到的那样，裸奇点确实是一个严重的问题，因为裸奇点的行为或会发生什么是难以预测的。这些奇点对它们所在的时空施加的影响也是难以预测的。

当光束被关闭以后，封闭类时曲线随之消失，所以这并非全部是奇点造成的结果；至少光束也起到了一定作用。奇点的强度只取决于 R_0。只有把 R_0 变为无限大，才会消除奇点。由于在 $R>R_0$ 时才会出现封闭类时曲线，所以即使重新打开光束，如果不能消除任何可能存在的时间机器的话，也不能消除奇点。因此很难断定，没有奇点的有限半径光束是否会导致出现封闭类时曲线，或者是否光束和奇点这两者的存在，共同决定着封闭类时曲线的出现。实际上，当只有奇点出现时，无限远的时空并非平直，这说明封闭类时曲线很可能是光束和奇点共同出现的合作产物，虽然这一点仍不明确。不过，在没有光束存在情况下，奇点的出现表明，时空起初会存在问题，即使在光束启动之前也是这样。在马雷特的模型中，有一个宇宙原则上是存在封闭类时曲线的，尽管由于极为遥远而难以观测到。然而，由于这个宇宙存在着裸奇点，所以它并不是我们所居住的宇宙。

马雷特的原著并没有涉及裸奇点的问题，在他的《时光旅人》一书中也没有对此进行明确说明。他这样写道：

我决定放弃试图以数学方式对光纤或光晶体进行建模。但为了保证通用性，且能够让光束处于一个柱体通道之内，我选择使用了一种几何约束。这种约束是一个静态的（非运动的）线光源。光会本能地沿着直线传播。在我的计算里面，这个线光源的唯一目的，就是作为一个通用的约束，来把循环光束局限在柱体上。在实验设置上，这个线光源看起来就像是五月柱上缠绕的一根线，只是这根线是光束，五月柱就是线光源。光束本身可以设想为只沿着环绕柱体方向流淌的无质量流体。这也就意味着这个解中包含着两个解：一个是循环光的解，另一个是静态线光源的解❶。

这个观点也许是在说，奇点接近于传输激光束的反射镜或光管的引力场。

需要要注意的是，其实马雷特所解决的问题，涉及的是一个无限光柱，且线奇点位于其轴上，而不是光线在光管里传输的有限光柱。另外，也没有理由相信奥卢姆发现的在轴上的线奇点效应，以及诸如缠绕在轴上传输无限长光束的有机玻璃螺旋光管的效应，会与之非常近似。

奥卢姆最近发表于《物理评论》上的文章认为，实际上这两种效应相互之间完全不相近。奥卢姆在马雷特的无限柱体模型中使用马雷特的方程式，计算了自由运动的粒子及光线的路径（分别为类时性和类光性测量线）。他发现，沿着柱体轴平行方向进行任何运动的类时测地线或任何测地线（类时的或类光的），都不能逃逸到很远的距离。另外，奥卢姆还发现，每一条这样的短程测地线都会在奇点发生并终止。完全按径向进行前、后运动的光线都分别在奇点开始，也在这里结束。

而与柱体轴垂直运动的光线，则存在着多种可能性。光线的某些路径会在与奇点保持固定距离的位置上成为环绕奇点的轨道。这也是马雷特所发现的路径。一般而言，光线从奇点开始，逐渐传播到任意远的距离；另外一些光线则开始于离柱体较远的地方，并逐步集中到奇点并在此终结。奥卢姆还计算了位于奇点有限距离的初始为静态的粒子的行为。他发现这种粒子会坠入奇点，因此会在有限的固有时间里毁灭。引用一下奥卢姆的说法："所以，要是试图沿着马雷特的线来建造'时间机器'，会对附近的物体造成非常不幸的效果。"❷不用说，这绝不是处于一个光管系统中的粒子和光线在任何合乎情理的实验设置中的行为。

马雷特在他的书中声称，因为这些封闭类时曲线是在光源打开后才出现的，所以很有可能是光源产生了这些封闭类时曲线。但是从我们前面的讨论来看，却

❶ R. L. 马雷特与布鲁斯·亨德森（Bruce Henderson）所著的《时光旅人：一位科学家使建造时间机器成为现实的个人使命》（Time Traveler：A Scientist's Personal Mission to Make Time Travel a Reality）（New York：Basic Books，2006），167~168页。

❷ K. 奥卢姆的《马雷特静态时空中的测地线》（Geodesics in the Static Mallett Spacetime），《物理评论D》81（2010）：17501-17503。

似乎是没有奇点的存在就不会有这些封闭类时曲线。即使存在着这些曲线，它们也是位于难以观测的遥远之处。

这段讨论实在相当冗长，还是让我们来归纳一下吧。如果能接受霍金定理的假说（在附录6中提到），那就意味着沿着马雷特提出的那些线，仅仅使用传统物质（即非反物质）的有限尺寸的时间机器永远不可能出现。即使忽略这一点，而把马雷特的模型当真，也会发现它存在着基于多种原因的根本缺陷。这个模型所预言的封闭类时曲线，只出现在比可见宇宙的尺度更大的不可思议的远方。这不仅仅是一个在未来通过运用先进技术、使用更强大激光所能解决的问题。对于一个半径为1米的柱体，即使把激光加强到我们星系所有恒星释放能量的总和，封闭类时曲线也只能出现在 $10^{(10^{11})}$ 米的距离上，而我们的可见宇宙尺度才仅为 10^{26} 米。另外一个严重的问题是，一旦把激光关闭，马雷特的解决方案也不能简化成平直时空。与之相反，在柱体的轴上会有一个奇点，这里的时空曲率会变得无限大。马雷特在书中认为，他使用了一个"几何约束"（也就是线性奇点）来模拟一台设备，使它能够以更加现实的设置方式让光线待在一个环状路径里面。然而，在奇点附近的粒子和光线的运动行为却可以通过马雷特的方程式计算出来。这相当古怪，而且也没有模拟出光线在光管系统中的行为。

需要要强调的是，我们在这里所介绍的内容并不能作为马雷特理论的"替代理论"。而且与我们曾经探讨过的其他时间机器的例子不同，我们所得出的结论，也不依靠求助于那些眼花缭乱的某种鲜为人知的量子引力理论。马雷特的模型是由经典广义相对论加上经典物质素材构成的。这是一个明确可解的题目，因此也是一个可判定的问题。我们讨论过的结论，是马雷特本人在他发表的论文中提出的方程式的直接结果。

13.5　戈特的宇宙弦时间机器

我们在这一章要讨论的最后一个例子是普林斯顿的理查德·戈特（Richard Gott）在1991年所发明的"宇宙弦时间机器"。在了解戈特的时间机器之前，我们先来简单谈一谈宇宙弦，因为宇宙弦是一些令人迷惑的物体，而且这些东西实际上有可能是存在的。

宇宙弦很薄，但具有难以置信的潜在质量，它们或呈现为于闭合环，或是无限长。很多基本粒子理论都预言了宇宙弦。伦敦皇家学院的汤姆·基伯（Tom Kibble）教授在一篇论文里提到了它们在宇宙学背景下存在的可能性。在大多数的这类理论中，弦的质量都非常巨大，所以根据爱因斯坦的关系式$E=mc^2$，这些弦只能产生于宇宙初期，也就是在大爆炸之后不久，出现携带高能量粒子的时期，而不是来自于地球的加速器。

如果宇宙弦存在的话，它们的巨大质量对宇宙学和天体物理学意义非凡。此外，基本粒子理论的细节决定着所预测的宇宙弦特性。所以宇宙弦的发现，或者说最终没有发现，都会在备受关注、但又难以进行大规模实验的能量范围内，为基本粒子理论提供有用的信息。如果能从我们宇宙出现的第一秒之后处于高温状态的暂短时刻推测出什么结果，就可以把最小尺度的物理学（即粒子物理学）与最大尺度的物理学（即宇宙学）相互关联起来。所以，很多像艾伦那样自以为是粒子物理学家的理论物理学家，会发现自己已经部分成为了宇宙学家和广义相对论学者。

单位长度的质量是对宇宙弦所进行的最好的描述，我们用m来表示这个量，这也是我们讨论马雷特的方案时，用于激光束单位长度质量的符号。再用T来代表早期宇宙冷却时形成某一个特别的宇宙弦时的温度。我们用能量单位来表示T，因为T是与我们这个问题相关的那一宇宙时刻中粒子的平均能量。

在普朗克尺度的弦的情况下，T大约为一个质子的静态能量的10^{19}倍，或等于10^{19}GeV。这里的G为"giga"（十亿）。1个"GeV"或"eV"（电子伏特），是粒子物理学中的基本能量单位。弦的质量为大约10^{25}吨，或等于大约1000地球质量/米。而这样的弦的宽度应该约为普朗克长度，即大约为10^{-35}米，或者大约是一个原子核半径的$1/10^{29}$。这样的弦确实是一种神奇的物体，在它那难以置信的极小宽度的每一米上，都有数吨的质量。

然而，在粒子物理学领域，还有一个值得尊敬的理论，被称为"大统一"理论，该理论认为还应该有一种在大约温度为10^{15}GeV时形成的宇宙弦。这样的弦的m就只有大约10^{17}吨/米。

有许多种直接或间接寻找宇宙弦存在的可观测证据的办法，但没有发现任何证据，尽管曾经发现过几种证据，但似乎都是误报。不幸的是，由于所有这些方法都有敏感性，使得具有可以从粒子理论获知其特性的弦，仍处于可能发现的范围以外。这样一来，由于没有发现如此遥远的物质，所以不能得出确切的结论，大统一理论对弦所做的预测逐渐变得有点冒险的味道。这种具有巨大质量的弦的存在肯定会影响到宇宙的演变。人们曾经十分好奇，弦是不是可能产生"种子"，然后围绕着这些种子，从均质的宇宙迷雾中产生凝聚的星系。然而现在看来，似乎与早期的快速指数级膨胀期相关的波动，才与星系的形成有关。对于这个问题的解释，应该读一下最早提出暴胀观点的阿兰·古斯（Alan Guth）所著的一本出色作品：《暴胀的宇宙》（The Inflationary Universe）。

很多检测弦的方法都需要利用弦的引力特性。环绕着一条长直宇宙弦的时空，其特征非常接近于古斯的宇宙弦时间机器方案。在一系列艾伦也偶然参与的研究工作之后，艾伦在塔夫斯大学的同事阿历克斯·维连金（Alex Vilenkin）对宇宙弦周围时空进行了首次分析。维连金基通过忽略弦宽度得到了一个近似解，这种近似解一般来说是比较合理的。随后，其他人（包括戈特本人，以及对维连金的结果进行了确认的人）得出了更准确的答案。维连金是在苏联的哈尔科夫长大的，他曾进入哈尔科夫大学读书，并取得了优异的成绩。但是由于是犹太人出身，他发现那里的研究生教育并不对他开放，最终他去做了哈尔科夫动物园的更夫。幸好动物园在这一时段非常安静，维连金在那一期间便撰写并发表了两篇物理学论文。那个时候恰恰好是美苏关系缓和时期，允许一些犹太人进行移民。于是他们一家便得以前往美国，维连金便进入布法罗的纽约州立大学攻读研究生课程。他在那里只用一年时间便获得了博士学位。在这之后，维连金一家沿着伊利湖畔离开了大约二百英里。1977年，阿历克斯·维连金成为凯斯西储大学（Case-Western Reserve）的一名博士后。

1978年，艾伦整个学期都在抱怨自己担任了塔夫斯大学物理系主任一职。由于他并不喜欢担任管理者的职务，于是遴选新人的时机一到，他便因为自己并不情愿担任这一职位而大张旗鼓地做出了一个谢尔曼式的声明。然而有时命数还真是多变。大多数物理系的成员与本应成为系主任的学院院长之间发生了一场争论。

艾伦发现他自己貌似称得上是一个至少各方都能接受的人物，便只好勉强接受了这个任职。

此外，他还面临着另外的问题：春季出现的一些不可预见的人员离职，导致必须要仓促地着手寻找秋季的接替人员。艾伦在此时便听说了这位叫阿历克斯·维连金的俄国年轻人正在凯斯西储大学做博士后。艾伦虽然以为维连金的推荐信是在夸大其词（有时是会出现这样的情况，但他的推荐信不是），但由于是急于用人，于是维连金便在1978年秋季加入了塔夫斯大学，担任任期一年的物理系助理教授。艾伦与物理系的其他成员很快发现，美国，尤其是塔夫斯大学，真的要感谢克格勃无意之间让这位出色的年轻物理学家移民此地。维连金的任期后来被延至正常的三年，接着他又提前获得了终身职位。维连金成了世界上最为杰出的宇宙学家之一，并已经在宇宙学的四个不同领域撰写出一些开创性论文。他还曾经担任塔夫斯宇宙学研究所的主任，这家研究所是1989年起在一家私人基金会的资助下建立的。

宇宙弦是与被称为"拓扑缺陷（topological defects）"的物体密切相关的三种物体之一（总的来讲，因为这种效应有点过于复杂，将不在此处做深入探讨）。另外的一种物体，也就是我们首先要讲的，是叫作"畴壁"（domain walls）的物质，顾名思义，其呈平面状，而不是弦状。艾伦在麻省理工学院期间，在1973～1974年的假期接触到这些内容，并撰写了一篇相当简单的论文，这也是《物理评论》上发表的有关这个课题的最早几篇论文之一。1979年，他带着一个思考良久的关于畴壁引力效应的疑问，走进了维连金的办公室。他拿给维连金一份前面提到过的基伯的论文，其中探讨了宇宙弦和畴壁。

艾伦的疑问最终得到的答案相当复杂，维连金也是在一年之后的一篇论文里，在探讨长直宇宙弦的引力效应时才得到了一个答案。维连金继而成为（或许是世界领先的）拓扑缺陷研究专家。他撰写了多篇与此有关的论文，其中一些也与艾伦合作撰写。此外，维连金还与剑桥大学的保罗·谢拉德（Paul Shellard）一起撰写了一本该领域的决定性论著。艾伦的珍藏品之一就是一本维连金亲笔签名的《宇宙弦与其他拓扑缺陷》，书中还特别致谢了艾伦，因为艾伦提出的疑问，才让阿历克斯对此课题产生了兴趣。

维连金发现的长直宇宙弦以外的时空性质相当重要。空间是平直的，而不是弯曲的，所以尽管宇宙弦的质量极大，但还是没有对周围物体产生引力。于是，在某一特定时间里，环绕这样的宇宙弦的空间，可以画在一张未变形的白纸上面。这时常用的欧几里得几何是有效的，比如，三角形的内角之和等于180°或 π 弧度。但是，一条环绕着弦中心半径为 r 的圆形路径，在弦保持静止的参照系中的恒定时间里的长度，就会等于（$2\pi-\theta$）r，而不是通过普通公式用圆的半径所得到的 $2\pi r$。这就像用剪刀在一张纸上剪出了一块尖角为 θ 的楔形缺口，再把楔形缺口的两边粘在一起，如图13-2所示。这样一来，同时发生在相对边缘的两个事件就会合成一个事件。

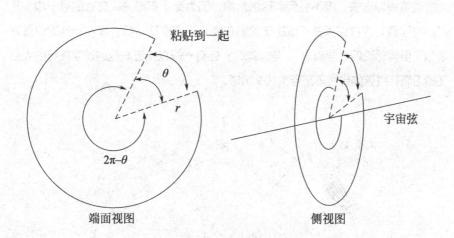

图13-2 临近宇宙弦的空间

在宇宙弦这个例子里所形成的空间称为"锥形"空间，因为要想把楔形缺口的两条边粘到一起，就必须把纸卷成锥形。在这个过程里，纸片每一处局部仍然保持平整，就如同我们把一张纸卷成纸筒。角 θ 为不足角（deficit angle），它取决于单位长度弦的质量 m，表达式为 $\theta=8\pi$（G/c^2）m，当 θ 不接近于 2π 时，G 为牛顿常数。

应该强调的是，一旦把楔形缺口两边的边线粘到一起，就看不到楔形缺口了。假如你乘坐飞船沿着弦飞行，在穿过这里时也不会感到颠簸起伏。在描述这个环境时，你可以在选择坐标系时，通过适当挑选角 $\theta=0$ 的位置把楔形切口确定在任何你认为方便的地方。

　　通过利用弦及弦的特性，戈特找到了一个产生封闭类时曲线的聪明办法。要想知道这怎么回事，我们还得看一下下面与戈特稍有不同的内容。首先，我们注意到，缺失的那部分楔形的作用，是可以让我们进行超光速旅行。现在假设你有一根沿着z轴的无限长直的弦（在弦处于静止态的惯性参照系里面，z轴位于xy平面上的位置），在$y=e$的位置与x轴分离，此时设定e比r小很多（参看图13-3上半部分）。我们从夹角为θ的楔形缺口顶部，即$x=r$，$y=e$的位置，沿着图13-3所示的方向前进。假设在时间$t=0$时，你从位于x轴原点的A星球，向位于$x=2r$的B星球发出一个光脉冲信号，这个信号可在时间$t=2r/c$时到达目的地。该信号会从离弦很近的位置传输过去，但不会受到弦的影响，因为那个楔形缺口在弦的另一边（我们再次强调，这种结果并不取决于我们在哪儿设定楔形缺口，我们选择的位置只是为了更容易说明数学概念）。与此同时，还有一艘以接近光速的速度飞行的太空飞船沿着环绕弦的半圆形路径前往B星球。

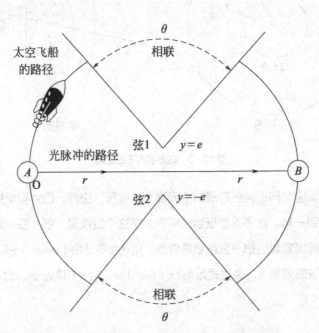

图13-3　戈特的宇宙弦时间机器。两条弦与纸面垂直，

其中弦1向左运动，弦2向右运动。一位时间旅行者在A点开始先围绕弦1前进，

然后再围绕弦2前进，所走的路径如图中所示，他可以在时间和空间上返回到始点

这条路径的中心位于两个星球的中间位置，几乎贴在弦上，因为 e 值非常小。如果不是因为那片楔形缺口，太空船的路径就要经过等于 πr 的距离，并在光脉冲之后抵达目的地，这不仅是因为光脉冲的速度更快，更重要的是它的路径是一条更短的直线。而太空船则是从一个缺口跳跃到另外一个缺口，只走过了等于 $(\pi-\theta)r$ 的距离。如果 θ 明显大于 $\pi-2$，那么太空船所走过的线性距离，就会比光脉冲所走的距离短 ❶，太空船就会超过光脉冲，先到达 B 星球，到达的时刻是

$$t_{太空船}=\frac{(\pi-\theta)r}{c}<t$$（我们假设太空船是以非常接近光速飞行的，所以我们在此用 c 来表示它的近似速度。）

因为太空船以更短的时间走过了光脉冲所走的相同距离（AB），所以太空船实际上是在超光速飞行，也就是说沿着 x 轴前进时，其速度 $u=2r/t_{太空船}>c=2r/t$。这也是我们前面遇到过的情况。我们知道，超光速物体世界线上的时空间隔是类空性的，时间分量的符号也不是洛伦兹不变量。太空船是在沿着类空性路径朝着它本身的固有时间前进。然而，由于两个以类空间性因素分隔开的事件的时间顺序不是一个不变量，所以会发现使两个事件是同时发生的洛伦兹参照系。戈特指出，如果弦相对于恒星处于静止的参照系沿着 x 轴运动，那么在这个参照系中，太空船抵达 B 星球就会与它从 A 星球出发同时发生。这种情形意味着我们又回到了曾经在第 6 章所探讨的快子。

但是，我们还是没有造出一台时间机器。要想成功，我们必须要让太空船在空间和时间上返回到初始点，好让它能够影响到它的过去。但这仅靠一根宇宙弦是不够的。如果太空船只是沿着半圆形曲线再次重复所走过的路径，那么就说明不可能造出时间机器。

但是戈特教授有一个聪明的想法。他设想了一对互相平行的宇宙弦，每一根都沿着与其长度垂直的方向以非常接近于光速的速度移动，且各自朝着相对的方向运动，于是这两根弦就会相互擦肩而过。我们把沿着 $y=e$ 这一路径运动的弦称作弦 1，把 $y=-e$ 的弦称作弦 2。那两个楔形切口的顶点都位于相应的弦上，两个楔形

---

❶ 这只是要求太空船沿着曲线所走的路途要比光脉冲所走的直线路径短，即 $(\pi-\theta)r<2r$。再稍微调整一下就是 $\pi-2<\theta$。

切口也分别指向 y 的正反两个方向（参见图13-3的整体，图中弦1向左运动，弦2向右运动）。

戈特指出，现在可以按照以下方法得到一台时间机器，即把太空船发送到一个闭合路径里面，让它先穿过弦1的楔形缺口，从 A 走到 B，然后在返回时，按相对方向穿过弦2的缺口。这样就可以让太空船在它出发的同时，又返回到 A 星球。这时太空船就在时间和空间上回到了同一点，也就是走过了一条封闭类时曲线。这至少在理论上使得建造一台时间机器成为可能，在这种时间机器里面，太空船回到了它的过去。这两根移动的宇宙弦的情形，类似于两个相互进行相向运动的快子发射器。

戈特探讨这个问题的论文发表在《物理评论通讯》上。这本著名刊物的编者们总是企图限制发表那些自以为很重要、又特别值得立即发表的文章，所以，我们这一行里面的大多数人的某一篇论文一旦能被这本刊物采纳，都会感到非常高兴。这本刊物的编者也可能会收到那些论文遭到退稿的作者们提出的一些措辞强烈、甚至是责难式的异议。

但戈特的论文没有遇到这些情况，而是几乎获得所有人的肯定，被认为值得在《物理评论通讯》上发表。艾伦不仅有幸读到戈特的这篇论文，还得知他早前有过一个有关该课题的讲座，这是他应波士顿地区每周举行的宇宙学研讨会之邀时做的，这个研讨会在塔夫斯、哈佛、麻省理工等大学轮流举办。由于塔夫斯大学对宇宙弦及其在宇宙学方面的潜在意义所进行的深入研究，塔夫斯大学的宇宙学小组特别期盼听到戈特的讲座，尤其对于素来对时间旅行物理学感兴趣的艾伦来说更是这样。戈特没有令他们失望，他做了一场从内容到演示都十分出色的讲座。

由于宇宙弦的能量密度是正值，所以从技术角度来讲，就不是"奇异性"的，尽管你可能会认为它还是有些奇特。像前面的一些模型那样，戈特的时间机器里的宇宙弦，仅因为其无限长而逃避了霍金定理的限制（尤其是霍金定理禁止使用宇宙弦的有限循环来制造时间机器）。而戈特的观点引发了更多的兴趣，因为尽管人们还造不出所需的无限长的宇宙弦，但理论上却认为，可能存在着制造时间机器的"原料"。在这种情况下，尽管这些原料只出现于大爆炸之后的某一特定时间，但因为它们不会终止，所以其中一些能具有无限的长度（就像目前的测量所认为的那样，宇宙的尺寸也是无限的）。如果这些弦确是在宇宙早期产生的，那么在宇宙中应该还会有一些。按照理论上的说法，在我们所见的整个宇宙中，现在可能只有很少的一些弦。而能够随机出现两根弦，并相辅相成到可以形成时间机器，这种机会似乎不大靠谱。另外，生成这种弦需要非常大的速度，所以，除了其自身固有的单位长度质量-能量以外，还会需要大量的动能。即使这在理论上是可能的，但要想找到戈特的时间机器，也许就像守候在游泳池旁边，看着潜水员自然而然地从水中浮上来。

Time Travel and Warp Drives

A Scientific Guide
to Shortcuts
through Time and Space

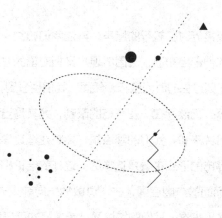

14
尾声

"时间已到,"海象说,"该谈更多的事情了。"

———刘易斯·卡罗尔《爱丽丝镜中世界奇遇记》

"要是你们能够洞察时间的种子,

知道哪一颗能长成,哪一颗不能长成,

那么就请对我说吧。"

———威廉·莎士比亚《麦克白》

现在，我们已经接近时空旅行的尾声，再让我们归纳一下我们的过去、现在以及未来的前景。我们已经知道，爱因斯坦广义相对论的方程式似乎允许进行超光速的穿越以及返回到过去的时间旅行。然而，我们也看到，要想真正制造虫洞、曲速引擎和时间机器，仍然存在一些严格的限制，尤其是当我们考虑到量子力学法则时。从现有的研究来看，我们的观点是，要想建造这样的设施，似乎极不可能，至少从目前所提出的形式来看是这样的。这样的结论相当令人失望，因为我们还期盼着穿越星际间的广阔空间，去"勇敢地航向前人未至之地"呢。然而，从我们目前的认知水平来看，我们的结论又会有多高的可信度呢？基于21世纪物理学的认知水平，我们又怎么能够预测23世纪的前景呢？我们也许不会预料到，未来的发现会像科学史上经常发生的那样，推翻我们现在认为坚不可摧的理论。我们在这里提出几种相关的猜想。

有效的太空旅行方式是人类得以延续生存的重要课题。例如，在我们的星球历史上，曾经发生过多次小行星撞击事件。很有可能是6500万年前的一次类似的撞击，终结了恐龙的统治。我们知道，如果我们还要在这个星球上生活得更久，就有可能再次遭遇类似的灾难性撞击，这可能预示着人类种族将要灭绝。不过，这究竟要发生在百万年以后，还是今后的十年期间，我们则毫无所知。如果我们一直居住在一个星球上，我们就会面临这样或那样的由全球性灾难导致的灭绝风险。因此，研发可以离开我们星球（并飞出太阳系）的技术能力，似乎应该是我们的根本目标。

另一方面，还要考虑到，在地球的历史上，科技进步的群体曾经与落后者有过多次接触，其结果通常都不会令后者高兴。所以，从某种角度来看，星际间的遥远距离以及进行快速星际旅行所遇到的技术障碍，或许是一种幸事，而不是诅咒。因为这会阻止星系中富有侵略性的种族（也包括我们，尽管《星际迷航》中存在着"最高指导原则"）对和平种族施加暴行。

那么，我们所得出的结论，尤其是那些不易进行的结果，能够经得住时间检验的可能性有多大呢？这确实很难说，但我们可以做出一些非正式的猜测。在物理学的发展历史上，我们曾经多次目睹新的理论如何取代了旧的学说。相对论和量子力学以一种全新的世界观，取代了牛顿力学。难道就不会出现相似的能够推翻我们现有结论的革命吗？不过，应该记住，在旧理论已经被证实与实验相符的范围内，新的理论必须与旧理论相符。相对论和量子理论在弱引力场下可转变为牛顿力学，这时的速度与光速相比要低，且尺度也要比微观物体大很多。我们只希望能在原来的陈旧学说不再适用的领域里，抛弃那些陈旧理论。

在把量子不等式应用于虫洞和曲率引擎时空的时候，如果我们把取样时间限制到小于时空的曲率半径及与任何界限间的距离，便可以假定平直时空的不等式也可用于弯曲时空。在这样的尺度上，时空几乎是平直的，我们"看不到"曲率或存在的界限。这是一种合理的假设，符合广义相对论的等效原理。这就如同在说，为了可靠地预测地球上某个实验室的实验结果，我们不需要知道大尺度上的时空是弯曲的，或者在很多光年以外，可能存在着界限（就像卡西米尔片那样）。不然的话，我们就会发现，量子场论在实验室尺度上非常准确的预测中会出现偏差，而实际上这是我们观测不到的。很难想象我们所谓的"局部平直"的假说会在未来的某一时刻受到质疑。如果真那样的话，大概是因为我们基本上只在我们认为是正确的尺度上使用实验测试的量子场理论，从而能让我们在虫洞和曲速引擎方面有所进展。因此，确实很难想象怎样才能避免聚集在很小时间或空间区域的（可能是大量的）负能量。

所以，如果还有一些能够避开我们结论的方法，那又可能会包括些什么呢？尽管量子不等式的限制性都很强，但它们也被证明可以适用于自由场，那么这也许就是可以避开我们结论的一个方法。尽管在撰写本书的时候，形势仍然一片混沌，但我们却感到不会总是那样的。我们敢说，虽然相互作用场可能不遵守一般的量子不等式，但它们仍可能会满足某些类似的限制。只是我们目前还没有证据。

另外的一种可能性是促使宇宙加速膨胀的暗能量可能就是奇异物质，而这其实违背了弱/零能量条件（或相应的平均条件）。这样一来，我们周围都充满了奇异物质。尽管在本书写作之时，这一点仍未被观测所排除，但如果真是那样的话，我们将会大吃一惊。另一方面，对于大多数物理学家和天文学家们来说，暗能量的存在确实令他们感到意外。

而对于时间旅行来说，按照多世界诠释理论中虫洞时间机器的那种"碎片"效应的观点，要想逃避时间旅行中的悖论，似乎会被香蕉皮机制所困住。然而，我们感到非常不安的是，要想维持量子力学法则，如果在未来建造时间机器的话，就会影响到人们现在准确预测实验结果的能力。近来对有关时间旅行的研究进展不大，因为在相对论研究领域，人们的总体感觉是，纵使没有量子引力理论，我们也已经走得很远了。

我们要想在现有理论的基础上对未来理论和技术进行预测，必须十分慎重。请看下面的例子（由肯·奥卢姆提供）。假如我们只有牛顿力学定律而无其他新的科技手段，那么我们就会认为，从物理学角度来看，在人类一生的时间里去进行星际间旅行基本上是不可能的。按照牛顿理论的绝对空间和绝对时间，人类寿命的长度不足以应对穿越星际距离所需的加速过程。不过，这种结论可能是错误的。

随着狭义相对论以及时间膨胀现象的出现，我们知道，在太空船上以接近光速的速度旅行时的时间过程，会与在地球上大不相同。至于达到这样的速度所需的加速过程，基本上可以按照$1g$的恒定加速度持续$1 \sim 2$年。我们在此要强调的是，物理学法则并未禁止你所希望的进行接近光速的飞行。相对论的时间膨胀原理，原则上可以提供一种星际间的桥接方法。

当然，在实践中还存在着许多其他问题，例如，你通常会在你所认识的人离世很久之后才回来。这样一来，要想组织什么星际联盟就比较困难了，除非你属于那种极有耐心而又长生不老的种族。有一种可能就是把机器人送出去。还有一个问题，一旦你的太空船加速到接近光速，就会出现令人担心的很严重的屏蔽问题。在飞船的参照系里面，你处于静止状态，而星际原子和尘埃会以极高的速度从你身旁通过（甚至穿透你）。对于你来说，犹如身处粒子加速器之中。由此所需的屏蔽罩，可能会极大地增加飞船的质量。

以上所谈的问题，都集中在物理学所允许和技术上所能做到的事情。但人们总是急于想找到一种星际穿越的捷径。在本书中，我们已经说过，人们在科幻作品中常见的以某种超光速方式进行的星际旅行，似乎很成问题。

另外还有一点［这个要感谢塔夫斯大学的道格·厄本（Doug Urban）］，我们可以在实验室中制造量子力学的物质和能量，但要是仅基于经典物理学定律，我们可能就不会猜测到它们的特性。例如：液态氦，它可伸展到装它的容器壁；玻色-爱因斯坦凝聚体（Bose-Einstein condensates），一种新的物质形态，可以在宏观尺度上展现出奇特的量子力学行为；还有现在已经应用于很多技术领域的激光。虽然在极大尺度及低运动速度时，牛顿物理学定理可以取代量子力学和相对论，但后者仍可用来产生人类可见的明显效应。

未来还会有什么在等待我们发现呢？目前物理学家们正在寻找更高的能量，并探寻相关的时间和空间的更小尺度。现在量子引力理论中存在着两种主导学说，即弦论和圈量子引力学❶。许多人相信，量子引力理论可以像量子力学一样，掀起一场科学革命。但它是否也会对人类产生同样的影响呢？量子引力学的能量尺度极为巨大，以至于我们在不久的将来，也难以对其效应进行操控，即使这些效应确实存在。

但是，如果不是那样的话，我们或许可以想象一下下面的情形。未知的量子引力理论法则可能描述的一种情形，就是压缩到几乎难以想象的狭小空间区域的巨大数量的物质所表现出的行为。也许这些法则会与自然规律相结合，从而有效地规避或替代了一些能量条件（如果相信量子引力法则能够最终解决时空奇点问题，那么我们就可以期待这些法则具有这样的特性）。

例如，我们可以想象，一种超级文明可以在长弦形状的负能量结构中操

❶ 有关这些理论的更多内容，可参见布莱恩格林（Brian Greene）的《优雅的宇宙》（The Elegant Universe）（New York：W. W. Norton，2003）；里·斯莫林（Lee Smolin）的《通往量子引力学的三条道路》（Three Roads to Quantum Gravity）（New York：Basic Books，2001）；以及里·斯莫林的《物理学的困扰》（The Trouble with Physics）（Boston：Houghton Mifflin，2006）；还有里·斯莫林撰写的关圈量子引力学的一篇优秀论文《空间与时间的分子》（Atoms of Space and Time）（Scientific American，January 2004）。

纵量子引力物质和能量，这种行为甚至可以满足量子不等式的要求。那么这种负能量形式的弦，就可以作为用来制造一种马特·维瑟的立方虫洞（曾在第9章讲过）的奇异物质的来源。这种立方虫洞的优点之一是奇异物质只存在于立方体的边缘。这就意味着人类观测者可以从立方体的一面穿过，再穿越虫洞，而不必直接接触奇异物质。这样这种装置就可以提供一个通向星际的大门。但是量子引力法则会允许我们把这些立方体组合起来，把虫洞的"维瑟环"变成时间机器吗？如果量子引力法则不允许制造虫洞类型的时间机器的话，会允许制造其他类型的吗？也许这些法则会按照霍金的时间保护猜想，禁止所有的时间机器。此时此刻，我们对此一无所知。但是我们要强调一下，最后两章所进行的讨论，纯属揣测。目前看来，我们没有理由相信那些情形会成为可能。

此时此刻，你们会觉得笔者只是在危言耸听，让大家扫兴❶。不过，你们会感到惊讶的是，我们两人也都是《星际迷航》的铁杆粉丝。其实和你们一样，我们也认为，如果存在虫洞和时间机器的话，这个宇宙会更加令人振奋。但正因为如此，我们才会谨小慎微。我们相信这样的说法，但你越想相信什么，就越应该对它提出质疑。正如理查德·费曼（Richard Feynman）曾经说的那样，"第一条原则，是不能欺骗自己——而你就是最容易被骗倒的人。"我们也遵守卡尔·萨根的名句，"非凡的断言，必有非凡的证据。"——举证的责任要由断言者承担。作为

---

❶ 我们实际上已经受到戴维斯（E. W. Davis）和普索夫（H. E. Puthoff）的指责："量子不等式（QI）猜想是海森堡不确定性原理的一个特别扩展（著者注：并非如此——量子不等式可用量子场论推导出来，所以并不是"猜测"）。这些不等式主要是由研究弯曲空间量子场理论的一小部分专家所推导的，目的是让宇宙显得理性和无趣（此处特别强调）……这一小部分人对超光速运动、可穿越虫洞和曲速引擎、时间机器、负能量以及其他违背热力学第二定律的相关问题都持有偏见。这些人只会接受经理论与实验证明存在负能量密度和数量的事实，而不接受它们在时空中以不同形式所产生的结果。"[见空间技术与应用国际论坛 STAIF2006，CP813，编者 M. S. El-Genk（Melville, NY：American Institute of Physics Press, 2006）] 需要指出的是，还是这位普索夫，曾在20世纪70年代与鲁塞尔·塔格（Russell Targ）一同宣称尤里·盖勒（Uri Geller）是一位物理天才。如果你们从未听说过尤里·盖勒，我们推荐看一下（人称"有趣的"）詹姆斯·蓝迪所著的《尤里·盖勒的真实面目》（The Truth about Uri Geller）（Amherst, NY：Prometheus Books, 1982.）。对于探索宇宙看起来是理性的这个假设，我们深感抱歉。似乎戴维斯和普索夫对此并不在意。

科学家，我们的工作就是要搞懂宇宙的真实本性，而不是使它成为我们所希望的那样。我们必须牢记，宇宙绝对不会无端去满足我们的期盼和愿望。但是，我们也要指出，无论如何，我们在时间与空间、物质与能量方面所取得的新成就，值得我们继续努力。

219

Time Travel and Warp Drives

A Scientific Guide
to Shortcuts
through Time and Space

附 录

附录1　对伽利略速度变换的推导

按照本附录的方式，可以很容易地从坐标变换中得到伽利略速度变换。回忆一下第2章，坐标变换是这样的：

$$x' = x - vt$$
$$y' = y$$
$$z' = z$$
$$t' = t$$

我们假设在一列火车的参照系里面，一个人从坐标为x_1'的一点出发，经过时间t_1'到时间t_2'这段时间，走到坐标为x_2'的另一点。于是x'变为$x_2'-x_1'$，t'变为$t_2'-t_1'$。我们要使用一种惯用的符号，很多读者都会熟悉这些符号。我们用$\Delta x'$这个符号来代替$x_2'-x_1'$。符号Δ是一个希腊字母，读作德尔塔，$\Delta x'$就读作德尔塔x撇，或者叫作"x撇的变换式"。也就是说，$\Delta x'$这个符号只是$x_2'-x_1'$等式值的更简洁形式，而不是x'与一个莫名其妙的Δ值相乘。同理$\Delta t'$代表t'的变换形式，于是$\Delta t'=t_2'-t_1'$。

假定Δx为此人在Δt（假设$\Delta t=\Delta t'$）这段时间里，沿着路轨所走过的距离。为了通用起见，我们也把这个人朝其他方向所走的路途包括在内，假设数值为$\Delta y'=\Delta y$以及$\Delta z'=\Delta z$。于是伽利略坐标变换式就会为我们得出：

$$\Delta x' = \Delta x - v\Delta t$$

$$\Delta y' = \Delta y$$

$$\Delta z' = \Delta z$$

现在只要把每个等式的左边除以$\Delta t'$，再把等式的右边除以Δt（由于$\Delta t'=\Delta t$，所以我们是在用相等的值来除以等式的两边）。于是我们便得到：

$$\frac{\Delta x'}{\Delta t'} = \frac{\Delta x}{\Delta t} - \frac{v\Delta t}{\Delta t}$$

$$\frac{\Delta y'}{\Delta t'} = \frac{\Delta y}{\Delta t}$$

$$\frac{\Delta z'}{\Delta t'} = \frac{\Delta z}{\Delta t}$$

但是，$\frac{\Delta x'}{\Delta t'}$ 只是此人在火车上所测量到的时间间隔与他所走过的距离相除，

也就是他相对于火车的速度 u'。同理 $\frac{\Delta x}{\Delta t}$ 就是此人在路轨参照系的时钟测量的时间

间隔 Δt（假设与火车参照系的时间相同）与相对于路轨所走过的距离相除，也就
是他相对于路轨的速度 u。因此我们可以得出：

$$\frac{\Delta x'}{\Delta t'} = \frac{\Delta x}{\Delta t} - \frac{v\Delta t}{\Delta t}$$

$$u'=u-v$$

这里的 u' 和 u 只代表与路轨平行的运动。要是此人朝着另外两个方向行走，那
么通过使用上面的方法可以得到：

$$\frac{\Delta y'}{\Delta t'} = \frac{\Delta y}{\Delta t}$$

$$V_y'=V_y$$

$$\frac{\Delta z'}{\Delta t'} = \frac{\Delta z}{\Delta t}$$

$$V_z'=V_z$$

这里的 V_y'，V_y，V_z'，V_z，分别是在 y'，y，z'，z 方向上的速度。

附录2　对洛伦兹变换的推导

我们主要是要用一个与爱因斯坦最初提出的相同推导方法，来推导洛伦兹变
换方程式。正如你们所知，这些变换是根据事件在另外一个不同惯性参照系 S 的
坐标，给出它在 S' 参照系里的坐标。我们还像往常一样，假设 S' 以速度 v 沿着常用
的 x 和 x' 的正方向运动，且两个参照系的原点相交于 $t=t'=0$ 的位置。我们暂时假设，
事件发生在 x 轴上，那么它在时空中的坐标，在 S 参照系中可设为（t，x），在 S' 参
照系中为（t'，x'）。为了满足相对论原理，变换方程式要保证朝着正方向、沿着

$x=ct$或在S参照系中沿着$x-ct=0$的世界线移动的光信号，在S'参照系里必须要沿着世界线$x'-ct'=0$移动。如果得到以下的等式，那就是正确的：

$$x'-ct'=\alpha\ (x-ct) \tag{1}$$

式中，α是一个常数，也就是说，它不受等式中任何坐标的影响，尽管它会与v有关。只要α不是无穷大，如果$x-ct=0$，等式（1）就可保证$x'-ct'=0$。相对论原理还要求，在S参照系中沿着负方向，即沿着世界线$x=ct$或$x+ct=0$运动的光信号，在S'参照系中的速度为c。如果我们符合以下的要求，就满足了上述条件：

$$x'+ct'=\beta\ (x+ct) \tag{2}$$

式中，β也与坐标无关，且也不是无穷大。我们还可以引入2个更方便的常数，a和b。首先，我们把等式（1）带入等式（2），得到：

$$x'=ax-bct \tag{3}$$

这里，

$$a=\frac{\alpha+\beta}{2} \tag{4}$$

并且

$$b=\frac{\alpha-\beta}{2} \tag{5}$$

然后，我们从式（1）中减去式（2），得到：

$$ct'=act-bx \tag{6}$$

如果我们看一下等式（3）和等式（6），可以看出，只要求出a和b，就可以解决我们的问题。这是转换方程式中的两个系数，可以让我们根据事件在S参照系的坐标，来确定其在S'参照系里的坐标，它们其实也就是洛伦兹变换的系数。

要想进一步推理，可以让我们先看一下，S'的原点位置为$x'=0$。那么从等式（3）得到它在S中的位置为$x=\dfrac{bc}{a}t$。由于它从$x=0$处出发，并以相对于S的速度v移动，所以它在S中的位置也可以表示为$x=vt$。通过比较x的两种表达式，可以看到：

$$v=\frac{bc}{a} \tag{7}$$

下一步，再来看一根在S参照系中处于静止的米尺，它的一端位于$x'=0$，另一

224

端则是$x'=1$米。让我们看一下在S'参照系的观测者测量到的米尺长度。由于这根米尺在进行移动，那么要想确定它的长度，就必须十分小心地在同一时间测量出它两个端点的位置，这个同一时间对于观测者来说，当然就是相同的时间值t。米尺的一端位于S'的原点，我们也看到它在$t=t'=0$时穿过S的原点。所以要想知道米尺在S里面的长度，我们就必须知道$t=0$时$x'=1$米这一点在哪儿。这很容易办到。我们只要看一下等式（3）就会发现，当$t=0$且$x'=1$米时：

$$x=（1\text{米}）/a \tag{8}$$

现在$x \neq 1$米，便是狭义相对论中的一个最著名结果的例证，也就是说，移动中的米尺会显得短一些，这个问题会在附录5中有更详尽的探讨。但这是相对论，也就是说，所有的惯性系，特别是S和S'，都是等价的。因此，如果转换方程式要遵守相对论原理，就必须保证，在从S'观测时，这根米尺从$x=0$移动到$x=1$米所发生的是相同的事情。S'的观测者会说，他们要想正确地测量出移动中的米尺长度，就必须要同时测量出米尺两端的位置，也就是相同的时间t'。

我们还要多研究一下这个时间。我们知道，两个原点在$t=t'=0$时相交。所以当$t'=0$时，米尺的一端应该位于S的$x'=0$。等式（6）告诉我们，当$t'=0$时：

$$x=act/b \tag{9}$$

但我们并不知道t值。不过我们可以运用等式（3）来删去t，得到$t=(ax-x')/bc$。如果我们用这个表达式来代替等式（6）中的t，且$t'=0$，就可得到$x=(a^2/b^2)(x-x'/a)$。在这个表达式中，把含有x的各项调整到等式一边，再在等式两边乘上$-b^2/a^2$，从等式（7）中，可以看到$b^2/a^2=v^2/c^2$。于是等式左边为$x'/a=[1-(v^2/c^2)]x$或者$x'=a[1-(v^2/c^2)]x$。再用a/a乘以右边，我们可得到：

$$x'=a^2[1-v^2/c^2]（1\text{米}）/a \tag{10}$$

也就是在没有撇的参照系中，米尺的一端位于原点，另一端为$x=1$米。现在来比较一下等式（8）和等式（10）。因为在没有撇的参照系中的米尺，在有撇的或是其他参照系中的观测者看来应该是一样的，所以相对论原理要求等式（1）必须与等式（8）相等，且要由x'代替x。于是我们得出$a^2（1-v^2/c^2）=1$，或者：

$$a=\frac{1}{\sqrt{1-v^2/c^2}} \tag{11}$$

这样一来，我们就确定了洛伦兹变换方程式中与x和t有关的两个系数之一。

另外那个系数 b，便可以立即根据 a 由等式（7）得出，即：

$$b = va/c = \frac{1}{\sqrt{1 - v^2/c^2}} \times \frac{v}{c} \qquad (12)$$

如果把等式（11）和式（12）代入等式（3）和（6），就会得到第3章中有关 x 和 t 的洛伦兹变换方程式。

通过对等式（4）和式（5）进行加减，我们得出 $\alpha = a+b$，$\beta = a-b$。由于 $v<c$，a 和 b 都不会是无限大的，所以 α 和 β 也不是。因此，根据等式（1）和等式（2），转换方程式确实保证一个在 S 参照系里以速度 c 沿着 x 正（反）方向运动的物体，它在 S' 参照系里也是一样的。也就是说，洛伦兹变换方程式确实令光速成为一个不变量。但是，由于 α 和 β 都不等于1，那么只有 $ct-x=0$，我们才可以得到 $ct'-x' \neq ct-x$，对 $ct+x$ 也是一样。不过，$\alpha\beta = (a+b)(a-b) = a^2 - b^2 = 1$，这可以很容易地从等式（11）和（12）中得到确认。通过等式（1）和（2），我们可以写出这样的等式：$[(ct')^2 - x'^2] = (ct'-x')(ct'+x') = \alpha\beta(ct-x)(ct+x)$。由于 $\alpha\beta = 1$，所以，不管 t 和 x 值是多少，下面的等式都是有效的：

$$(ct')^2 - x'^2 = (ct)^2 - x^2 \qquad (13)$$

到此为止，我们只是探讨了沿着 x 传播的光信号。如果要研究朝着任意方向传播的光信号，就必须引入横向坐标 y 和 z。既然 S' 在 x 轴上移动，那么这些坐标在 S' 和 S 上都不会有区别。所以我们便可以让洛伦兹变换方程式中的最后两个字母做以下变换：

$$y = y' \qquad (14a)$$

以及

$$z = z' \qquad (14b)$$

现在再让我们来看一下位于 S 原点，当 $t=0$ 时的光脉冲在任意方向传播的情况。它在时间 t 时的位置可以表示为：

$$x^2 + y^2 + z^2 - (ct)^2 = 0 \qquad (15)$$

这时

$$r = \sqrt{x^2 + y^2 + z^2} \qquad (16)$$

这是在 S 惯性系里到原点的空间距离。洛伦兹变换方程式认为 $x^2 - (ct)^2 =$

$x'^2-(ct')^2$。再根据等式（14a）和（14b），可以让我们重新得到等式（15），即：

$$x'^2+y'^2+z'^2-(ct')^2=0$$

我们看到，洛伦兹变换方程式也可以按照相对论原理所要求的那样，保证光脉冲以速度 c 在 S' 里面沿着径向方向向外射出。

还记得我们在等式（1）和式（2）里面，把 α 和 β 设为常数，即它们与时空坐标无关。这样一来，转换方程式里面由 α 和 β 所得出的系数，也同样是常数，也就是说坐标转换属于线性方程式。因此根据爱因斯坦的推导，这些方程式是仅有的一组与相对论原理保持一致的线性方程式。

227

然而，要是我们让 α 和 β 与坐标相联系，又会怎样呢？因为方程式右边 $x \pm ct$ 因子的原因，等式1和等式2仍然可以保证光速在所有惯性系中都是相同的。那么我们有什么理由需要一种线性转换方程式呢？

我们现在这样做是有一个很好的理由，但最好的理由，其实就是要相信任何一种物理学理论。高能物理实验已经积累了大量支持相对论原理有效性的实验数据，这其中都包含洛伦兹变换的线性方程式。当然，在爱因斯坦还在研究狭义相对论的时候，还没有进行这些实验。

然而，有一种令人信服的说法让爱因斯坦认为转换方程式的线性特征多多少少是理所当然的，虽然我们会对此产生怀疑。有这样一种基本假设，就是无论何时何地，物理学法则都是相同的。物理学家对此是这样表述的：处于平移变换的物理学法则是对称的，这指的是无论在时间还是空间上的坐标系所进行的位移。

基于什么来假设存在着这一类对称性呢？这种假设当然最为简洁，也许还最为令人感到一种审美愉悦。尽管这些看起来通常是正确的，但是我们不能保证大自然会选择简洁，还是选择取悦人类。

特别是动量和能量守恒定律，作为也许是最为人熟知的两个定律，也可以分别从时间和空间进行平移的不变性假设中得以推导。这两个伟大的守恒定律的存在，为我们提供了强有力的证据，证明物理学法则并不会挑选任何特别的时间或空间区域，使其显得与众不同。如果真是这样，那么坐标转换方程式就会是线性的，洛伦兹变换方程式也就从其他可能性中脱颖而出了。

附录3 对时空间隔不变性的证明

如果你读过附录2中我们对洛伦兹变换进行的推导，你就会明白这个问题。如果你只是刚刚开始了解变换方程式，我们这里介绍一个更简单的方法。

我们先来证明，对于在两个不同惯性系以相对速度v移动的一个事件的坐标，以下的等式是正确的：

$$x^2-(ct)^2=x'^2-(ct')^2 \qquad (1)$$

洛伦兹变换方程式如下

$$t'=\frac{t-\dfrac{vx}{c^2}}{\sqrt{1-\dfrac{v^2}{c^2}}}, x'=\frac{x-vt}{\sqrt{1-\dfrac{v^2}{c^2}}}, y'=y, z'=z$$

首先，在洛伦兹变换方程式中用x和t来替换x'和t'，带入等式（1）中有：

$$x^2-(ct)^2=\left(\frac{x-vt}{\sqrt{1-\dfrac{v^2}{c^2}}}\right)^2-\left[c\left(\frac{t-\dfrac{vx}{c^2}}{\sqrt{1-\dfrac{v^2}{c^2}}}\right)\right]^2$$

然后要用一下那个最好用的二项式平方公式，$(a+b)^2=a^2+2ab+b^2$，来对上面的结果进行平方计算，再提取公分母$\dfrac{1}{1-\dfrac{v^2}{c^2}}$，结果如下：

$$x^2-(ct)^2=\left(\frac{x^2-2xvt+v^2t^2}{1-\dfrac{v^2}{c^2}}\right)-c^2\left(\frac{t^2-2t\dfrac{vx}{c^2}+\dfrac{v^2x^2}{c^4}}{1-\dfrac{v^2}{c^2}}\right)$$

$$x^2-(ct)^2=\frac{x^2-2xvt+v^2t^2-c^2t^2+2tvx-\left(\dfrac{v^2}{c^2}\right)x^2}{1-\dfrac{v^2}{c^2}}$$

然后消掉$-2xvt$和$2xvt$这两项，再把分子中的x^2和t^2项归结到一起，得到：

$$x^2 - (ct)^2 = \cfrac{x^2 - \left(\cfrac{v^2}{c^2}\right)x^2 + v^2t^2 - c^2t^2}{1 - \cfrac{v^2}{c^2}}$$

现在对x^2和t^2项进行分解，提取出$-c^2$因子，得到以下的等式：

$$x^2 - (ct)^2 = \cfrac{\left(1 - \cfrac{v^2}{c^2}\right)x^2 - \left(1 - \cfrac{v^2}{c^2}\right)c^2t^2}{1 - \cfrac{v^2}{c^2}}$$

最后，如果我们从分子和分母中消掉$\cfrac{1}{1 - \cfrac{v^2}{c^2}}$，就得到：

$$x^2 - (ct)^2 = x^2 - c^2t^2$$

这样你就会发现，原先的等式右边已经变成了相应的地球参照系的等式，也就是等式的左边。一般来讲，既然等式$x^2-(ct)^2=x'^2-(ct')^2$是正确的，那么左右两边的值都等于零时，它也是正确的，这样的话，你可以回忆起来，那是适用于光线的等式。所以，在两个不同的参照系中的坐标，如果可以通过洛伦兹变换而联系起来，那么这个信号在一个参照系中以光速c移动时，在另一个参照系中的观测者也会看到它以速度c移动。这样一来，所有惯性系中的观测者都会看到，光在以相对于他们各自保持静止的参照系的速度c移动。这与迈克尔逊-莫雷实验的结果是一致的，也说明看似明显的伽利略变换，对于远低于光速c的速度来说，其实是一种近似形式，虽然这种近似还算不错。

附录4　对x'、t'轴相对于x、t轴的方向说明

在附图4-1中，设ct'、x'为观测者O'的时空轴，他以相对于ct，x轴的参照系的观测者O的速度v进行移动。在这里，带撇的轴，都要以相同的角度朝内旋转（即朝向图中所示的光线的世界线旋转）。因此，图中的角a等于角b。

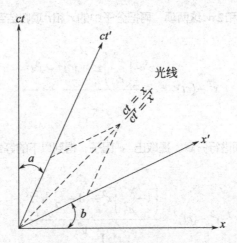

附图 4-1　时空中的旋转。由于时空几何的原因（回忆一下时空间隔出现的负号），坐标转换会令时间和空间轴朝着内部旋转，也就是朝着图中光线的方向旋转

ct' 轴与 O' 的世界线相吻合，它斜向 ct 轴，倾斜角为 a。光线（沿着 x 和 x' 的正向传播）的世界线正好位于距离 ct 与 x 轴之间的一半位置。也就是光线的任何一点在 ct 与 x 的坐标都是相等的，因为我们在前面知道，光线已经由 $x-ct=0$ 确定。从光速的不变性来看，光线也应该恰好处于 ct' 和 x' 的中间位置，因为 $x'-ct'=0$ 是光线在带撇的参照系中的等式。因此，光线的任何一点在 ct' 和 x' 的坐标也都是相等的。只要稍微花点时间，看一下附图 4-1 中所标出的 ct' 和 x' 轴的方向，以及夹角 $a=$ 夹角 b，你就会相信这个结论。特别要注意的是，如果 ct' 和 x' 轴相互形成的是直角，那么上面的结论就是错误的。

可以使用洛伦兹变换方程式，来进行更严格的证明。

$$x' = \frac{x - vt}{\sqrt{1 - \dfrac{v^2}{c^2}}}$$

$$t' = \frac{t - \dfrac{vx}{c^2}}{\sqrt{1 - \dfrac{v^2}{c^2}}}$$

在附图 4-2 中，ct' 轴对应的是线段 $ct'=0$（与 x 轴对应线段 $ct=0$ 一样）。设上面的第二个洛伦兹变换方程式中的 $t'=0$，我们得到 $t=vx/c^2$。在这个等式两边各乘上 c，再分别除以x，我们就得出$ct/x=v/c$。最后的等式的左边就是x'轴（即线段$ct'=0$）相对于水平轴x的斜度。请注意我们这两个斜度等式的右边是相同的，也就是v/c。因此，既然ct'轴相对于ct轴的斜度，以及x'轴所形成的相对于x轴的斜度都等于v/c，那上面图中的角a和角b一定是相等的。

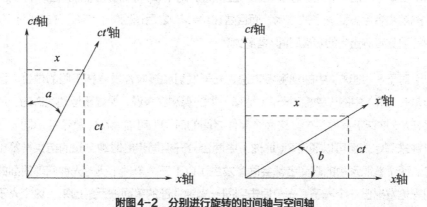

附图4-2　分别进行旋转的时间轴与空间轴

附录5　光钟造成的时间膨胀

1. 时间膨胀

在前面第5章所介绍的关于时间膨胀的推论，使用了洛伦兹变换方程式。以下的推导则主要应用相对论的两个原理和毕达哥拉斯定理。来看一下所谓的"光钟"：一个底部和顶部都是镜面的方形盒子。盒子底部装有一支闪光枪，可以朝着顶部的镜面发射光子（即光粒子）。光子以光速c前进，并穿过从盒子底部到顶部的距离d，然后又被反射回底部的镜面，再继续重复这个过程。光子进行一个往复过程的时间间隔，可以看作这只光钟所走的嘀嗒一声，它可以表示时间为$2d/c$（这里的表述适用于光钟以静止状态所处的参照系）。

现在再来看一下一系列这样的光钟，它们都安装在地球参照系S（地球）中，并设定为互相同步。在时间$t=0$时，在以相对于地球参照系的速度v航行的S'（飞船）参照系中，一只处于的静止状态的光钟在S'（飞船）参照系的时间为$t'=t=0$时，飞过地球参照系中的一只光钟。这种情况可用附图5-1来描述。我们感兴趣的是以下两个时空事件之间在各自的参照系中的时间间隔。事件1：一个光子从飞船光钟底部发出；事件2：同一台光钟底部随后接收到一个光子。这两个事件之间的时间可以用一台时钟来测定，因为在 S'（飞船）参照系中，发射光子和接收光子都发生在相同的位置。所以在我们上面的例子中，t' 就是一个固有时间。我们还想计算一下在 S'（飞船）和 S（地球）所测量到的这两个事件的时间间隔。在 S'（飞船）中的观测者会看到光子的往返，而且是在 $t_1'=2d/c$ 之后返回的。那么，在 S（地球）中的观测者测量到的对应时间 t 是多少呢？

对于 S（地球）中的观测者来说，光子发射和接收都发生在不同的位置，因为 S'（飞船）中的光钟相对于 S（地球）中的观测者来说，是处于运动状态的。所以在 S（地球）参照系中，这两个事件之间的时间（可称为 t_1），就不能用同一台时钟来测定，但可以通过 S（地球）中两台分开但同步的时钟测量的结果推算出来。两个参照系中的观测者都会同意发生了以下三个事件：飞船光钟底部镜面的闪光枪发射出一个光子；光子撞击到同一光钟顶部的镜面被反射回来；这个光子又被飞船光钟底部的镜面所接收。按照相对论原理的要求，每个参照系中的观测者所测量到的光速都应该是 c。我们从附图5-1看到，S（地球）中的观测者一定会

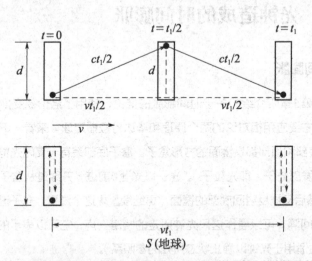

附图5-1　由光钟产生的时间膨胀。地球上的同步光钟所测量到的飞船上的光钟所走过的嘀嗒一声

发现，光子是沿着一条对角线路径前进的。他们发现这一点，是因为镜子已经不再位于相同的位置，在 S（地球）的观测者看来，当光子到达顶部镜面时，镜子朝右边移动了 $vt_1/2$ 的距离。所以，要想让两个参照系的观测者都看到光子击中底部

镜面，光子在 S（地球）参照系中就必须走一条对角线路径。光子在时间 $t=t_1/2$ 内沿着这条对角线路径所走过的距离（的平方），就可以简单地用毕达哥拉斯定理算出：

$$(ct_1/2)^2=(vt_1/2)^2+d^2$$

得出：

$$d=\frac{t_1}{2}\sqrt{c^2-v^2}$$

再从根号下提取出 c 的因子，得到：$d=\frac{ct_1}{2}\sqrt{1-\frac{v^2}{c^2}}$

对光子另一半行程的分析是一样的。因为在 S'（飞船）参照系中测量的时钟嘀嗒一声的时间为 $t_1'=2d/c$，用 d 来写出这个等式可得：

$$d=\frac{ct_1'}{2}$$

如果我们设这两个 d 的公式右边部分相等，再消去 $c/2$，就得到：

$$t_1'=t_1\sqrt{1-\frac{v^2}{c^2}}$$

这就是我们前面得到的时间膨胀公式。

请注意，我们得到的结果直接取决于两个参照系的观测者所测得的光速都是 c。由于光在 S（地球）参照系中所走的路径较长，但前进速度却与 S'（飞船）参照系相同，所以在 S（地球）中所测得的往返行程所用时间，就应该比在 S'（飞船）参照系测得的时间要长一些。

根据相对论第一原理，任何一个参照系的观测者都可以说自己是静止的，而另一个参照系的观测者是"移动"的。假如我们是 S'（飞船）中的观测者，那么就可以认为 S'（飞船）的一系列时钟是静止的，且都设定为相互同步，而在 S（地球）参照系中的唯一光钟是以相对于 S'（飞船）的速度 $-v$ 进行移动。现在我们可以看到，在 S（地球）的光钟里面的光子进行了较长的斜线型移动。因此，我们可以得出结论，在 S（地球）参照系的光钟要比另一些光钟走得慢。

也许你想说，我们谈到的对光钟特性做的假设所得出的这种效应只是骗人的罢了。然而，这种说法是不对的，因为利用洛伦兹变换方程式进行的推导，并没对所使用的某种特定时钟做出假设，并提供相同的预测。实际上，狭义相对论的时间膨胀效应适用于任何种类的时钟，与其结构无关。如果不是这样的话，让我们看一下会发生什么。我们假设在一个惯性系里面，有一组不同式样的时钟，我们逐步地慢慢将这些时钟加速至一个相同的恒定速度。接下来，如果这些时钟互相之间不再以相同的速度走时，那么我们就会认为所有时钟走时速度相同的那个惯性系，是一个绝对静止的"特殊"惯性系。而这样会违背相对论原理，因为相对论原理认为所有惯性系都是等价的。

2.长度的收缩

另外一个被经常谈论的狭义相对论结论是不仅移动的时钟会变慢，甚至移动的米尺也会变短。这对本书来说虽然没有直接联系，但是为了保持完整性，而且因为这个现象可以很容易地通过时间膨胀来得到验证，我们就在这里简单介绍一下"长度收缩"现象。

假设在 S（地球）参照系中有一把静止的米尺，它在该参照系里被测量到的长度为 L（在一个参照系里的测量到的静止物体的长度，称为该物体的"固有长度"。就像固有时间一样，这个"固有"一词并不意味着"真实"或"正确"）。设米尺的左端点位于 $x=0$，右端点为 $x=L$。从 S（地球）参照系看去，S'（飞船）里的光钟以速度 v 向右前进。设时钟中心越过米尺左端点的时间［从 S（地球）参照系测得］为 $t=0$，且时钟穿过米尺右端点的时间为 $t=t_1$。于是在 S（地球）参照系中的米尺长度可以表示为 $L=vt_1$，这也是在 S（地球）参照系中所测得的时钟在时间 t_1 所走过的距离 L。

现在再让我们看一下在 S'（飞船）里的情况。在这个参照系中，米尺在以速度 v 朝着左边移动。在 S'（飞船）参照系中，米尺的左端点在时间为 $t'=t=0$ 时越过时钟中心位置。它的右端点越过的时间为 $t'=t'_1$。请注意，在 S'（飞船）中，米尺的左右两个端点分别越过时钟中心位置这两个事件，都发生在 S'（飞船）参照系的同一个位置。于是，这两个事件之间的时间间隔，就可以用 S'（飞船）上的一只时钟来进行测量，而 t' 就是固有时间。在 S'（飞船）中测得的米尺长度是 $L'=vt'_1$。根据时间膨胀公式，$t'_1=t_1\sqrt{1-\dfrac{v^2}{c^2}}$，我们可把它的长度写成：$L'=vt_1\sqrt{1-\dfrac{v^2}{c^2}}$。但是我们从前面的探讨中得知，$vt_1$ 等于 L，于是我们便会得到：$L' = L\sqrt{1 - \dfrac{v^2}{c^2}}$。

这就是"长度收缩"现象，也就是一个物体在参照系中移动时测到的长度，该值要比它在另一个参照系中保持静止时的长度短，所相差的长度为因数 $\sqrt{1 - \dfrac{v^2}{c^2}}$。与时间膨胀一样，这种效应也是对称的，每个参照系的观测者都会说，另外一个观测者手中的米尺要比自己的短一些❶。

235

附录6 霍金定理

我们在这里要来谈一下斯蒂芬·霍金关于时间旅行的著名定理。这一定理出现于他的时序保护猜想的论文里面（1992年），但又是独立于时间保护猜想是否正确的主题。可以有理由推测，即使极为先进的文明，也仅能在时空的有限区域里形成弯曲，从而制造时间机器。霍金认为，在某些假定条件下，要想在某一有限时空区域制造时间机器，就必须违背零能量条件，也就是负能量❷。

在这里只简要介绍一下他的证明。霍金使用了反证法。他所应用的方法是相对论中所谓的"全局方法"（global techniques）。这些方法曾让罗杰·彭罗斯和霍金在20世纪60年代和70年代初期推导出了著名的"奇点定理"。应用这些方法有一个优势，就是可以让霍金在考虑制造时间机器需要使用的某种物质/能量或者制造过程的各种细节时，不必再假设任何特殊的物质。这使得他的研究成果非常具有普遍性和说服力。

下面我们根据附图6-1来谈一下。先来看一个类空间性的表面 S，你可以把它设想为空间在某一时刻的一幅"快照"（假定 S 无限延展，我们只能展示它的一部分有限空间）。如果我们研究一下位于 S 未来的点 p，会看到在 p 点上，所有指向过去方向的类时或类光性弯曲（见图中的点状曲线）都会相交或"注册"到 S 上。所以，在 p 点将要发生的事情，就可以根据传到 S 的信息来进行预测（回忆一下我们

---

❶ 需要说明的是，与运动方向垂直的长度不会受到影响。

❷ 霍金的分析概括了弗兰克·提普勒（Frank Tipler）在20世纪70年代所做的早期研究。

在第4章讲到的光锥），也就是说，可以参照S上的阴影区域，p点的过去光锥是在
这里与S交汇的。具有这种特性的p点都处于所谓的"S的（未来）相关域"里，
图中这个区域称为$D^+(S)$●。这个区域的时空（指向S未来）就可以通过提供给S的
信息来预测。如果我们研究一下q点，会看到这一点就没有那种特性，因为通过
q点的是一条封闭类时曲线。这个曲线指向过去的部分，没有与S相交，也就没有
"注册"到S上。因此，q点就没有处于S的相关域$D+(S)$里面。换句话说，在q
点将要发生的事情，不能用提供给S信息的方法来预测，因为至少存在着一条曲线
穿过q点，又没有"注册"到S上。所有像q或者p这样的点之间的界限，就是附
图6-1中所说的"时间旅行视界"。这条界线把包含封闭类时曲线的时空区域与不
包含封类时的时空区域分割开来。

236

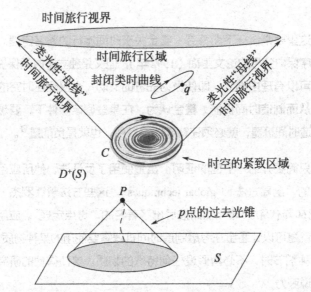

附图6-1　缩小的时间旅行视界。视界的类光性发生器没有终点，但都环绕着紧致空间C

霍金在他的验证中，首先指出时间旅行视界是由一些称为"母线"（generators）
的类光性测地线构成的。这些母线是这样定义的，即时间旅行视界的每一个点，
只有一条母线可以穿过。可以通过设想一个柱体的表面来做一个比喻。比如在柱

● 要想了解这一点，可以在图中$D^+(S)$区域选取任一点，把它设为r，再画出r的过去光锥直
至与S相汇，要记住S会延展至无限远。自r点的所有指向过去的类时性或类光性曲线，都会位于
它的过去光锥的内部或上面，所以如果它的过去光锥与S相交汇，那么自r点所有的 指向过去的
类时性或类光性曲线也都会与S相汇。于是，在r点所要发生的事情，便也可以由S所得到的信息
来进行预测。

体上画出一些与柱体轴线平行的线条，我们可以把这些线条想象成"母线"，然后沿着这些线条一直下去，那么这些线条就可以"勾勒"出柱体的外形，而且在每一个点上都只有一条母线穿过。

在时间旅行视界这里，视界上的两个点不会被类时性曲线相连。与此相关，还有时间旅行视界的母线的另外一个重要但又不引人注目的特征：这些母线没有过去的终结点❶。这些终结点只是母线进入或离开视界的点。

再来做一个比喻，假设在平直空间的一个光锥里面有两条光线穿过O点，这个图示在附图6-2的左半部分。这两条光线相交的结果是，光锥上部和下部的a点和b点，分别以一条类时曲线（点状线）相连。同理，如附图6-2右半部分所示，如果时间旅行视界上的两条相接近的母线，在e点相交，那么c点和d点也可以通过一条类时曲线相连。但是那样的话，这两条母线就不会再处于视界中了，因为视界上的两点不能由一条类时曲线连接起来。

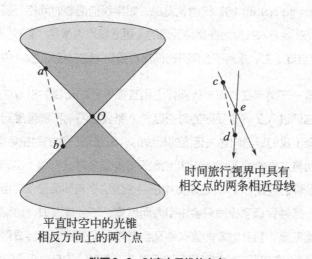

平直时空中的光锥
相反方向上的两个点

时间旅行视界中具有
相交点的两条相近母线

附图6-2 时空中母线的交点

既然时间旅行视界的母线没有过去的终结点，那它们会怎样呢？它们会不会"停下来"？如果在一个时空里面类时曲线或类光曲线"停止"，那也就意味着它们不可能延续到更远了。这样的曲线说明了时空奇点的出现，时间和空间到此便

---

❶ 技术性说明：更准确一些的说法是，时间旅行视界的母线没有过去的终结点，且在S边缘也没有。但在我们的讨论中，我们假设S是无限延展的。所以，在我们的案例中，S也没有边缘。而且尽管母线没有过去的终结点，但却会有未来的终结点。不过这并不影响我们的探讨。

截止了。例如，如果有一位观测者一直沿着一条类时性曲线前进，可能就意味着当他的手表位于某一特定时刻时，他的存在会突然终止。他的时空可以说是"用完了"。由于我们无从知晓也不能控制一个奇点的后果，所以我们试图将这种可能性排除在我们如何制造时间机器的问题之外。

如果这些时间旅行视界的母线不会遭遇奇点，它们就会延展至无限远。也就是说，如果我们顺着这些线向后回到过去，就会距离我们建造时间机器的时空区域越来越远。但是来自无限遥远的信息又会影响到我们建造时间机器。即使最为先进的文明也只能在一个有限的区域操控时空。

因此，霍金在其验证中，必须准确把握这样的含义：在有限的时空区域里制造时间机器。为此他非常理性地想要排除来自于一个奇点或者无限远的信息。但如果那些母线并未遇到奇点，或者并没有发展到无限远，那又该怎么办呢？霍金认为他所说的"在有限区域制造时间机器"的含义，是指时间旅行视界是"紧致生成"（compactly generated）的。这也就是说，如果我们沿着时间旅行视界的母线走向过去，母线就会进入并停留在某种受限的（更准确点说就是"紧致"的）时空区域 C，并一直盘旋下去，永远不会离开时间旅行视界（这已在附图6-1中做出描述）。

现在来看一下两条在时间旅行视界上相互很靠近的母线。沿着这些母线走向过去。由于它们进入了一个受限的时空区域，那么它们就不能延展到无限远，而必须开始汇聚（我们跟随向过去延展的母线时，母线所局限的时空就会变得更小，于是就必须朝着过去收缩）。霍金起初也假设零能量条件会有效（实际上，更弱的平均零能量条件已经足够了）。在前文中已经说过这个与弱能量条件相似，但只沿着光线。这一条件保证了光线只会由引力而聚集，不会被离散。如果时间旅行视界的母线开始汇聚，且此时零能量条件又会有效，那么我们就会看到光线相互交叉，就像附图6-2右部所描绘的那样（这可以在沿着光线的有限距离内发生。）

但是，一旦光线发生交叉，那么光线就会在其相交点上离开时间旅行视界。这就意味着这个相交点是一个过去终结点，它处于时间旅行视界上。但是，这又是一个矛盾，因为霍金曾经指出，时间旅行视界的母线是没有终点的。这些没有终结点的母线开始汇聚而又不会相交的唯一方式就是违背零能量条件。所以，按照霍金的假设，要想在时空的有限区域内制造时间机器就必须有负能量。最后，我们还要强调一下，这个结论并不取决于时序保护猜测的有效性。

附 对于霍金的论点的一些反对意见

并不是所有人都同意霍金所说的"在时空的有限区域制造时间机器"的标准，这是他提出的条件，即时间旅行视界必须是紧致生成的。与霍金意见相左的一位，是以色列理工学院（Israel Institute of Technology，简称 Technion）的阿莫斯·奥瑞（Amos Ori）。他认为霍金的条件对于时间机器的"可造性"来说，太过苛刻。奥瑞已经发表了一个时间机器模型，该模型是由真空再加上"灰尘"（即无相互作用的粒子）构成的。他的设计结构的特别之处是没有使用负能量。不过在这个模型中，还是出现了封闭类时曲线。这是因为在奥瑞的模型中，时间旅行视界并不是紧致生成的，因此便避开了霍金的定理。然而，这意味着奥里的时间机器模型会含有裸奇点（未隐藏在黑洞内部）或者"内部的无限性"，我们接下来会介绍这些。

我们可以把奥瑞的反对意见分为两部分，并分别称之为"有限性（finiteness）"观点和"因果控制"（causal control）观点。有限性的观点与必须在有限区域内制造时间机器相关。奥瑞认为，必须要搞清楚我们所说的"有限区域"的含义。例如，我们的意思是指三维空间的有限区域，还是四维时空的有限区域？奥瑞的标准是，时间机器应该是"紧致制造"（compactly constructed）的，也就是说，时间机器最初应该是在三维空间的有限区域内制造的，他的时间机器模型就具有这样的特点。奥瑞认为，如果这个空间区域最初是有限的，那么当时间机器开动后，人就可以控制这个空间。但是，如果时间旅行视界不是紧致生成的（就像霍金所说的那样），那么一旦形成时间机器，其后果就是会出现裸奇点，或者这个区域会因为接下来的时空演变而被吹胀（变大），从而形成所谓的"内部的无限性"（internal infinity）。

对于后一种情形，可以这样考虑，即在时空中取一点，再假设把这一点进行"移动"，直至让它"达到无限远处"（一种技术上的准确含义）。如果一位观测者的世界线接近这个点，那么这位观测者就需要花费无限长的固有时间到达这里。这有点像朝着移动的球门奔跑，而球门却移动得比你还要快，你永远也跑不到球门那里一样。因此，我们创造了一个"无限远的点"，而不是奇点。奥瑞表示这样的内部无限性会出现在典型的黑洞模型中。因此，他认为如果在一个与我们建造时间机器有关的三维空间中最初的有限区域内会形成这样的一个无限区域。这实在不值得我们注意。这说明这种情况是时空在按照广义相对论法则演变时所发生的事情。既然我们可以让物质在空间的初始有限区域内发生崩溃，并制造出黑洞，那么我们也不必担心由于造出时间机器而导致形成的内部无限性。但是我们要说的是，在黑洞的情形下，内部无限性是被事件视界所隐藏的。而在时间机器模型中，却不是这样（至少不需要这样）。这对于我们来说，可能是一个重要的差别。

奥瑞指出，在黑洞的时空中，尽管黑洞只充满了外部世界的三维空间中的有限区域（即黑洞视界的尺寸任何时候都是有限的），但它却具有无限的四维内部容积。这是因为它的视界是永远存在的（如果忽略霍金的黑洞蒸发过程）。

需要指出的是，在平直时空的类空性表面上，任何有界区域的未来都是这样的。只不过在这种情况下，并没有视界需要掩藏。例如，在附图6-3的上半部分中，S为一个平直时空（无时间机器、黑洞等）的类空性表面，圆圈的区域 B（在真正的三维空间里应该是球体，此处用 S 代表这个空间）就是类空性表面 S 的有界

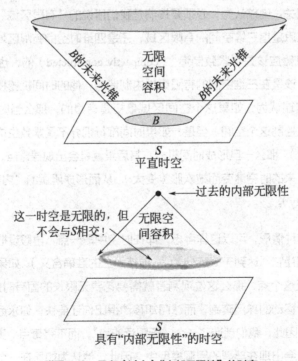

附图6-3 具有（过去）"内部无限性"的时空

区域。再画出这个区域的未来光锥，就会包含时空的无限容积，因为光锥会永远膨胀，即会随着时间的推移而变的越来越大。

现在让我们来研究一下内部无限性可能出现的一个问题。假设这样的一个无限区域"恰好出现在时空里面"，比如就是你制造时间机器的那个区域。肯·奥卢姆指出，如果奥瑞的方式会导致产生过去的"无限性"，可能会出现问题。在这种情况下，我们所说的过去的无限性，意思是没有被隐蔽在事件的视界后面，只是出现在我们要制造时间机器的区域，并且其过去光锥朝向无限远打开。我们可以在这个不与初始为类光性表面 S 相交的过去光锥中，创建一个具有无限时空容积的地方，这样一来，过去的内部无限性就不会位于 S 的相关域。这一过去光锥中的初始条件会影响到时间机器的形成，但这些条件并不取决于 S 平面的初始条件，这个平面上的初始条件是我们可以掌控的，这似乎很奇怪。附图6-3的下半部分图示，对此进行了描述。

奥瑞所提出的第二个更为根本的问题，是"因果控制"的观点。这是霍金所使用的紧致生成的时间旅行视界，可以作为对封闭类时曲线外部的时空区域进行因果控制这样的观点。要想控制一个其内部出现封闭类时曲线的区域，即使从原则上讲，也是很困难的。如果我们再回头看一下附图6-1，我们会发现，包含封闭类时曲线的区域并不处于 S 面的相关域内。也就是说，从定义上来讲，这个区域位于 $D^+(S)$。相关域是指可以由 S 上的信息来预测的时空区域。这个域的边界就是时间旅行视界。所以，处于时间旅行视界之内的封闭类时曲线所在区域，就处于 $D^+(S)$ 之外了。这就意味着那一区域所发生的任何事件，都不能由 S 所得到的初始信息所预测或控制。因此奥瑞认为，我们不能确定封闭类时曲线是否会出现，或者如果出现的话，会不会如我们所愿的那样（例如，不会存在奇点或者内部的无限性）另外一种方式，紧致生成的时间旅行视界，也不能保证你能够获得封闭类时曲线，也就是时间机器。所以说到"制造"时间机器，还真是一件有点棘手的事情❶。

奥瑞还提到，上面所介绍的内容，意味着仅靠因果关系的说法并不能决定是否会形成封闭类时曲线。不过他还指出，如果再假设时空是"平滑的"，也就是穿

---

❶ 这些问题，其中有一些已经由科学哲学家提出，如约翰·伊尔曼（John Earman）、克里斯多佛·思敏克（Christopher Smeenk）、克里斯蒂安·维特里希（Christian Wüthrich）。请参见：http://philsci-archive.pitt.edu/archive/00004240/01/TimeMachPhilSciArchive.pdf。

越时间旅行视界的时空没有突然的跳跃，那么还是可以利用因果性和平滑性，最终让封闭类时曲线出现在他的模型以及其他很多模型中的。所以奥瑞认为，因果性加上平滑性便提供了一种"有限的因果控制"，用来控制在经过人为操作之后是否能出现封闭类时曲线。他强调说，这是人们能在所有时间机器模型中所期待的最好的有限因果控制特性，因为这与时间旅行视界是否要紧致生成无关。所以奥瑞认为，霍金用紧致生成的时间旅行视界这种论点，来保障对接近甚至包括时间旅行视界的区域进行因果控制，这还不能成为定论。

奥瑞只是多少有些担心，制造时间机器会不会涉及我们难以掌控的裸奇点或内部无限性。例如，他指出虽然过去曾经有过裸奇点，也就是我们宇宙诞生时的大爆炸，但我们现在过得怡然自得。这似乎并没有影响到我们预测实验室研究结果的能力。

由于奥瑞模型中的时间旅行视界不是紧致生成的，这便意味着他的模型中要出现裸奇点或者内部的无限性（也可能二者都出现）。如果时间旅行视界的母线朝着过去延续下去，而不是呈螺旋状缠绕着一个紧致区域，那么这些母线就会终结于一个奇点，或者无限远的一个点。我们的观点与奥瑞相反，而与霍金一致，即我们在建造时间机器的情况下，要避免出现裸奇点和内在的无限性。我们认为，如果我们唯独不能预测时间旅行视界后面所发生的事情，那真是太糟了。我们也感到，你同样不能掌控的裸奇点或者无限远的区域还会让事情更糟。再者，若与我们在正常情况下，每次处理物质时都会造成裸奇点相比，时间初始时（即大爆炸时）所出现的一个裸奇点，并不比对我们的预测能力所发生的影响更令我们担心。而更令我们感到困扰的是随处都有发生裸奇点的可能性。

人们喜欢或不喜欢裸奇点和内部无限性，取决于一个人的喜好和他愿意接受的观点。在我们看来，相对论领域的共识与我们一致，都支持霍金的观点。然而，我们也要提醒读者（包括我们自己），在科学上多数人的观点并不总是正确的。最终唯有大自然的喜好决定一切，而现在，大自然还没有向我们露出底牌。

附录7 马雷特时间机器中的光管

设有一段螺旋形的光管，长度为 L，它很短，可被看作是直的。一个激光源以每秒能量的速率向光管的左侧面垂直传送能量，表示为：

$$P=E/t$$

式中，E 为能量；t 为时间。管的半径为 r，所以管的截面面积为 $A=\pi r^2$，管的容积为 $V=\pi r^2 l$。那么在这段管里面的能量密度，即单位容积内的能量，就是：

$$\frac{E}{V}=\frac{E}{\pi r^2 l}=\frac{Pt}{\pi r^2 l}$$

我们选择 l 作为光线在时间 $t=1$ 秒钟内穿越的距离，可得出 $l=ct=c\times 1$ 秒（别担心，这是一段很长的距离，我们可以设定任意时间，因为下一步可以把它消掉），把这个等式带入上面的方程式，我们便得到：

$$\frac{E}{V}=\frac{E}{\pi r^2 c(1秒)}=\frac{P(1秒)}{\pi r^2 c(1秒)}=\frac{P}{\pi r^2 c}$$

设沿着这根环绕 z 轴的管在单位长度的能量为 $\varepsilon=E/l$，再应用上面的方程式，我们可得到：

$$\varepsilon=\frac{E}{l}=\frac{E}{\pi r^2 l}\left(\pi r^2\right)=\frac{E}{V}\left(\pi r^2\right)=\frac{P}{c}$$

这样我们就可得出沿着这根管的单位长度上的能量：

$$\varepsilon=P/c$$

再应用爱因斯坦的质能方程，$\varepsilon=mc^2$，我们可以得出沿着管的单位长度上的质量 m，即：

$$m=P/c^3$$

由于激光束环绕 z 轴，若要把激光束单位长度上的质量 m 转化为沿着 z 轴传输的单位长度激光束总质量，我们需要参考一下前文中的图13-2。再来看一根具有（有限）长度且紧密缠绕的螺旋光管，它环绕的每一圈都与前一圈的顶部相接，相互之间没有缝隙，其（沿着 z 轴的）长度为 L，半径为 R_0。那么在每一个圆周 $2\pi R_0$ 上就都有一圈光管。如果我们设环绕的圈数为 N，那么 $N=L/d=L/2r$，式中，d 为光管的直径；r 为半径。另一方面，测量到环绕着 z 轴的光管全长为 L_1：

$$L_1 = 2\pi N x R_0 = \frac{\pi R_0 L}{r}$$

所测量到的环绕 z 轴的单位长度的密度便是：

$$m = M/L_1$$

式中，M 为与整根光管内部激光能量相等的总质量。

再把这个质量转换为沿着 z 轴测量到的单位长度的密度 m'，我们可得到：

$$m' = \frac{M}{L} = \left(\frac{M}{L_1}\right)\left(\frac{L_1}{L}\right) = m\left(\frac{L_1}{L}\right)$$

244

现在，再使用上面的 m' 的等式和我们得到的结果 $m = P/c^3$，便可得出：

$$m' = m\left(\frac{L_1}{L}\right) = \frac{P}{c^3}\left(\frac{\pi R_0 L}{rL}\right)$$

或者
$$m' = m\left(\frac{\pi R_0}{r}\right) = \frac{P}{c^3}\left(\frac{\pi R_0}{r}\right)$$

如果我们选择 $r = 1$ 毫米 $= 10^{-3}$ 米，$R_0 = 0.5$ 米，$\pi \approx 3.14$，便可得出文中所提到的

$$\frac{\pi R_0}{r} \approx 10^3 。$$

参 考 文 献

[1] Alcubierre, M. The Warp Drive : Hyper-Fast Travel within General Relativity. Classicaland Quantum Gravity, 1948, 11 : L73-L77.
阿库别瑞：《曲速引擎：广义相对论中的超高速旅行》

[2] Antippa, A., A. Everett. Tachyons, Causality and Rotational Invariance. PhysicalReview D, 1973, 8, 2352-2360.
安提帕和埃弗莱特：《快子，因果性及旋转不变性》

[3] Barcelo C.M. Visser. Scalar Fields, Energy Conditions, and Traversable Wormholes. Classical and Quantum Gravity, 2000, 17 : 3843.
巴塞罗和维瑟：《标量场、能量条件以及可穿越虫洞》

[4] Barcelo C. M. Visser. Traversable Wormholes from Massless Conformally Coupled Scalar Fields. Physics Letters B, 1999, 466 : 127-134.
巴塞罗和维瑟：《来自无质量共型耦合标量场的可穿越虫洞》

[5] Baxter, S. The Time Ships. New York : HarperCollins Publishers, 1995.
巴克斯特：《时间船》

[6] Benford G. Timescape. New York : Pocket Books, 1981.
本福德：《时间景象》

[7] Benford G., D. Book, W. Newcomb. The Tachyonic Antitelephone. Physical Review D, 1970, 2 : 263.
本福德，布克，纽科姆：《快子电话》

[8] Bilaniuk O., N. Deshpande, E. Sudarshan. Meta Relativity. American Journal of Physics, 1962, 30 : 718.
比拉纽克，戴史潘德，苏达山：《元相对论》

[9] Borde A. Geodesic Focusing, Energy Conditions and Singularities. Classical and Quantum Gravity, 1987, 4 : 343-356.
博尔德：《测地线汇聚、能量条件及奇点》

[10] Brown L., G. Maclay. Vacuum Stress between Conducting Plates : An Image Solution. Physical Review, 1969, 184 : 1272.
布朗和马克莱：《导电片间的真空应力：一个图像解》

[11] Casimir H. On the Attraction between Two Perfectly Conducting Plates. Proceedings of the Koninklijke Nederlandse Akademie Van Wetenschappen B, 1948, 51 : 793-795.
卡西米尔：《关于两片完美导电片间的引力》

[12] Clark C., B. Hiscock, S. Larson. Null Geodesics in the Alcubierre Warp Drive Spacetime : The View from the Bridge. Classical and Quantum Gravity, 1999, 16 : 3965.

克拉克，西斯柯克，拉尔森：《阿库别瑞曲速引擎的零测地线：桥上的景象》

[13] Clee M. Branch Point. New York : Ace Books, 1996.

莫娜·克雷：《岐点》

[14] Davies, P. About Time : Einstein's Unfinished Revolution. New York : Simon and Schuster, 1995.

戴维斯：《关于时间：爱因斯坦的未竟革命》特别是其中的第十章"返回过去"，以及十一章"时间旅行：现实还是幻想？"

[15] Davies P., S. Fulling. Radiation from Moving Mirrors and from Black Holes. Proceedings of the Royal Society of London Series A, 1977, 356 : 237-257.

戴维斯和菲林：《来自移动镜子和黑洞的辐射》

[16] Deutsch D. Quantum Mechanics Near Closed Timelike Lines. Physical Review D, 1991, 44 : 3197-3217.

多伊奇：《接近封闭类时曲线的量子力学》

[17] Deutsch D., M. Lockwood. The Quantum Physics of Time Travel. Scientific American, 1994 : 68-74.

多伊奇，洛克伍德：《时间旅行的量子物理学》

[18] Dummett M. Causal Loops. The Nature of Time, 1986 : 135-169.

达米特：《因果循环》

[19] Einstein A. Relativity : The Special and the General Theory. New York : Crown Publishers, 1962, 115-120.

爱因斯坦：《相对论附录1：狭义及广义理论》

[20] Einstein A., N. Rosen. The Particle Problem in the General Theory of Relativity. Physical Review, 1935, 48 : 73-77.

爱因斯坦，罗森：《广义相对论中的粒子问题》

[21] Everett A. Warp Drive and Causality. Physical Review D, 1996, 53 : 7365.

埃弗莱特：《曲速引擎与因果性》

[22] Everett A. Time Travel Paradoxes, Path Integrals, and the Many Worlds Interpretation of Quantum Mechanics. Physical Review D, 2004, 69 : 124023.

埃弗莱特：《时间旅行中的悖论，路径积分，以及量子力学中的多世界诠释》

[23] Everett A., T. Roman. A Superluminal Subway : The Krasnikov Tube. Physical Review D, 1997, 56 : 2100.

埃弗莱特和罗曼：《超光速地铁：柯拉斯尼科夫管》

[24] Everett H. Relative State Formulation of Quantum Mechanics. Reviews of Modern Physics, 1957, 29 : 454-462.

H.埃弗雷特：《量子力学的相对态形式》

[25] Feinberg G. Particles that Go Faster than Light. Scientific American，1970，69-77.

范伯格：《比光还快的粒子》

[26] Feinberg G. Possibility of Faster-Than-Light Particles. Physical Review，1967，159：1089.

范伯格：《超光速粒子的可能性》

[27] Fewster C. A General Worldline Quantum Inequality. Classical and Quantum Gravity，2000，17：1897-1911.

福斯特：《量子不等式的总体世界线》

[28] Fewster C.，S. Eveson. Bounds on Negative Energy Densities in Flat Space-times. Physical Review D，1998，58：104016.

福斯特，伊夫森：《平直时空的负能量密度界限》

[29] Fewster C.，K. Olum，M. Pfenning. Averaged Null Energy Condition in Spacetimes with Boundaries. Physical Review D，2007，75：025007.

福斯特，肯奥卢姆，芬宁：《具有界限时空中的平均零能量条件》

[30] Fewster C.，L. Osterbrink. Averaged Energy Inequalities for the Non-Minimally Coupled Classical Scalar Field. Physical Review D，2006，74：044021.

福斯特、奥斯特布林克：《非最小耦合标量场的平均能量条件》

[31] Fewster C. Quantum Energy Inequalities for the Non-Minimally Coupled Scalar Field. Journal of Physics A，2008，41：025402.

福斯特《非最小耦合标量场的量子能量不等式》

[32] Fewster C.，T. Roman. On Wormholes with Arbitrarily Small Quantities of Exotic Matter. Physical Review D，2005，72：044023.

福斯特，罗曼：《具有任意小数量奇异物质的虫洞》

[33] Finazzi S.，S. Liberati，C. Barcelo. On the Impossibility of Superluminal Travel：The Warp Drive Lesson. Second prize of the 2009 FQXi essay contest "What is Ultimately Possible in Physics?" http://xxx.lanl.gov/abs/1001.4960.

费纳奇，里贝拉齐，巴塞罗：《关于超光速旅行的不可能性：曲速引擎的教训》

[34] Finazzi S. Semiclassical Instability of Dynamical Warp Drives. Physical Review D，2009，79：124017.

费纳奇：《动态曲速引擎的半经典不稳定性》

[35] Ford L. Constraints on Negative Energy Fluxes. Physical Review D，1991，43：3972.

福特：《负能量流的限制条件》

[36] Ford L. Quantum Coherence Effects and the Second Law of Thermodynamics. Proceedings of the Royal Society of London A，1978，364：227-236.

福特：《量子相干效应与热力学第二定律》

[37] Ford L.，T.Roman. Averaged Energy Conditions and Quantum Inequalities.Physical Review D，1995，51：4277.

福特和罗曼：《平均能量条件与量子不等式》

[38] Ford L., T.Roman. Negative Energy, Wormholes, and Warp Drive. Scientific American, 2000, 46-53.
福特和罗曼：《负能量，虫洞，曲速引擎》

[39] Ford L., T.Roman. Quantum Field Theory Constrains Traversable Wormhole Geometries. Physical Review D, 1996, 53 : 5496-5507.
福特和罗曼：《量子场如何约束可穿越虫洞的几何结构》

[40] Friedman J., A. Higuchi. Topological Censorship and Chronology Protection.Annalen Der Physik, 2006, 15 : 109-128.
弗里德曼和西谷奇：《拓扑审查与时序保护》

[41] Friedman J., K. Schleich, D. Witt. Topological Censorship. Physical Review Letters, 1993, 71 : 1486-1489; erratum, Physical Review Letters 75 (1995) : 1872.
弗里德曼，施莱克，维特：《拓扑审查》

[42] Frolov V., I. Novikov. Physical Effects in Wormholes and Time Machines. Physical Review D, 1993, 48 : 1057-1065.
弗洛罗夫和诺维科夫：《虫洞和时间机器中的物理学效应》

[43] Fuller R., J. Wheeler. Causality and Multiply Connected Space-Time. Physical Review, 1962, 128 : 919.
富勒，惠勒：《因果关系与多连通时空》

[44] Galloway G. Some Results on the Occurrence of Compact Minimal Submanifolds. Manuscripta Mathematica , 1981, 35 : 209-219.
盖洛威：《关于紧致极小子流形发生的结果》

[45] Gao S., R. Wald. Theorems on Gravitational Time Delay and Related Issues.Classical and Quantum Gravity, 2000, 17 : 4999-5008.
高思杰和瓦尔德：《引力所致时间延迟的定理及相关问题》

[46] Godel K. An Example of a New Type of Cosmological Solution of Einstein's Field Equations of Gravitation. Reviews of Modern Physics, 1949, 21 : 447-450.
哥德尔：《爱因斯坦引力场方程的一个新型宇宙学解的例证》

[47] Gott J. Closed Timelike Curves Produced by Pairs of Moving Cosmic Strings : Exact Solutions. Physical Review Letters, 1991, 66 : 1126-1129.
戈特：《由移动的宇宙弦对所产生的封闭类时曲线》

[48] Hartle J. Gravity : An Introduction to Einstein's General Relativity. San Francisco : AddisonWesley, 2003.
哈妥：《引力：爱因斯坦广义相对论入门》

[49] Hawking S. Chronology Protection Conjecture. Physical Review D, 1992, 46 : 603-611.
霍金：《时序保护猜测》

[50] Hawking S. Particle Creation by Black Holes. Communications in Mathematical Physics ,

1975，43：199-220; erratum，Communications in Mathematical Physics 46（1976）：206.
霍金：《黑洞产生的粒子》

[51] Hawking S. The Quantum Mechanics of Black Holes. Scientific American，1977，34-40.
霍金：《黑洞的量子力学》

[52] Heinlein R. By His Bootstraps. In The Menace from Earth. Riverdale，NY：Baen PublishingEnterprises，1987.
海因莱因：《自我复制》

[53] Heinlein R. The Door into Summer. New York：The New American Library，1957.
海因莱因：《夏季之门》

[54] Hiscock B. Quantum Effects in the Alcubierre Warp Drive Spacetime. Classical and Quantum Gravity，1997，14：183-188.
西斯考克：《阿库别瑞曲速引擎时空中的量子效应》

[55] Kay B.，M. Radzikowski，R. Wald. Quantum Field Theory on Spacetimes with a Compactly Generated Cauchy Horizon. Communications in Mathematical Physics，1997，183：533-556.
凯，拉兹科夫斯基，瓦尔德：《具有紧致柯西视界时空的量子场理论》

[56] Kim S.，K. Thorne. Do Vacuum Fluctuations Prevent the Creation of Closed Timelike Curves? Physical Review D，1991，43：3929-3947.
金，索恩：《真空振荡会阻止生成封闭类时曲线吗？》

[57] Krasnikov S. Hyperfast Interstellar Travel in General Relativity. Physical Review D，1998，57：4760.
柯拉斯尼科夫：《广义相对论中的超快速星际旅行》

[58] Kruskal M. Maximal Extension of Schwarzschild Metric. Physical Review，1960，119：1743.
克鲁斯卡尔：《史瓦西度规的最大扩展》

[59] Lobo F. Exotic Solutions in General Relativity：Traversable Wormholes and "Warp Drive" Spacetimes. Classical and Quantum Gravity Research 1-78（2008）.
罗博：《广义相对论中的奇异解：可穿越虫洞和"曲速引擎"的时空》

[60] Lobo F.，M. Visser. Fundamental Limitations on "Warp Drive" Spacetimes. Classical and Quantum Gravity，2004，21：5871.
罗博，维瑟：《对"曲速引擎"时空的基本限制》

[61] Lossev A.，I. Novikov. The Jinn of the Time Machine：Nontrivial Selfconsistent Solutions. Classical and Quantum Gravity，1992，9：2309-2321.
罗塞夫，诺维科夫：《时间机器的精灵球：非平凡自洽解》

[62] Mallett R. The Gravitational Field of a Circulating Light Beam. Foundations of Physics，2003，33：1307-1314.
马雷特：《循环光束的引力场》

[63] Mallett R., B. Henderson. Time Traveler : A Scientist's Personal Mission to Make Time Travel a Reality. New York : Basic Books, 2006.

马雷特，亨德森：《时光旅人：一位科学家使建造时间机器成为现实的个人使命》

[64] Morris M., K. Thorne. Wormholes in Spacetime and Their Use for Interstellar Travel : A Tool for Teaching General Relativity. American Journal of Physics , 1988, 56 : 395-412.

莫里斯，索恩：《时空里的虫洞及其进行星际旅行的用途：广义相对论教学工具》

[65] Morris M., K. Thorne, U. Yurtsever. Wormholes, Time Machines, and the Weak Energy Condition. Physical Review Letters, 1988, 61 : 1146-1149.

莫里斯，索恩，尤瑟弗：《虫洞、时间机器与弱能量条件》

[66] Natario J. Warp Drive with Zero Expansion. Classical and Quantum Gravity, 2002, 19 : 1157-1166.

纳塔里奥：《零膨胀曲速引擎》

[67] Novikov I. The River of Time. Cambridge : Cambridge University Press, 1998.

诺维科夫：《时间之河》

[68] Olum K. Geodesics in the Static Mallett Spacetime. Physical Review D, 2010, 81 : 127501.

奥卢姆：《静态马雷特时空的测地线》

[69] Olum K. Superluminal Travel Requires Negative Energies. Physical Review Letters, 1998, 81 : 3567.

奥卢姆：《超光速旅行需要负能量》

[70] Olum K., A. Everett. Can a Circulating Light Beam Produce a Time Machine? Foundations of Physics Letters, 2005, 18 : 379-385.

奥卢姆，埃弗莱特：《循环光束能产生时间机器吗？》

[71] Olum K., N. Graham. Static Negative Energies Near a Domain Wall. Physics Letters B, 2003, 554 : 175-179.

奥卢姆，格雷厄姆：《畴壁附近的静态负能量》

[72] Ori A. Formation of Closed Timelike Curves in a Composite Vacuum/Dust Asymptotically-Flat Spacetime. Physical Review D, 2007, 76 : 044002.

奥瑞：《真空/尘埃混合物的渐进平直时空中形成的封闭类时曲线》

[73] Parker L. Faster-Than-Light Intertial Frames and Tachyons. Physical Review, 1969, 188 : 2287.

帕克：《超光速惯性系与快子》

[74] Pfenning M., L. Ford. The Unphysical Nature of "Warp Drive". Classical and Quantum Gravity, 1997, 14 : 1743.

芬宁，福特：《"曲速引擎"的非物理性质》

[75] Rolnick W. Implications of Causality for Faster-Than-Light Matter. Physical Review, 1969, 183 : 1105.

罗尔尼科：《因果性对于超光速物质的含义》

[76] Roman T. On the "Averaged Weak Energy Condition" and Penrose's Singularity Theorem. Physical Review D，1988，37：546-548.
罗曼：《关于"平均弱能量条件"和彭罗斯的奇点定理》

[77] Roman T. Quantum Stress-Energy Tensors and the Weak Energy Condition." PhysicalReview D，1986，33：3526-3533.
罗曼：《量子应力-能量张量与弱能量条件》

[78] Sagan C. Contact. New York：Simon and Schuster，1985.
萨根：《接触》

[79] Slusher R.，L. Hollberg，B. Yurke，et al. Observation of Squeezed States Generated by Four-Wave Mixing in an Optical Cavity. Physical Review Letters，1985，55：2409.
史卢舍，霍伯格，尤克，梅茨，瓦莱：《对光腔中四波混合所产生的压缩态的观测》

[80] Taylor B.，B. Hiscock，P. Anderson. Stress-Energy of a Quantized Scalar Field in Static Wormhole Spacetimes. Physical Review D，1997，55：6116.
泰勒，西斯考克，拉尔森：《静态虫洞时空中量化标量场的应力-能量》

[81] Taylor E.，J. Wheeler. Spacetime Physics：Introduction to Special Relativity. 2nd ed. New York：W. H. Freeman and Company，1992.
泰勒，惠勒：《时空物理学：狭义相对论简介》

[82] Tipler F. Energy Conditions and Spacetime Singularities. Physical Review D，1978，17：2521-2528.
提普勒：《能量条件与时空奇点》

[83] Tipler F. Rotating Cylinders and the Possibility of Global Causality Violation. PhysicalReview D，1974，9：2203-2206.
提普勒：《旋转柱体与违背整体因果关系的可能性》

[84] Tipler F. Singularities and Causality Violation. Annals of Physics，1977，108：1-36.
提普勒：《奇点及违背因果关系》

[85] Thorne K. Black Holes and Time Warps：Einstein's Outrageous Legacy. New York：W. W.Norton，1994.
索恩：《黑洞与时间弯曲》

[86] Toomey D. The New Time Travelers. New York：W. W. Norton，2007.
图米：《新的时间旅行者》

[87] Urban D.，K. Olum. Averaged Null Energy Condition Violation in a Conformally Flat Spacetime. Physical Review D，2010，81：024039.
厄本，奥卢姆：《共型平直时空中违背平均零能量条件》

[88] Urban D.，K. Olum. Spacetime Averaged Null Energy Condition. Physical Review D，2010，81：024039.
厄本，奥卢姆：《时空的平均零能量条件》

[89] Van Den Broeck C. A "Warp Drive" with More Reasonable Total Energy Requirements.
Classical and Quantum Gravity, 1999, 16 : 3973.
范登布罗克 :《具有更合理总能量需求的 "曲速引擎"》

[90] Van Stockum W. Gravitational Field of a Distribution of Particles Rotating about an Axis of
Symmetry. Proceedings of the Royal Society of Edinburgh, 1937, 57 : 135-154.
斯托库姆 :《关于对称轴的旋转粒子分布的引力场》

[91] Vilenkin A. Gravitational Field of Vacuum Domain Walls and Strings. Physical Review D,
1981, 23 : 852.
维连金 :《真空畴壁与弦的引力场》

[92] Visser M. Lorentzian Wormholes : From Einstein to Hawking. Woodbury, NY :
AmericanInstitute of Physics Press, 1995.
维瑟 :《洛伦兹虫洞 : 从爱因斯坦到霍金》

[93] Visser M. The Quantum Physics of Chronology Protection. Contribution to The Future of
Theoretical Physics and Cosmology, a conference in honor of Professor Stephen Hawking
on the occasion of his 60th birthday, edited by G. Gibbons, E. Shellard, and S. Rankin,
161-73. Cambridge : Cambridge University Press, 2003.
维瑟 :《时序保护的量子物理学》

[94] Visser M. The Reliability Horizon for Semi-Classical Quantum Gravity : Metric Fluctuations
Are Often More Important than Back-Reaction. Physics Letters B, 1997, 415 : 8-14.
维瑟 :《半经典量子引力的可靠性视界 : 度量波动通常比反作用更重要》

[95] Visser M. Traversable Wormholes : Some Simple Examples. Physical Review D, 1989,
39 : 3182-3184.
维瑟 :《可穿越虫洞 : 几个简单例子》

[96] Visser M. Traversable Wormholes : The Roman Ring. Physical Review D, 1997, 55 :
5212.
维瑟 :《可穿越虫洞 : 罗曼环》

[97] Visser M., S. Kar, N. Dadhich. Traversable Wormholes with Arbitrarily Small Energy
Condition Violations. Physical Review Letters , 2003, 90 : 201102.
维瑟，卡尔，达依奇 :《具有违背任意小能量条件的可穿越虫洞》

[98] Wells H. G. The Time Machine. New York : Tor Books, 1992.
威尔斯 :《时间机器》

252

索　引

A

阿库别瑞　/7

阿姆斯特朗　/6

艾弗莱特世界　/152

爱丁顿爵士　/103

爱因斯坦　/113

暗能量　/185

B

《暴胀的宇宙》　/205

悖论　/65

悖论的类型　/134

波　/24

不变间距　/33, 54

不一致因果循环　/127

C

参照系　/18

超光速　/3

超光速地铁　/120

超光速粒子　/64, 123

超光速旅行　/3, 5, 112

超距作用　/91

潮汐　/97

潮汐效应　/96

虫洞　/6, 7, 15, 112, 122

虫洞环　/188

《虫洞、时间机器和弱能量条件》　/5

虫洞时间机器　/137

畴壁　/206

D

等效原理　/92, 98

电磁学　/90

动量守恒原理　/183

多伊奇　/146

F

放射性衰变　/72

非惯性系　/18

非一致性因果循环　/4

非最小耦合标量场　/173

负能量　/156

负能量密度　/166

G

干涉　/24

戈特　/203

哥本哈根　/143

固有时间　/54

惯性系　/18

惯性质量　/91

光障　/3, 38

光钟　/231

光锥　/ 43

H

黑洞　/ 108
黑洞的"蒸发"　/ 161
黑洞与时间弯曲　/ 113, 125
宏观态　/ 80
霍金　/ 161, 186
霍金定理　/ 235
霍金辐射　/ 161

J

精灵球　/ 135

K

柯拉斯尼科夫管　/ 7, 120
柯西视界　/ 125
可穿越虫洞　/ 114
快子　/ 65, 123

L

黎曼曲率张量　/ 178
立方体虫洞　/ 115
量子不等式　/ 165, 166, 179
量子利息　/ 170
量子态　/ 161
量子引力　/ 107
旅行者　/ 97
罗塞夫　/ 136
洛伦兹变换　/ 23, 31

M

马雷特　/ 196
迈克尔逊–莫雷实验　/ 26

麦克斯韦　/ 25
密度矩阵　/ 146
莫尔斯电码　/ 153

N

纳森·罗森　/ 113
能量密度　/ 163
诺维科夫　/ 136

P

平行世界　/ 142
瓶子里的飞船　/ 182
普朗克长度　/ 179

Q

奇点定理　/ 156
奇异物质　/ 115, 155
气浮平台　/ 18
气体分子　/ 79
卡西米尔效应　/ 170
卡西米尔真空态　/ 170
伽利略变换　/ 20
曲速气泡　/ 7, 116, 120, 182
曲速引擎　/ 3, 116, 122, 181, 183

R

热力学第二定律　/ 83

S

熵　/ 80
设计者时空　/ 114
声障　/ 3
时光倒流七十年　/ 135

255

时光旅人 / 9, 196

时间船 / 142

时间反演不变性 / 78

时间机器 / 4, 15, 122, 124, 142, 185

时间箭头 / 77, 78

时间旅行 / 3, 4, 17

时间旅行视界 / 125

时间旅行者 / 127

时间膨胀 / 6, 50, 51, 231

时间膨胀效应 / 50

时空 / 6

时空泡沫 / 181

时空弯曲 / 106

时序保护猜想 / 8, 140, 186

史瓦西半径 / 105

视界 / 124

衰变概率 / 72

双生子悖论 / 6, 53, 124

T

太空船 / 209

拓扑结构 / 192

拓扑缺陷 / 206

W

外祖父悖论 / 4, 127

弯曲的空间 / 101

弯曲空间 / 182

X

狭义相对论 / 5, 23

夏季之门 / 60

仙女座星系 / 2

弦论 / 75

相对论 / 30

香蕉皮 / 141

香蕉皮机制 / 8, 142

信息悖论 / 134

星际迷航 / 156

虚粒子 / 160

Y

压缩态 / 161

广义相对论 / 100

广义协变原理 / 95

一致性悖论 / 134

以太 / 26

引潮力 / 95, 97

引导悖论 / 134

引力 / 90

引力红移 / 102

引力时间膨胀 / 126

引力坍缩 / 108

引力质量 / 91

永动机 / 189

宇宙弦 / 203

宇宙弦时间机器 / 203

圆柱体 / 193

圆柱状时间机器 / 194

原子钟 / 103

Z

再诠释原理 / 67

真空 / 160

真空涨落 / 160

制造时间机器 / 4

自洽解 / 130

自洽性推测 / 130